机电类专业系列丛书
互联网+创新型“十四五”精品教材

电气控制与 PLC

（微课版）

主　编　张艳梅　郑晓斌　杨　越
副主编　于江华　周　虎　谢泽会
　　　　李金展　苏　令　朱小红
　　　　钟晓英　陈珊珊　段　朋

哈爾濱工程大學出版社
Harbin Engineering University Press

内 容 简 介

本书以清晰而系统的章节结构，涵盖了常用低压电器、电气控制线路基础、可编程控制器基础、电气控制系统设计、PLC 及其工作原理、S7-1200 PLC 安装维护与开发环境、S7-1200 PLC 的指令系统、PLC 通信及应用等内容。每章以理论知识辅助实际应用的案例与练习，旨在帮助读者从理论到实践的过程中获得全面的学习体验。

本书可作为职业院校机电、通信类专业或相关专业的教材，也可供从事电气工程、自动化控制、机械制造的工程技术人员参考。

图书在版编目（CIP）数据

电气控制与PLC ：微课版 / 张艳梅，郑晓斌，杨越主编. -- 哈尔滨 ：哈尔滨工程大学出版社，2024. 7.

ISBN 978-7-5661-4474-4

Ⅰ. TM571.2；TM571.6

中国国家版本馆 CIP 数据核字第 20246RQ314 号

电气控制与 PLC（微课版）

DIANQI KONGZHI YU PLC（WEIKE BAN）

策划编辑 张林峰

责任编辑 苏 莉

出版发行 哈尔滨工程大学出版社

社 址 哈尔滨市南岗区南通大街 145 号

邮政编码 150001

发行电话 0451-82519328

传 真 0451-82519699

经 销 新华书店

印 刷 唐山唐文印刷有限公司

开 本 787 mm×1 092 mm 1/16

印 张 15.5

字 数 397 千字

版 次 2024 年 7 月第 1 版

印 次 2024 年 7 月第 1 次印刷

书 号 ISBN 978-7-5661-4474-4

定 价 49.80 元

http://www.hrbeupress.com

E-mail:heupress@hrbeu.edu.cn

前　言

党的二十大报告中指出，教育、科技、人才是全面建设社会主义现代化国家的基础性、战略性支撑。必须坚持科技是第一生产力、人才是第一资源、创新是第一动力，深入实施科教兴国战略、人才强国战略、创新驱动发展战略，开辟发展新领域新赛道，不断塑造发展新动能新优势。

电气控制是指通过使用电力来控制机械运动和工业过程的过程。在现代工业中，电气控制系统被广泛应用于各种自动化设备中，其中 PLC（可编程逻辑控制器）是最常见和重要的控制设备之一。近年来，PLC 作为一种新型的高科技手段被广泛应用到工业电气自动化当中去，以期能够进一步提高工业生产的效率，从而促进整个工业的发展。

本书在编写过程中，注重工程实践、突出技术应用、精选教学内容，既注重反映电气控制领域的最新技术，又适应学生知识结构和能力特点，强调理论联系实际，注重培养学生分析和解决实际问题能力、工程设计能力和创新能力。

本书不仅介绍了电气控制领域的基础知识和 PLC 技术，还介绍了使用相应的工具和设备进行电气控制系统的设计、安装、调试和维护，突出学生动手能力和专业技能的培养，利于充分调动和激发学生的学习兴趣，实现教、学、练的紧密结合。

本书由张艳梅（山东商务职业学院）、郑晓斌（福建船政交通职业学院）、杨越（金华市技师学院）担任主编，由于江华（山东城市服务职业学院）、周虎（泰安技师学院）、谢泽会（郑州轻工业大学）、李金展（商丘工学院）、苏令（都安瑶族自治县职业教育中心）、朱小红（揭阳市综合中等专业学校）、钟晓英（惠州市技师学院）、陈珊珊（重庆电子科技职业大学）、段朋（郑州科技学院）担任副主编。本书相关资料可扫封底二维码或登录 www.bjzzwh.com 获得。

本书在编写过程中，难免有疏漏和不当之处，敬请各位专家及读者不吝赐教。

编　者

前言

目录

CONTENTS

第1章　常用低压电器 …… 1

本章导读 …… 1

学习目标 …… 1

1.1　低压电器概述 …… 2

1.2　接触器 …… 5

1.3　继电器 …… 11

1.4　低压开关和低压断路器 …… 20

1.5　低压保护电器 …… 24

1.6　主令电器 …… 33

本章小结 …… 38

思考练习 …… 38

第2章　电气控制线路基础 …… 39

本章导读 …… 39

学习目标 …… 39

2.1　电气图纸及绘制原则 …… 40

2.2　三相异步电动机的基本控制环节 …… 48

2.3　三相异步电动机的启动控制 …… 54

2.4　三相异步电动机的正、反转控制 …… 64

2.5　三相异步电动机的调速控制 …… 66

2.6　电气控制系统常用保护措施 …… 80

本章小结 …… 82

思考练习 …… 82

第3章　可编程控制器基础 …… 83

本章导读 …… 83

学习目标 …… 83

3.1　可编程控制器概述 …… 84

3.2 可编程控制器的组成与工作原理 …… 87
3.3 可编程控制器的硬件基础 …… 94
3.4 可编程控制器的软件基础 …… 97
3.5 可编程控制器的性能指标及分类 …… 101
本章小结 …… 103
思考练习 …… 103

第4章 电气控制系统设计 …… 104
本章导读 …… 104
学习目标 …… 104
4.1 电气控制系统设计的任务 …… 105
4.2 电气控制系统设计的步骤与原则 …… 106
4.3 电气控制电路的设计方法 …… 110
本章小结 …… 116
思考练习 …… 116

第5章 PLC及其工作原理 …… 117
本章导读 …… 117
学习目标 …… 117
5.1 PLC 概述 …… 118
5.2 PLC 的硬件系统 …… 120
5.3 PLC 的软件系统 …… 125
5.4 PLC 的工作原理 …… 132
5.5 PLC 与其他控制系统的区别 …… 139
本章小结 …… 141
思考练习 …… 142

第6章 S7-1200 PLC安装维护与开发环境 …… 143
本章导读 …… 143
学习目标 …… 143
6.1 S7-1200 PLC 概述 …… 144
6.2 S7-1200 PLC 的安装和拆卸 …… 147
6.3 S7-1200 PLC 的接线 …… 149
6.4 信号板、信号模块 …… 156
6.5 通信板、通信模块 …… 159
6.6 S7-1200 PLC 系统配置——功率预算 …… 162
6.7 编程软件 …… 163

本章小结 …… 172
思考练习 …… 173

第7章 S7-1200 PLC的指令系统 …… 174
本章导读 …… 174
学习目标 …… 174
7.1 S7-1200 PLC 编程基础 …… 175
7.2 基本指令 …… 181
本章小结 …… 210
思考练习 …… 210

第8章 PLC通信及应用 …… 211
本章导读 …… 211
学习目标 …… 211
8.1 S7-1200 PLC 通信概述 …… 212
8.2 S7-1200 PLC 以太网通信 …… 220
8.3 S7-1200 PLC 的串口通信 …… 229
8.4 S7-1200 PLC 与编程设备的通信 …… 236
本章小结 …… 239
思考练习 …… 239

参考文献 …… 240

第1章　常用低压电器

本章导读

低压电器是指在低电压条件下工作的电器设备，具有特定的电压、电流、功率和功能，适用于各种领域和应用。本章主要介绍常用低压电器的核心要素，涵盖其分类、发展历程、构造机理、独特性质，以及选型与应用策略。

学习目标

◎知识目标

1. 理解常用低压电器的分类及其在电气工程中的重要性。

2. 掌握低压电器的发展历程，了解其结构原理、特点和应用前景。

3. 理解接触器、继电器、低压开关与断路器、低压保护电器以及主令电器的工作原理和类型。

4. 学习低压电器的选用标准，能够根据实际需求进行正确的设备选择和应用。

◎能力目标

1. 能够分析不同类型低压电器的工作原理和特点，理解其在电路中的作用和应用场景。

2. 具备根据实际需求选择合适低压电器的能力，包括接触器、继电器、开关与断路器等。

3. 能够解决低压电器在电气系统设计、安装和维护过程中的常见问题，确保电路安全稳定运行。

4. 具备利用低压电器进行电气系统控制与管理的能力，包括通过主令电器实现对电路的有效控制。

◎素质目标

1. 培养学生对电气工程领域的兴趣和热情，增强学习动力和自主学习能力。

2. 增强学生团队合作意识，能够与其他专业人员有效沟通和协作，共同完成电气工程项目。

3. 培养学生创新思维，能够根据实际情况灵活运用低压电器解决复杂问题，推动电气技术的发展和应用。

◎思政目标

1. 通过学习低压电器的安全使用和保护知识，培养学生的安全生产意识，强调在操作中遵循规范，预防电气事故的发生。

2. 通过学习电器在社会生产和生活中的重要作用，增强学生的社会责任感，认识到电气工程师在保障公共安全、促进社会发展中的重要作用。

1.1 低压电器概述

在现代化工农业生产中，生产机械的运动部件大多数是由电动机拖动的，通过对电动机的自动控制如起动、正反转、调速、制动等，实现对生产机械的自动控制。这类电气控制系统通常由断路器、继电器、接触器、按钮、行程开关等低压电器组成，因此也称为继电接触器控制系统。

低压电器

低压电器一般是指在交流 1 200 V 及以下和直流 1 500 V 及以下电路中起通断、控制、保护和调节作用的电器产品。低压电器是组成电器成套设备的基础元件，在一套自动化生产线的电气设备中，可能需要使用成千上万件低压电器，其投资费用接近甚至超过主机的投资。

1.1.1 低压电器分类

低压电器的分类方式多种多样，其中主要包括按工作原理分类、按用途分类以及按执行机能分类三种方式。

1. 按工作原理分类

(1) 电磁式电器

电磁式电器是依据电磁感应原理来工作的电器，如直流接触器、交流接触器及各种电磁式继电器等。

（2）非电量控制电器

非电量控制电器是靠外力或某种非电物理量的变化而动作的电器，如刀开关、行程开关、按钮、速度继电器、压力继电器、温度继电器等。

2. 按用途分类

（1）控制电器

控制电器用于控制电动机的启动、制动、调速等动作，如开关电器、信号控制电器、接触器、继电器、电磁起动器、控制器等。

（2）主令电器

主令电器用于自动控制系统中发送控制指令，如主令开关、行程开关、按钮、万能转换开关等。

（3）保护电器

保护电器用于保护电动机和生产机械，使其安全运行，如熔断器、电流继电器、热继电器等。

（4）配电电器

配电电器是用于电能的输送和分配的电器，如低压隔离器、断路器、刀开关等。

（5）执行电器

执行电器用于完成某种动作或传动功能，如电磁离合器、电磁铁等。

3. 按执行机能分类

（1）有触点电器

有触点电器有可分离的动触头、静触头，并利用触头的接触和分离来通断电路，如刀开关、断路器、接触器、继电器等。

（2）无触点电器

无触点电器无可分离的触头，利用电子元件的开关效应，即导通和截止来实现电路的通、断控制，如接近开关、霍尔开关、电子式时间继电器等。

1.1.2 低压电器发展概况

低压电器的生产和发展与电的发明和广泛应用分不开，从按钮、刀开关、熔断器等简单的低压电器开始，到各种规格的低压断路器、接触器以及由它们组成的成套电气控制设备，都是随着生产的需要而发展的。使用新材料、新工艺、新技术，极大地促进了低压电器产品质量的提升和性能改善，各种新产品不断被研制、开发出来，目前低压电器正向多功能、高性能、高可靠性、小型化、使用方便等方向发展，主要表现在以下方面。

1. 低压电器产品多功能化和组合化

目前，低压电器产品都用较少的品种满足不同的使用要求，即产品的功能多样化。同时在产品结构上都采用独立功能的组件进行装配，即采用模块化的积木拼装式结构，多功能的组合电器就是一个典型实例。

2. 采用限流新技术，提高分断能力和限流性能

（1）采用上进线静触头导电回路，大幅度提高电动斥力和吹弧磁场，从而达到限流和提高分断能力的目的，如三菱公司新一代 WS 型断路器。

（2）采用双断点分断技术，如施耐德公司的 NS 型、默勒公司的 NZM1－4 型断路器采用旋转式双断点分断，ABB 公司的 T 型断路器采用平行式双断点分断，这两种结构在较小尺寸条件下均可以获得较大的短路分断能力。

（3）采用绝缘器壁产气和压力喷流技术。新型断路器大多数采用带有出气口的半封闭灭弧小室，绝缘器壁在电弧侵蚀下产气，通过出气口在室内形成压差驱动电弧，并形成喷流熄弧。这种压力喷流技术是灭弧的一种新观点。

（4）采用 PTC（正温度系数）的限流电阻元件来提高分断能力，如在微型断路器中应用，可大大提高短路分断能力。正由于限流新技术的应用，使得低压断路器短路分断能力高达 150 kA。

3. 提高低压电器产品的性能，扩大其功能

电力电子技术与微电子技术在低压电器中的应用有较长的历史。近年来，该类产品经过不断更新换代，从晶体管式发展到集成电路式。特别是电力电子器件 GTO、IGBT 质量可靠性的不断提高，使其获得的应用越来越多，如固态断路器、混合式接触器、接近开关、固态继电器等。尤其是电子式过载保护器的产生体现了当今世界过载保护继电器的发展趋势。它与传统双金属型过载保护继电器相比，具有安装方便、脱扣动作快而且准确、误差小、重复性好、参数调节方便、消耗功率小等优点，是一种较理想的电动机保护装置。

4. 实现智能化

新型低压电器带有微处理器，从单纯的保护作用发展为兼具控制功能，实现中、低压配电系统保护和控制的智能化。这些智能化低压电器具有以下特点。

（1）具有对配电线路和电器本身的监测及显示能力。智能化低压电器能准确监测和显示配电线路的运行情况，并能准确地切除过载、短路等故障，还能按运行人员的设置要求进行各种操作，对电器本身进行监测并对故障自诊断及故障状况进行显示。

（2）新的控制理论的应用。新的智能化控制理论（如模糊理论、神经网络等）已从家用电器延伸应用到低压电器的控制上。

（3）具有通信功能和现场总线控制新技术的应用。智能化低压电器带有通信接口，能和系统通信构成整个智能化控制系统，在可通信智能化上引入现场总线控制新技

术。目前，现场总线在电站自动化、楼宇自动化、工业过程控制和生产自动化中得到了广泛应用。

1.2 接 触 器

接触器是一种用于频繁接通和断开交、直流主电路及大容量控制电路的自动切换电器，在电力拖动自动控制系统中大量使用。在功能上，接触器除能自动切换外，还具有一般手动开关所不能实现的远距离操作功能和欠（零）电压保护功能。在 PLC 控制系统中，接触器常作为输出执行元件，用于控制电动机、电热设备、电焊机、电容器组等负载。

1.2.1　结构和工作原理

接触器主要由电磁系统、触头系统和灭弧装置组成，其结构简图如图 1-1 所示。接触器是利用电磁吸力的原理工作的。

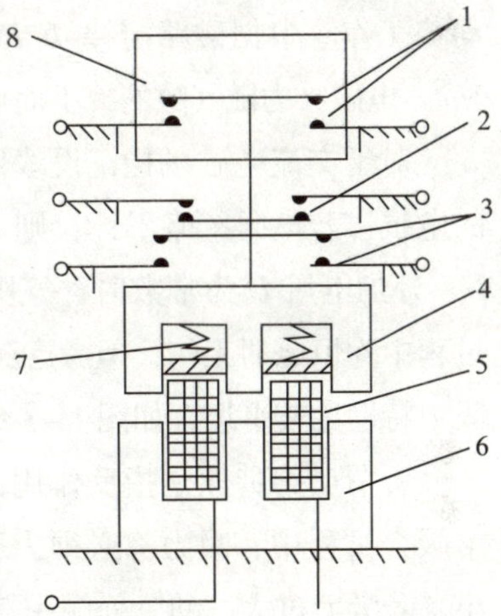

1- 主触头；2- 常闭辅助触头；3- 常开辅助触头；4- 动铁心；5- 电磁线圈；6- 静铁心；7- 弹簧；8- 灭弧罩。

图 1-1　接触器结构简图

1. 电磁系统

电磁系统包括动铁心（衔铁）、静铁心和电磁线圈三部分，其作用是将电磁能转换成机械能，产生电磁吸力带动触头动作。

（1）电磁系统按铁心形状和衔铁运动方式，可分为衔铁绕棱角转动拍合式、衔铁绕轴转动拍合式、衔铁直线运动螺管式三种，如图 1-2 所示。

图 1-2（a）中，衔铁绕磁轭的棱角转动，磨损较小，铁心用软铁做成，适用于直流接触器；图 1-2（b）中，衔铁绕轴转动，铁心用硅钢片叠成，用于交流接触器；图 1-2（c）中，衔铁在线圈内做直线运动，用于交流接触器。

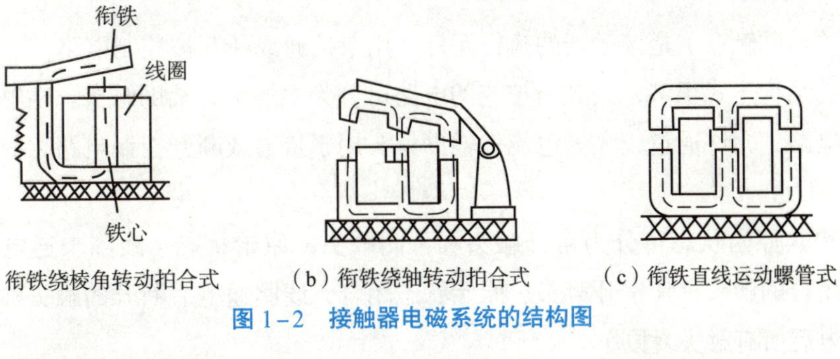

（a）衔铁绕棱角转动拍合式　（b）衔铁绕轴转动拍合式　（c）衔铁直线运动螺管式

图 1-2　接触器电磁系统的结构图

（2）电磁系统按铁心形状分为 U 形（图 1–2（a））和 E 形（图 1–2（b）和图 1–2（c））。

（3）电磁系统按电磁线圈的种类可分为直流线圈和交流线圈两种。

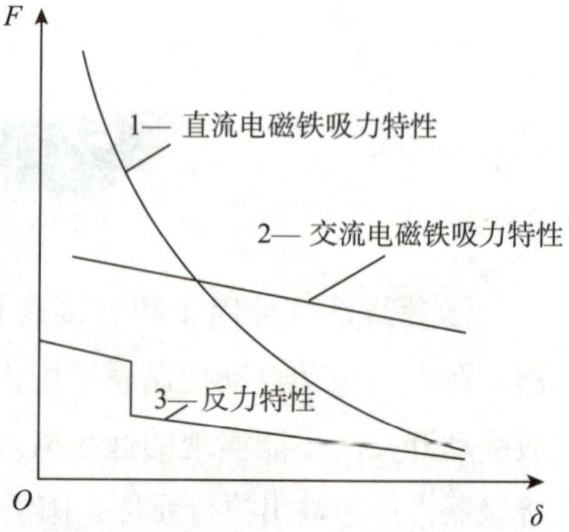

图 1–3　吸力特性与反力特性的配合

作用在衔铁上的力有两个：电磁吸力与反力。电磁吸力由电磁机构产生，反力则由释放弹簧和触点弹簧所产生。电磁系统的工作情况常用吸力特性和反力特性来表示。为了保证使衔铁能牢牢吸合，反力特性必须与吸力特性配合好，如图 1–3 所示。

电磁系统的电磁吸力 F 与气隙 δ 的关系曲线称为吸力特性。电磁机构动作时，其气隙 δ 是变化的，$F \propto B^2 \propto \Phi^2$。对于直流电磁机构，其励磁电流的大小与气隙无关，衔铁动作过程中为恒磁动势工作。根据磁路定律 $\Phi=IN/R_m \propto 1/R_m$，式中，$R_m$ 为气隙磁阻，则 $F \propto \Phi^2 \propto 1/R_m^2 \propto 1/\delta^2$，电磁吸力随气隙的减小而增加，所以吸力特性比较陡峭，如图 1–3 中的曲线 1 所示。

对于交流电磁机构，设线圈外加电压 U 不变，交流电磁线圈的阻抗主要取决于线圈的电抗，若电阻忽略不计，则 $U \approx E=4.44f\Phi N$，$\Phi=U/(4.44fN)$，当电压频率 f、线圈匝数 N、外加电压 U 为常数时，气隙磁通 Φ 也 为常数，即励磁电流与气隙成正比，衔铁动作过程中为恒磁通工作，但考虑到漏磁通的影响，其电磁吸力随气隙的减小略有增加，所以吸力特性比较平坦，如图 1–3 中的曲线 2 所示。

所谓反力特性是指反作用力与气隙 δ 的关系曲线，如图 1–3 中的曲线 3 所示。在整个吸合过程中，吸力都必须大于反作用力，即吸力特性高于反力特性，但不能过大或过小。若吸力过大，动、静触头接触时以及衔铁与铁心接触时的冲击力也大，会使触头和衔铁发生弹跳，导致触头熔焊或烧毁，影响接触器的机械寿命；若吸力过小，会使衔铁运动速度降低，难以满足高操作频率的要求。因此，吸力特性与反力特性必须配合得当，才有助于接触器性能的改善。在实际应用中，可调整反力弹簧或触头初压力以改变反力特性，使之与吸力特性有良好配合。

2. 触头系统

触头（也称触点）是接触器的执行元件，用来接通或断开被控制电路。

触头的结构形式很多，按其所控制的电路可分为主触头和辅助触头。主触头用于接通或断开主电路，允许通过较大的电流；辅助触头用于接通或断开控制电路，只能通过较小的电流。

触头按其原始状态可分为常开触头和常闭触头。原始状态（线圈未通电）断开，线圈通电后闭合的触头称作常开触头；原始状态闭合，线圈通电后断开的触头称作常闭触头（线圈断电后所有触头复原）。

触头按其结构形式可分为桥形触头和指形触头，如图 1-4 所示。

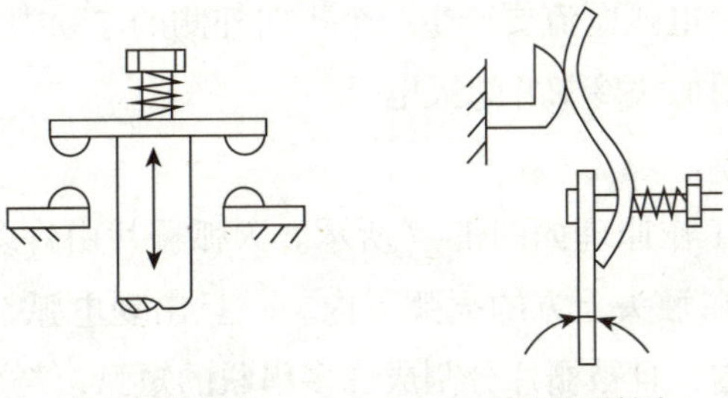

（a）桥形触头　　（b）指形触头

图 1-4　触头结构形式

触头按其接触形式可分为点接触、线接触和面接触三种，如图 1-5 所示。

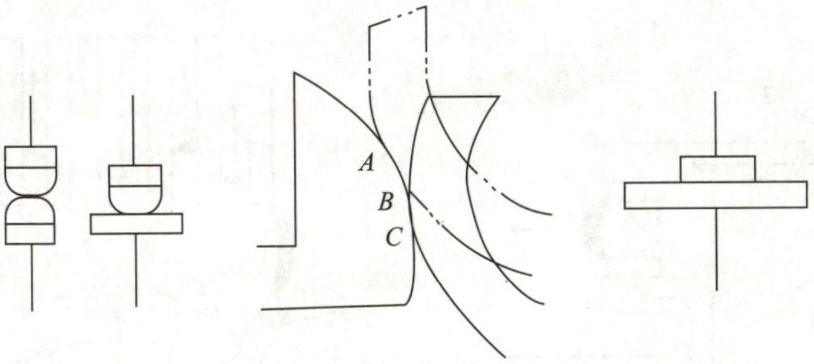

（a）点接触　　（b）线接触　　（c）面接触

图 1-5　触头接触形式

图 1-5（a）为点接触，它由两个半球形触头或一个半球形触头与一个平面形触头构成，常用于小电流的电器中，如接触器的辅助触头或继电器触头。图 1-5（b）为线接触，它的接触区域是一条直线。触头的通断过程是滚动式进行的。开始接通时，静、动触头在 A 点处接触，靠弹簧压力经 B 点滚动到 C 点；断开时做相反运动，这样可以自动清除触头表面的氧化物。线接触多用于中容量的电器，如接触器的主触头。图 1-5（c）为面接触，它允许通过较大的电流。这种触头一般在接触表面上镶有合金，以减少触头接触电阻和提高耐磨性，多用于大容量接触器的主触头。

3. 灭弧装置

触头由闭合状态过渡到断开状态的过程中将产生电弧，这是气体自持放电形式之一，是一种带电粒子流。电弧的外部有白炽弧光，内部有很高的温度和密度很大的电流。电弧的出现延长了切断故障的时间，且电弧的高温会烧坏附近的电气绝缘材料，并腐蚀触头。为保证电路和电气元件工作安全可靠，必须采取有效的措施进行灭弧。要使电弧熄灭，应设法降低电弧的温度和电场强度。常用的灭弧装置有电动力灭弧、灭弧栅灭弧和磁吹灭弧。

（1）电动力灭弧

电动力灭弧装置主要用于交流电器的灭弧。如图 1-6 所示，其是一种桥式结构的双断口触头，当触头打开时，在断口处产生电弧，电弧电流在两电弧间产生图中以 * 表示的磁场，根据左手定则，电弧电流要产生一个指向外侧的电动力 F，使电弧向外运动并拉长，迅速穿越冷却介质而加快冷却并熄灭电弧。

（2）灭弧栅灭弧

灭弧栅灭弧装置的工作原理如图 1－7 所示。灭弧栅片由许多镀铜薄钢片组成，片间距离为 2～3 mm，安放在触头上方的灭弧罩内。一旦出现电弧，电弧周围产生磁场，电弧被导磁钢片吸入栅片内，且被栅片分割成许多串联的短弧，当交流电压过零时电弧自然熄灭，两栅片间必须有 150～250 V 电压，电弧才能重燃。这样，电源电压不足以维持电弧，同时由于栅片的散热作用，电弧熄灭后就很难重燃，因此它常用于交流接触器。

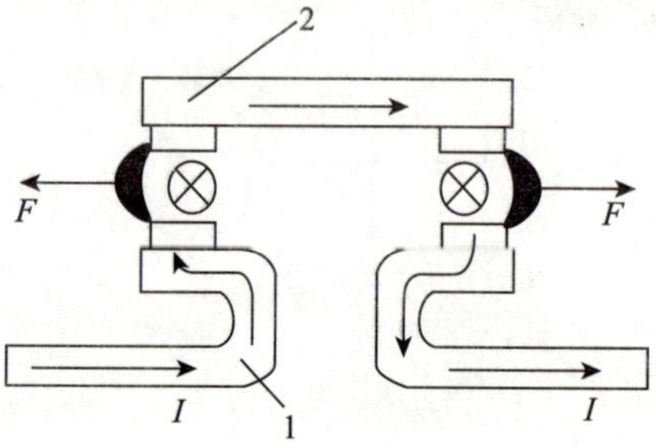

1－静触头；2－动触头。

图 1－6　电动力灭弧装置的工作原理

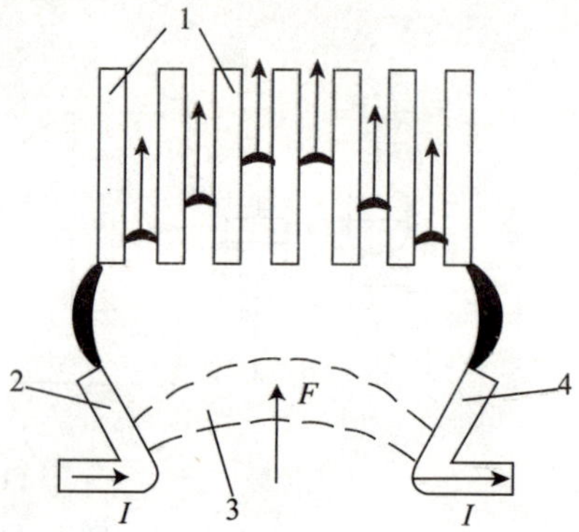

1－灭弧栅片；2－静触头；3－电弧；4－动触头。

图 1－7　灭弧栅灭弧装置的工作原理

（3）磁吹灭弧

磁吹灭弧装置的工作原理和电弧产生的磁通方向如图 1－8 所示。在触头电路中串入一个吹弧线圈，它产生的磁通通过导磁夹片引向触头周围。

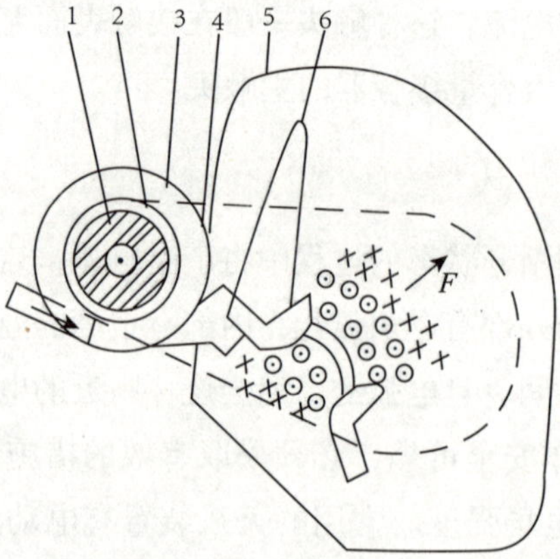

1－铁心；2－绝缘管；3－吹弧线圈；4－导磁夹片；5－灭弧罩；6－熄弧角。

图 1－8　磁吹灭弧装置的工作原理和电弧所产生的磁通方向

可见，在弧柱下吹弧线圈产生的磁通与电弧产生的磁通是相加的，而在弧柱上面彼此抵消，因此就产生一个向上运动的力将电弧拉长并吹入灭弧罩中。熄弧角和静触头相连接，其作用是引导电弧向上运动，将热量传递给罩壁，促使电弧熄灭。由于这种灭弧装置是利用电弧电流本身灭弧的，因此电弧电流越大，灭弧的能力也越强，广泛应用于直流接触器。接触器的图形符号、文字符号如图 1-9 所示。

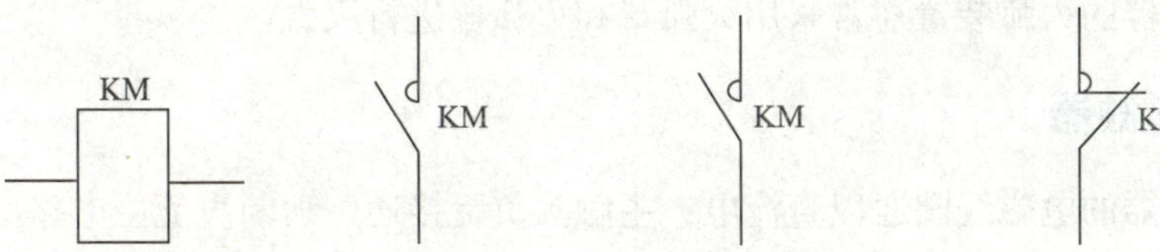

（a）线圈　（b）主触头　（c）常开辅助触头　（d）常闭辅助触头

图 1-9　接触器的图形符号、文字符号

4. 接触器的工作原理

当接触器的电磁线圈通电后，线圈电流产生磁场，使静铁心产生电磁吸力吸引衔铁，并带动触头动作。常闭触头断开，常开触头闭合，两者是联动的。当线圈断电时，电磁吸力消失，衔铁在释放弹簧的作用下释放，使触头复原，常开触头断开，常闭触头闭合。

1.2.2　交、直流接触器的特点

接触器按其主触头所控制主电路电流的种类可分为交流接触器和直流接触器两种。

1. 交流接触器

交流接触器的电磁线圈通以交流电，主触头接通、分断交流主电路。

当交变磁通穿过铁心时，将产生涡流和磁滞损耗，使铁心发热。为减少铁损，铁心用硅钢片冲压而成。为便于散热，线圈做成短而粗的圆筒状绕在骨架上。

交流电源频率的变化使衔铁产生强烈振动和噪声，甚至使铁心松散。因此，交流接触器的铁心端面上都安装一个铜制的短路环。短路环包围铁心端面约 2/3 的面积，如图 1-10 所示。

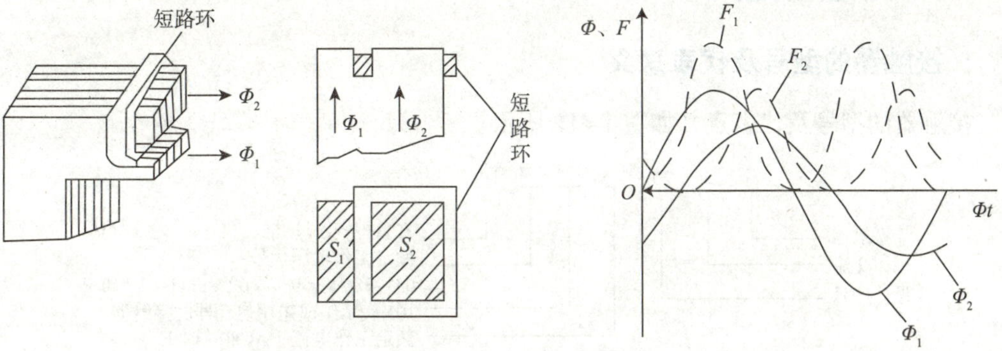

（a）结构图　（b）电磁吸力图

图 1-10　交流接触器铁心的短路环

当交变磁通穿过短路环所包围的截面 S_2 在环中产生涡流时，根据电磁感应定律，此涡流产生的磁通 Φ_2 在相位上落后于短路环外铁心截面积 S_1 中的磁通 Φ_1，由 Φ_1、Φ_2 产生的电磁吸力分别为 F_1、F_2，作用在衔铁上的合成电磁吸力是 F_1+F_2，合成后的吸力就不会有零值的时刻。如果合成后的吸力在任一时刻都大于弹簧拉力，就可消除震动。

交流接触器的灭弧装置通常采用灭弧罩和灭弧栅进行灭弧。

2. 直流接触器

直流接触器的电磁线圈通以直流电，主触头负责接通、切断直流主电路。

直流接触器的电磁线圈通以直流电，铁心中不会产生涡流和磁滞损耗，所以不会发热。为方便加工，铁心用整个钢块制成。为使线圈散热良好，通常将线圈绕制成长而薄的圆筒状。

对于 2 500 A 以上的直流接触器，往往采用串联双绕组线圈，如图 1-11 所示。图中，线圈 1 为启动线圈，线圈 2 为保持线圈。在电路刚接通瞬间，保持线圈被常闭触头短接，可使启动线圈获得较大的电流和吸力。当接触器动作后，常闭触头断开，两线圈串联通电，由于电源电压不变，因此电流减小，但仍可保持衔铁吸合，因而可以节电和延长电磁线圈的使用寿命。

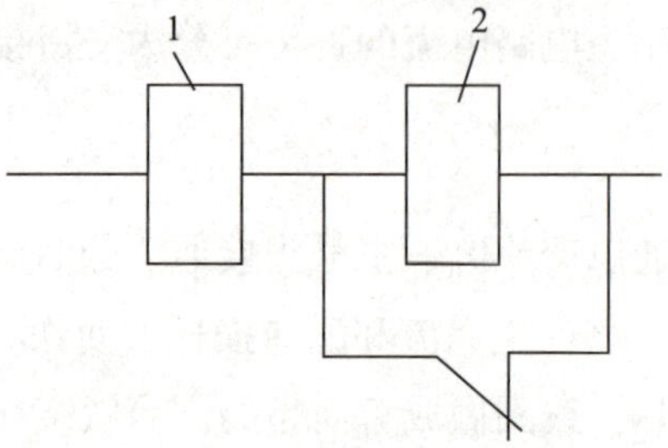

图 1-11　直流接触器双绕组线圈接线图

直流接触器灭弧较困难，一般采用灭弧能力较强的磁吹灭弧装置。

1.2.3　接触器的选用

1. 接触器的型号及代表意义

接触器的型号及代表意义如图 1-12 所示。

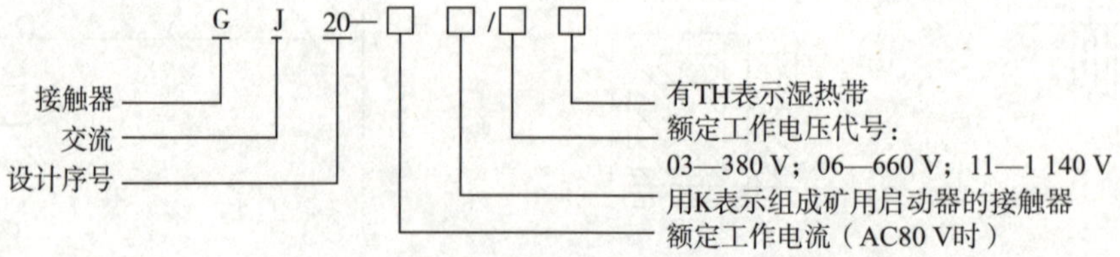

图 1-12　接触器的型号及代表意义

2. 接触器选用原则

（1）额定电压

接触器的额定电压是指主触头的额定电压，应等于负载的额定电压。通常电压等级分为交流接触器 380 V、660 V 及 1 140 V；直流接触器 220 V、440 V、660 V。

（2）额定电流

接触器的额定电流是指主触头的额定电流，应等于或稍大于负载的额定电流（按接触器设计时规定的使用类别来确定）。

（3）电磁线圈的额定电压

电磁线圈的额定电压等于控制回路的电源电压。通常电压等级分为交流电磁线圈 36 V、127 V、220 V、380 V；直流电磁线圈 24 V、48 V、110 V、220 V。

使用时，一般交流负载用交流接触器，直流负载用直流接触器，但对于频繁动作的交流负载，可选用带直流电磁线圈的交流接触器。

（4）触头数目

接触器的触头数目应能满足控制线路的要求。各种类型的接触器触头数目不同。交流接触器的主触头有 3 对（常开触头），一般有 4 对辅助触头（2 对常开、2 对常闭），最多可达到 6 对（3 对常开、3 对常闭）。直流接触器的主触头一般有 2 对（常开触头），辅助触头有 4 对（2 对常开、2 对常闭）。

（5）额定操作频率

接触器的额定操作频率是指每小时接通的次数。通常交流接触器为 600 次 /h；直流接触器为 1 200 次 /h。

1.3　继　电　器

继电器主要用于控制与保护电路或用作信号转换。当输入量变化到某一定值时，继电器动作，其触头接通或断开交、直流小容量的控制电路。

继电器的种类很多，常用的分类方法有以下几种。

（1）按用途分，有控制继电器和保护继电器等。

（2）按动作原理分，有电磁式继电器、感应式继电器、电动式继电器、电子式继电器和热继电器等。

（3）按输入信号的不同来分，有电压继电器、中间继电器、电流继电器、时间继电器、速度继电器等。

1.3.1 电磁式继电器

常用的电磁式继电器有电压继电器、中间继电器和电流继电器。

1. 电磁式继电器的结构和工作原理

电磁式继电器的结构和工作原理与接触器相似，由电磁系统、触头系统和释放弹簧等组成，电磁式继电器的工作原理如图 1－13 所示。

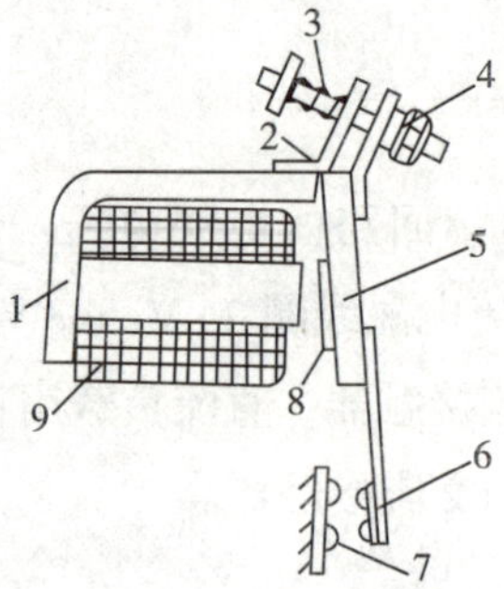

1－铁心；2－旋转棱角；3－释放弹簧；4－调节螺母；
5－衔铁；6－动触头；7－静触头；8－非磁性垫片；9－线圈。

图 1－13　电磁式继电器的工作原理图

由于继电器用于控制电路，因此流过触头的电流比较小，故不需要灭弧装置。电磁式继电器的图形符号、文字符号如图 1－14 所示。

（a）线圈　（b）常开触头　（c）常闭触头

图 1－14　电磁式继电器的图形符号、文字符号

2. 继电器的特性

继电器的主要特性是输入 / 输出特性，又称继电特性，继电特性曲线如图 1－15 所示。

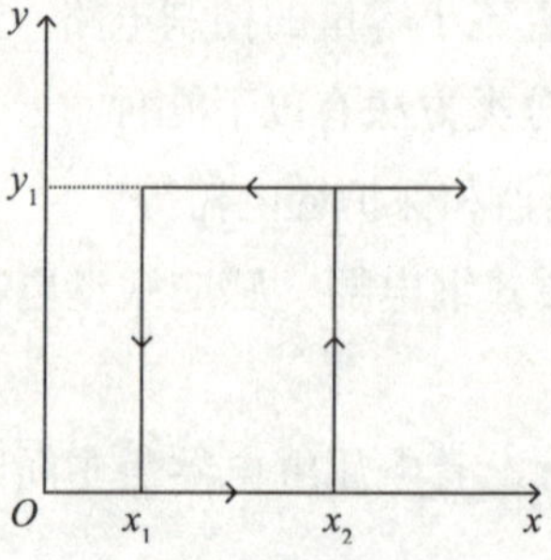

图 1－15　继电特性曲线

当继电器输入量 x 由零增至 x_2 以前，继电器输出量 y 为零。当输入量增加到 x_2 时，

继电器吸合，输出量为 y_1；若 x 再增大，则 y_1 值保持不变。当 x 减小到 x_1 时，继电器释放，输出量由 y_1 降到零；x 再减小，y 值均为零。

在图 1－15 中，x_2 称为继电器吸合值，欲使继电器吸合，输入量必须等于或大于 x_2；x_1 称为继电器释放值，欲使继电器释放，输入量必须等于或小于 x_1。

$k=x_1/x_2$ 称为继电器的返回系数，它是继电器的重要参数之一。k 值是可以调节的，可通过调节释放弹簧的松紧程度或调整铁心与衔铁间的非磁性垫片的厚薄来达到。不同场合要求不同的 k 值。例如，一般继电器要求低的返回系数，k 值应在 0.1 ~ 0.4，这样当继电器吸合后，输入量波动较大时不致引起误动作；欠电压继电器则要求高的返回系数，k 值应在 0.6 以上。设某继电器 k=0.66，吸合电压为额定电压的 90%，则电压低于额定电压的 60% 时继电器释放，起到欠电压保护作用。

吸合时间和释放时间也是继电器的重要参数。吸合时间是指从电磁线圈接收电信号到衔铁完全吸合所需的时间；释放时间是指从电磁线圈失电到衔铁完全释放所需的时间。一般继电器的吸合时间和释放时间为 0.05 ~ 0.15 s，快速继电器为 0.005 ~ 0.05 s。吸合时间和释放时间的大小影响继电器的操作频率。

3. 电压继电器

电压继电器反映的是电压信号。使用时，电压继电器的电磁线圈与负载并联，其线圈匝数多而线径细。按吸合电压的大小，电压继电器可分为欠（零）电压继电器和过电压继电器两种。

欠电压继电器用于电路的欠电压保护，其释放整定值为额定电压的 0.1 ~ 0.6 倍。当被保护电路的电压正常时，衔铁不动作；当被保护电路的电压低于设定值时，衔铁释放，触点机构动作，控制电路失电，控制接触器及时分断被保护电路。

过电压继电器用于电路的过电压保护。当被保护电路的电压正常时，衔铁不动作；当被保护电路的电压高于额定值，达到过电压继电器的整定值时（一般为 105% ~ 120% U_N），衔铁吸合，触点机构动作，控制电路失电，控制接触器及时分断被保护电路。

零电压继电器是当被保护电路的电压降低到（5% ~ 25%）U_N 时释放，对电路实现零电压保护。

中间继电器实质上是一种电压继电器，它的特点是触头数目较多，电流容量可增大，起到中间放大（触头数目和电流容量）的作用。

4. 电流继电器

电流继电器反映的是电流信号。在使用时，电流继电器的电磁线圈和负载串联，其线圈匝数少而线径粗。这样，电磁线圈上的压降很小，不会影响负载电路的电流。常用的电流继电器有欠电流继电器和过电流继电器两种。

电路正常工作时，欠电流继电器吸合动作，当电路电流减小到某一整定值以下时，欠电流继电器释放，对电路起欠电流保护作用。

电路正常工作时，过电流继电器不动作，当电路电流超过某一整定值时，过电流继电器吸合动作，对电路起过电流保护作用。

电流继电器的型号及代表意义如图 1-16 所示。

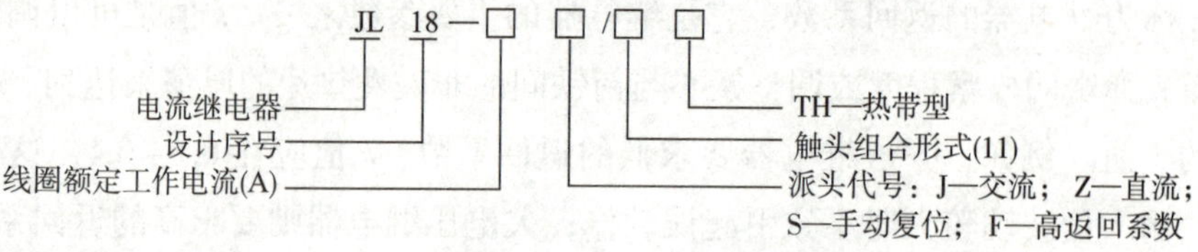

图 1-16 电流继电器的型号及代表意义

5. 电磁式继电器的选用

电磁式继电器选用时主要根据保护或控制对象对继电器的要求，考虑触点数量、种类、返回系数以及控制电路的电压、电流、负载性质等来选择。

1.3.2 热继电器

热继电器是利用电流流过热元件时产生的热量，使双金属片发生弯曲而推动执行机构动作的一种保护电器。热继电器主要用于交流电动机的过载保护、断相及电流不平衡运动的保护及其他电气设备发热状态的控制。热继电器还常和交流接触器配合组成电磁启动器，广泛用于电动机的长期过载保护。

电动机在实际运行中，经常会遇到过载情况，但只要过载不严重、时间短、绕组不超过允许的温升，这种过载是允许的。但如果过载情况严重、时间长，则会加速电动机绝缘的老化，甚至烧毁电动机，因此必须对电动机进行长期过载保护。

1. 热继电器结构与工作原理

热继电器主要由热元件、双金属片和触头等组成，如图 1-17 所示。

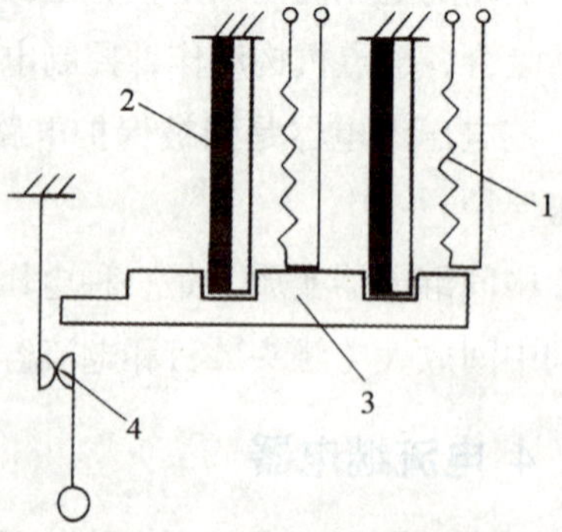

1-热元件；2-双金属片；3-导板；4-触头。

图 1-17 热继电器结构原理图

热元件由发热电阻丝做成，双金属片由两种热膨胀系数不同的金属辗压而成。当双金属片受热时，会出现弯曲变形。使用时，把热元件串接于电动机的主电路中，而常闭触头串接于电动机的控制电路中。热元件通电发热后，双金属片受热向左弯曲，推动导板向左推动执行机构发生一定的运动。当电动机正常运行时，热元件产生的热量虽能使双金属片弯曲，但还不足以使热继电器的触头动作。当电动机过载时，双金属片弯曲位移增大，推动导板使常闭触头断开，从而切断电动机控制电路以起到保护作用。热继电器动作后，经过一段时间的冷却，即能自动或手动复位。热继电器的图形符号、文字符号如图 1-18 所示。

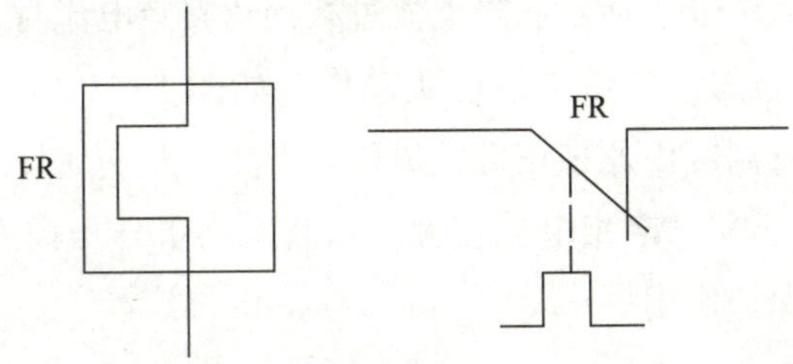

（a）热元件　　（b）常闭触点

图 1-18　热继电器图形符号、文字符号

在三相异步电动机主电路中，一般采用两相结构的热继电器，即在两相主电路中串接热元件。如果发生三相电源严重不平衡、电动机绕组内部短路或绝缘不良等故障，使电动机某一相的线电流比其他两相高，而这一相没有串接热元件的话，热继电器也不能起到保护作用，这时需采用三相结构的热继电器。

2. 断相保护热继电器

对于三相异步电动机，定子绕组为△连接的电动机必须采用带断相保护的热继电器。因为将热继电器的热元件串接在△连接的电动机的电源进线中，并且按电动机的额定电流来选择热继电器，当故障线电流达到额定电流时，在电动机绕组内部，电流较大的那一相绕组的故障相电流将超过额定相电流。但由于热元件串接在电源进线中，因此热继电器不会动作，但对电动机来说就有过热危险。

为了对△连接的电动机进行断相保护，必须将三个热元件分别串接在电动机的每相绕组中。这时热继电器的整定电流值按每相绕组的额定电流来选择。但是这种接线复杂、麻烦，且导线也较粗。针对我国生产的三相笼型异步电动机和功率在 4 kW 或以上者大都采用△连接，为解决这类电动机的断相保护，设计了带有断相保护装置的三相结构热继电器。

JR16 系列为断相保护热继电器。带断相保护的热继电器结构如图 1-19 所示，图中虚线表

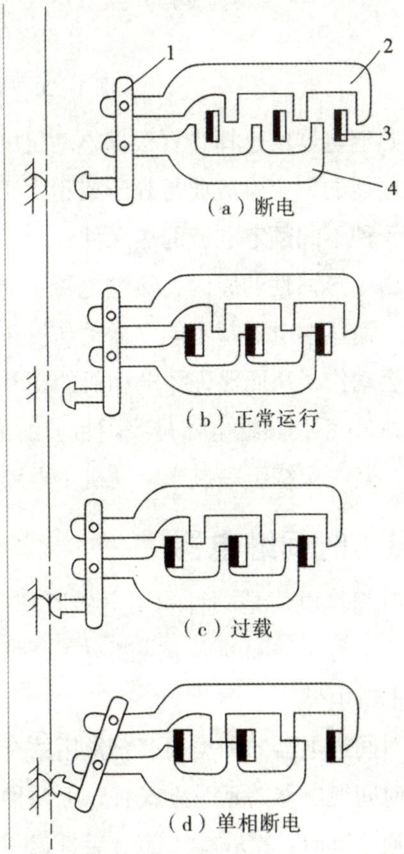

1- 杠杆；2- 上导板；3- 双金属片；4- 下导板。

图 1-19　带断相保护的热继电器结构

示动作位置。图 1-19（a）为断电时的位置。当电流为额定电流时，三个热元件正常发热，其端部均向左弯曲并推动上、下导板同时向左移，但到不了动作位置，热继电器常开触头不会动作，如图 1-19（b）所示。当电流过载到达整定电流时，双金属片弯曲较大，把导板和杠杆推到动作位置，热继电器触头动作，如图 1-19（c）所示。当一相（设 U 相）断路时，该相热元件温度由原来正常发热状态下降，双金属片由弯曲状态伸直，推动上导板向右移；同时由于 V、W 相电流较大，因此推动下导板向左移，使杠杆扭转，热继电器动作，起到断相保护作用。

3. 热继电器的选用

热继电器的型号及表示意义如图 1-20 所示。

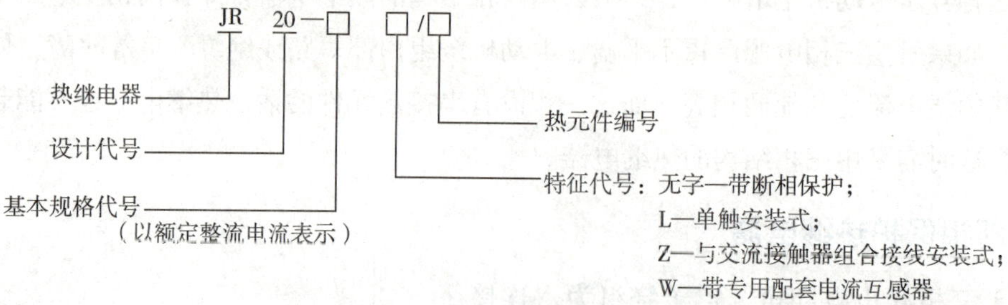

图 1-20 热继电器的型号及表示意义

热继电器的选择主要根据电动机的额定电流来确定其型号及热元件的额定电流等级。热继电器的整定电流通常等于或稍大于电动机的额定电流，每种额定电流的热继电器可装入若干种不同额定电流的热元件。

由于热惯性的原因，热继电器不能作短路保护。因为发生短路事故时，要求电路立即断开，而热继电器却不能立即动作。正是因为热惯性在电动机启动或短时过载时使热继电器不会动作，从而保证了电动机的正常工作。

JR20 系列热继电器是我国目前的最新产品，250 A 以上的都配有专门的速饱和电流互感器，其一次绕组串接于电动机主电路中，二次绕组与热元件串联。

1.3.3 时间继电器

时间继电器是一种利用电磁原理或机械原理实现延时控制的自动开关装置，是从得到输入信号（线圈的通电或断电）开始，经过一定的延时后才输出信号（触头的闭合或断开）的继电器。

时间继电器的种类很多，常用的有空气阻尼式、电动机式、电子式等。

时间继电器的延时方式有以下两种。

通电延时：接收输入信号后延迟一定的时间，输出信号才发生变化。当输入信号消失后，输出瞬时复原。

断电延时：接收输入信号时，瞬时产生相应的输出信号。当输入信号消失后，延迟一定的时间，输出才能复原。

1. 空气阻尼式时间继电器

空气阻尼式时间继电器是利用空气阻尼作用而达到延时目的的继电器，由电磁机构、延时机构和触头组成。

空气阻尼式时间继电器的电磁机构有交流、直流两种。通过改变电磁机构位置，将电磁铁翻转 180° 安装来实现通电延时和断电延时。当动铁心（衔铁）位于静铁心和延时机构之间位置时，为通电延时型；当静铁心位于动铁心和延时机构之间位置时，为断电延时型。JS7VA 系列时间继电器原理图如图 1-21 所示。

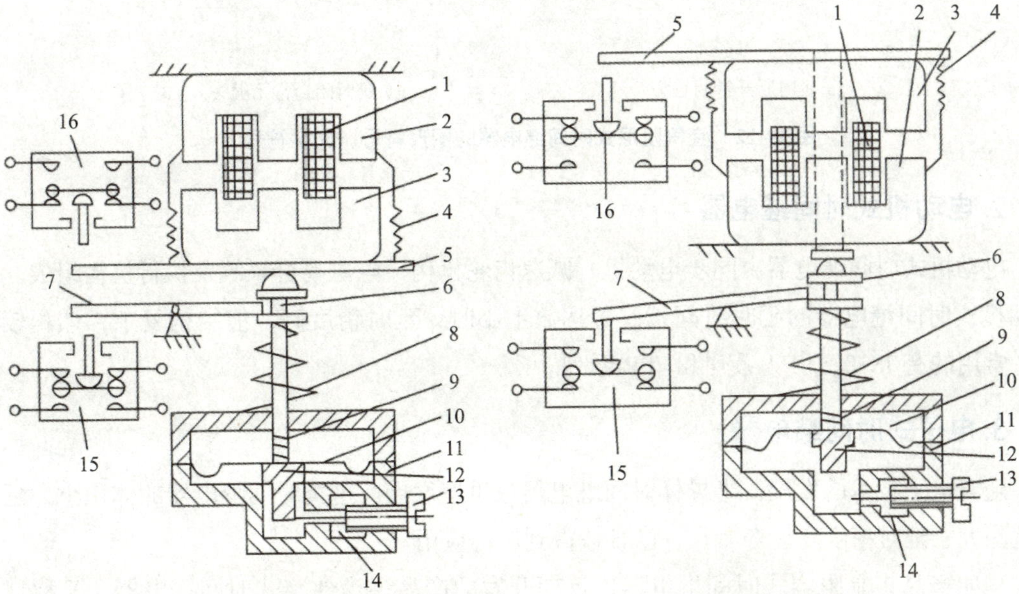

（a）通电延时型　　（b）断电延时型

1- 线圈；2- 静铁心；3- 衔铁；4- 反力弹簧；5- 推板；6- 活塞杆；7- 杠杆；8- 塔形弹簧；9- 弱弹簧；10- 橡皮膜；11- 空气室壁；12- 活塞；13- 调节螺钉；14- 进气孔；15、16- 微动开关。

图 1-21　JS7VA 系列时间继电器原理图

空气阻尼式时间继电器的结构简单，价格低廉，延时范围为 0.4～180 s，但是延时误差较大，难以精确地整定延时时间，常用于延时精度要求不高的交流控制电路中。

日本生产的空气阻尼式时间继电器体积比 JS7 系列小 50% 以上，橡皮膜用特殊的塑料薄膜制成，其气孔精度要求很高，延时时间可达几十分钟，延时精度为 ±10%。

按照通电延时和断电延时两种形式，空气阻尼式时间继电器的延时触头有延时断开常开触头、延时断开常闭触头、延时闭合常开触头和延时闭合常闭触头。

空气阻尼式时间继电器的图形符号、文字符号如图 1-22 所示。

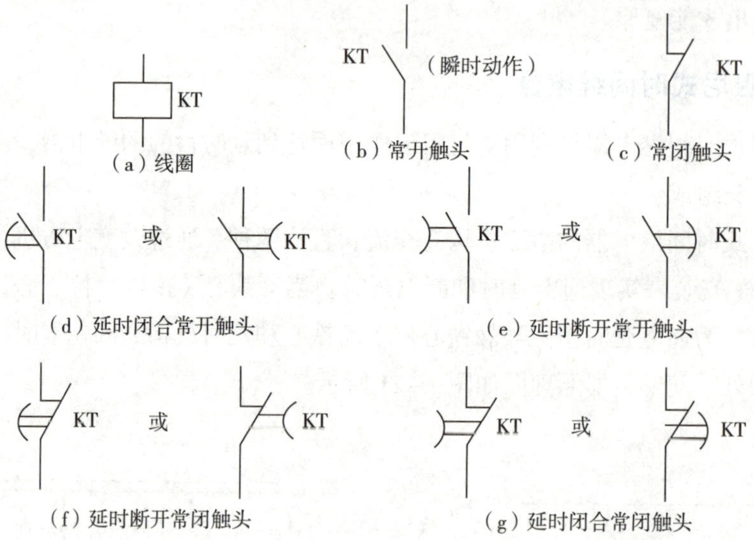

图 1-22　空气阻尼式时间继电器的图形符号、文字符号

2. 电动机式时间继电器

电动机式时间继电器由同步电动机、减速齿轮机构、电磁离合系统及执行机构组成。电动机式时间继电器的延时时间长，可达数十小时，延时精度高，但结构复杂，体积较大，常用的有 JS10、JS11 系列和 7PR 系列。

3. 电子式时间继电器

随着电子技术的发展，半导体时间继电器也迅速发展。这类时间继电器的体积小，延时范围大、延时精度高、寿命长，已日益得到广泛应用。

早期产品多是阻容式时间继电器，近期开发的产品多为数字式时间继电器，又称计数式时间继电器，其结构由脉冲发生器、计数器、放大器及执行机构组成。电子式时间继电器具有延时时间长、调节方便、精度高的优点，有的还带有数字显示，应用很广，可取代阻容式、空气阻尼式、电动机式等时间继电器。我国生产的产品有 JSJ 系列和 JS14P 系列等。

4. 时间继电器的选用

选用时间继电器时，首先应考虑满足控制系统所提出的工艺要求和控制要求，并根据对延时方式的要求选用通电延时型或断电延时型。对于延时要求不高和延时时间较短的，可选用价格相对较低的空气阻尼式时间继电器；当要求延时精度较高、延时时间较长时，可选用晶体管式或数字式时间继电器；在电源电压波动大的场合，采用空气阻尼式时间继电器比用晶体管式时间继电器好，而在温度变化较大处，则不宜采用空气阻尼式时间继电器。总之，选用时除考虑延时范围、准确度等条件外，还要考虑控制系统对可靠性、经济性、工艺安装尺寸等的要求。

1.3.4 速度继电器

速度继电器主要用于笼型异步电动机的反接制动控制，也称反接制动继电器。其结构原理图如图 1-23 所示。

速度继电器主要由定子、转子和触头三部分组成。定子的结构与笼型异步电动机相似，是一个笼型空心圆环，由硅钢片冲压而成，并装有笼型绕组。转子是一块永久磁铁。

速度继电器的轴与电动机的轴相连接。转子固定在轴上，定子与轴同心。当电动机转动时，速度继电器的转子随之转动，绕组切割磁场产生感应电动势和电流，此电流和永久磁铁的磁场作用产生转矩，使定子向轴的转动方向偏摆，通过定子柄拨动触头，使常闭触头断开、常开触头闭合。当电动机转速下降到接近零时，转矩减小，定子柄在弹簧力的作用下恢复原位，触头也复原。

速度继电器的图形符号、文字符号如图 1-24 所示。

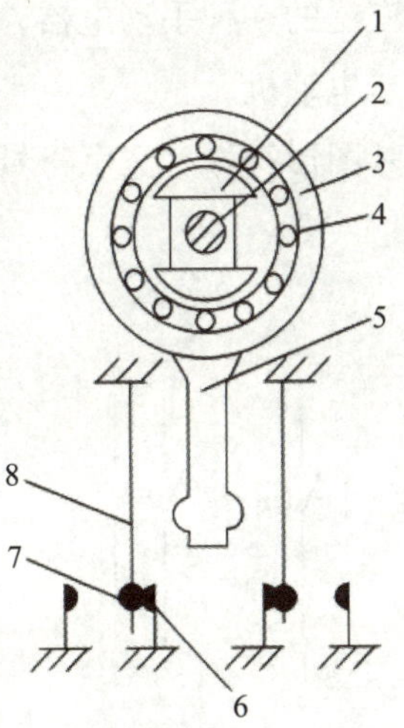

1- 转子；2- 电动机轴；3- 定子；4- 绕组；5- 定子柄；6- 静触头；7- 动触头；8- 簧片。

图 1-23 速度继电器的结构原理图

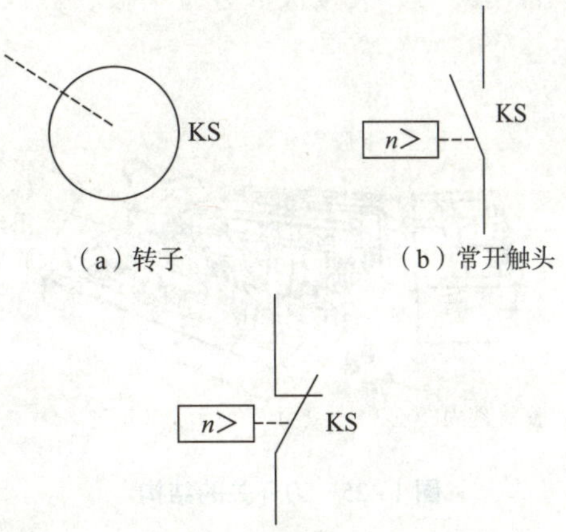

（a）转子 （b）常开触头 （c）常闭触头

图 1-24 速度继电器的图形符号、文字符号

速度继电器除 JY1 型外，还有一种 JFZ0 型。JFZ0 型的触头动作速度不受定子柄偏转快慢的影响，触头改用微动开关。

速度继电器的额定工作转速有 300 ~ 1 000 r/min 与 1 000 ~ 3 000 r/min 两种。动作转速在 120 r/min 左右，复位转速在 100 r/min 以下。

速度继电器有两组触头（各有一对常开触头和一对常闭触头），可分别控制电动机正、反转的反接制动。

速度继电器根据电动机的额定转速进行选择。使用时，速度继电器的转轴应与电动机同轴连接，安装接线时，正、反向的触点不能接错，否则不能起到反接制动时接通和分断反向电源的作用。

课堂讨论

继电器在电路中扮演着怎样的角色？在继电器的选择上应该考虑哪些因素？

1.4 低压开关和低压断路器

1.4.1 刀开关

刀开关是一种手动电器，广泛应用于配电设备作隔离电源用，有时也用于直接起动较小容量的笼型异步电动机。

刀开关主要有胶盖刀开关和铁壳刀开关两种，有些刀开关内装有熔断器，兼有短路保护功能。

胶盖刀开关俗称刀开关，其结构简单，曾是应用最广泛的一种手动电器，如图 1－25 所示，主要用于电路的电源开关和容量小于 7.5 kW 的异步电动机。

常用的刀开关按极数分有单极、双极与三极开关，其图形符号、文字符号如图 1－26 所示。

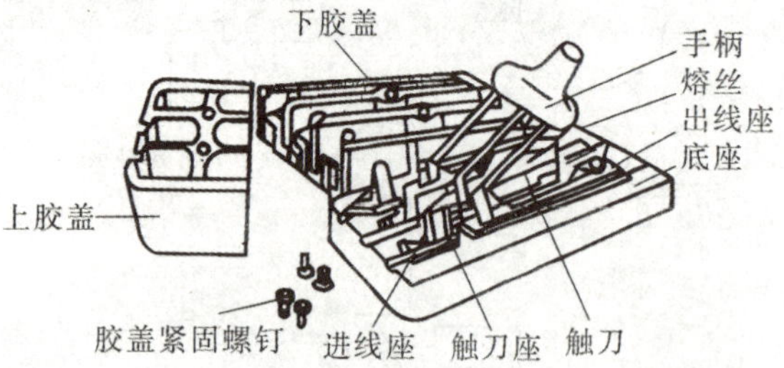

图 1－25　刀开关的结构

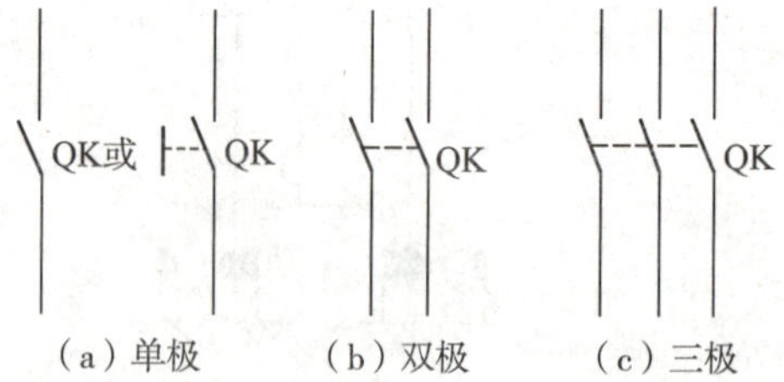

图 1－26　刀开关的图形符号、文字符号

刀开关安装时，手柄应向上，不得倒装或平装，避免由于重力自动下落，引起误动合闸。接线时，应将电源线接在上端，负载线接在下端，断开后刀开关的刀片与电源隔离，既便于更换熔丝，又可防止可能发生的意外事故。

刀开关的主要技术参数有额定电压、额定电流、通断能力、刀开关电寿命。近年来很多场合下，低压断路器取代了刀开关，刀开关的使用逐渐减少。

1.4.2 组合开关

组合开关又称转换开关，实质上是一种特殊的刀开关，不同的是一般刀开关的操作手柄是在垂直于安装面的平面内向上或向下转动，而组合开关的操作手柄则是在平行于安装面的平面内向左或向右转动。

组合开关多用在机床电气控制电路中，作为电源的引入开关，一般用于交流 380 V、直流 220 V、电流 100 A 以下的电路中作电源开关，也可以用作不频繁地接通和断开电路、换接电源和负载，以及控制 5 kW 以下的小容量电动机的正转、反转和星 – 三角起动等。

组合开关的外形、结构和图形符号、文字符号，如图 1–27 所示。组合开关由若干动触片（动触头）和静触片（静触头）分别装于数层绝缘座内而成，动触片安装在手柄的转轴上，当转动手柄时，每层的动触片随方形转轴一起转动，并使静触片插入相应的动触片中，可实现多条电路、不同连接方式的转换。

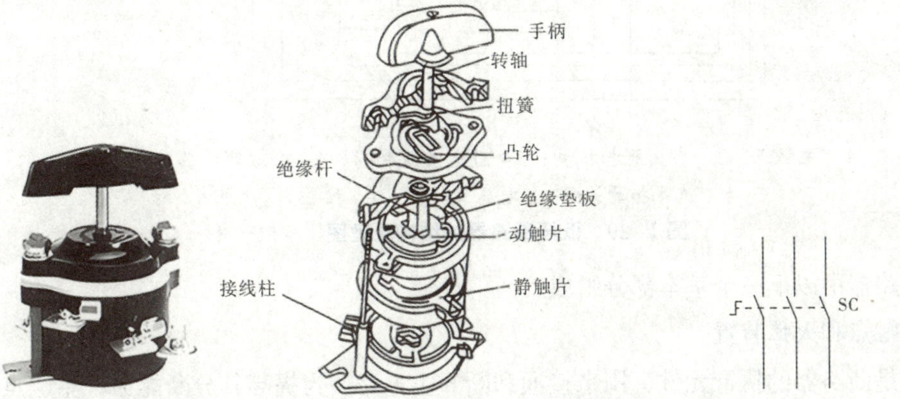

（a）外形图　（b）结构图　（c）三相同时合断的组合开关图形符号、文字符号

图 1–27　HZ10 型组合开关

组合开关的主要技术参数有额定电压、额定电流、极数等。常用型号有 HZ5、HZ10、HZ15 等系列。

1.4.3　低压断路器

低压断路器俗称自动空气开关，是低压配电系统和电力拖动系统中非常重要的电器，它相当于刀开关、熔断器、热继电器和欠电压继电器的组合，集控制与多种保护于一身，并具有操作安全、使用方便、工作可靠、安装简单、分断能力高等优点，因此得到广泛应用。低压断路器的外形如图 1–28 所示，结构原理图如图 1–29 所示。

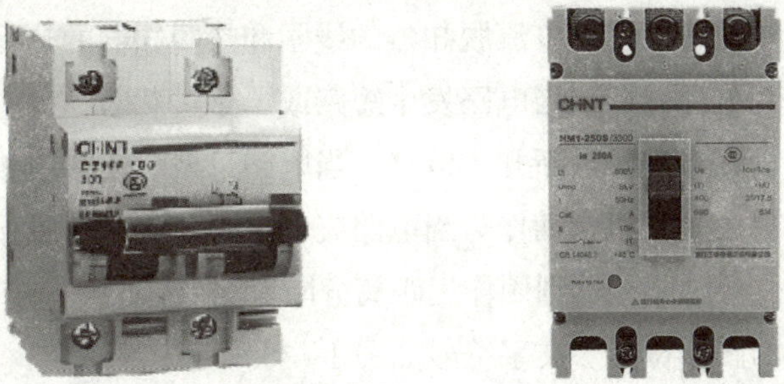

（a）DZ158–100 小型断路器　（b）NM1 系列塑料外壳式断路器

图 1–28　低压断路器的外形

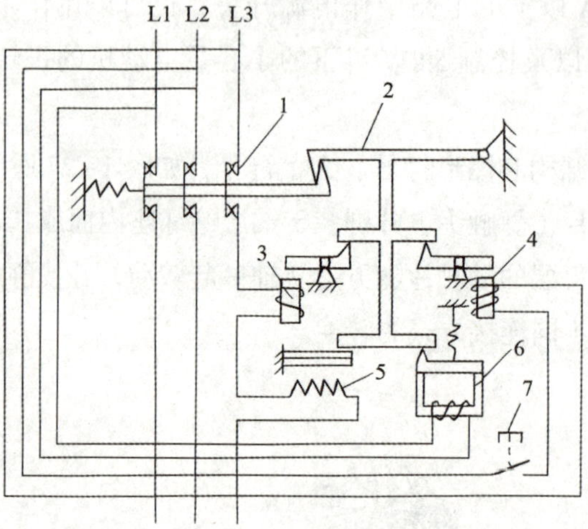

1- 主触点；2- 自由脱扣机构；3- 过电流脱扣器；4- 分励脱扣器；
5- 热脱扣器；6- 欠电压脱扣器；7- 按钮。

图 1-29 低压断路器的结构原理图

低压断路器由以下三个基本部分组成。

（1）主触点和灭弧装置

主触点是断路器的执行元件，用来接通和断开主电路，为提高其分断能力，主触点上装有灭弧装置。

（2）具有不同保护功能的脱扣器

脱扣器是断路器的感受元件，当电路出现故障时，脱扣器感测到故障信号后，经由自由脱扣器使主触点分断，从而起到保护作用。脱扣器有热脱扣器、欠电压脱扣器、过电流脱扣器、分励脱扣器等。由具有不同保护功能的各种脱扣器可以组合成不同性能的低压断路器。

（3）自由脱扣机构和操作机构

自由脱扣机构是用来联系操作机构和主触点的机构，当操作机构处于闭合位置时，也可操作分励脱扣机构进行脱扣，将主触点断开。操作机构是实现断路器闭合、断开的机构。通常，电力拖动控制系统中的断路器采用手动操作机构。

低压断路器的开关主触点依靠操作机构手动或电动合闸。主触点闭合后，自由脱扣机构将主触点锁在合闸位置上。过电流脱扣器的线圈和热脱扣器的热元件与主电路串联，欠电压脱扣器的线圈与电源并联。当电路发生短路或严重过载时，过电流脱扣器的衔铁吸合，使自由脱扣机构动作，主触点断开主电路。当电路过载时，热脱扣器的热元件发热使双金属片变形，顶动自由脱扣机构动作。当电路欠电压时，欠电压脱扣器的衔铁释放，也使自由脱扣机构动作。分励脱扣器则用作远距离分断电路。

三相低压断路器的图形符号、文字符号如图 1-30 所示。

低压断路器的种类很多，主要有 DW15、DW16、DW17（ME）、DW45 系列，DZ5、DZ12、DZ15、DZ20、DZ47 系列，DS 系列，DWX15、DZX10 系列。

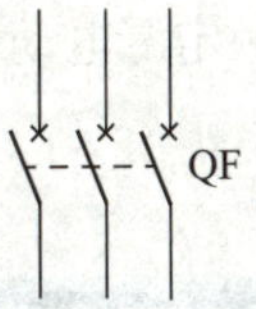

图 1-30　三相低压断路器的图形符号、文字符号

1.4.4　漏电保护断路器

当电路或设备出现对地漏电或人身触电时，漏电保护断路器能迅速自动切断电源，从而避免造成事故，它是最常用的一种漏电保护电器。

漏电保护断路器按其检测故障信号的不同，可分为电压型和电流型两类。由于电压型漏电保护断路器存在可靠性差等缺点，目前已被淘汰。这里仅介绍电流型漏电保护断路器。

漏电保护断路器一般由零序电流互感器、漏电脱扣器、开关装置三部分组成。零序电流互感器用于检测漏电流的大小；漏电脱扣器能将检测到的漏电流与一个预定基准值比较，从而判断是否动作；开关装置是受漏电脱扣器控制的能接通和分断被保护电路的机构。

根据结构不同，目前常用的电流型漏电保护断路器分为电磁式和电子式两种。

1. 电磁式电流型漏电保护断路器

电磁式电流型漏电保护断路器的特点是把漏电电流直接接通漏电脱扣器来操作开关装置，它由开关装置、试验回路、电磁式漏电脱扣器和零序电流互感器组成。它适用于在交流 50 Hz、额定工作电压为 400 V、额定工作电流为 16 ~ 630 A 的配电网络电路中作为漏电保护之用，也可作为电动机的不频繁启动及过载、短路保护。

2. 电子式电流型漏电保护断路器

电子式电流型漏电保护断路器的特点是把漏电电流经过电子放大电路后使漏电脱扣器动作，从而操作开关装置。

电子式漏电保护断路器的工作原理与电磁式大致相同，只是当漏电电流超过基准值时，立即被放大并输出具有一定驱动功率的信号使漏电脱扣器动作。

漏电保护断路器有单相式和三相式两种，单相式主要产品有 DZL18-20 型，三相式有 DZ15L、DZ47L、DS250M 等。漏电保护断路器的额定漏电动作电流为 30 ~ 100 mA，漏电脱扣器动作时间小于 0.1 s。

3. 漏电保护断路器的选用

（1）手持电动工具、移动电器、家用电器应选用额定漏电动作电流不大于 30 mA 的快速动作的漏电保护断路器，动作时间少于 0.1 s。

（2）单台电机设备可选用额定漏电动作电流为 30 mA 及以上、100 mA 以下快速动作的漏电保护断路器。

（3）有多台设备的总保护应选用额定漏电动作电流为 100 mA、快速动作的漏电保护断路器。

1.5　低压保护电器

低压保护电器主要是对低压控制线路和电气设备进行保护的电器。这类电器的主要技术要求是有一定的通断能力，可靠性高，反应灵敏。常见的有热继电器、熔断器、断路器、电压继电器、电流继电器等。

1.5.1　热继电器

1. 作用与类型

热继电器是一种利用电流的热效应原理来工作的保护电器，用于电动机的过载保护、断相保护、电流不平衡运行的保护及其他电气设备发热状态的控制。

按极数来分，热继电器有单极、两极和三极式三种类型。按功能来分，三极式热继电器有不带断相保护和带断相保护两种类型，常用于三相交流电动机做过载保护。按热敏感元件和工作原理来分，热继电器有双金属片式、热敏电阻式、易熔合金式等类型。双金属片式热继电器是利用双金属片受热弯曲去推动杠杆使触头动作；热敏电阻式热继电器是利用电阻值随温度变化而变化的特性制成；易熔合金式热继电器是利用过载电流发热使易熔合金熔化而使继电器动作。

2. 结构与原理

图 1-31 为双金属片三极式热继电器的实物和结构图。双金属片式热继电器由发热元件、双金属片、触头及动作机构等部分组成。

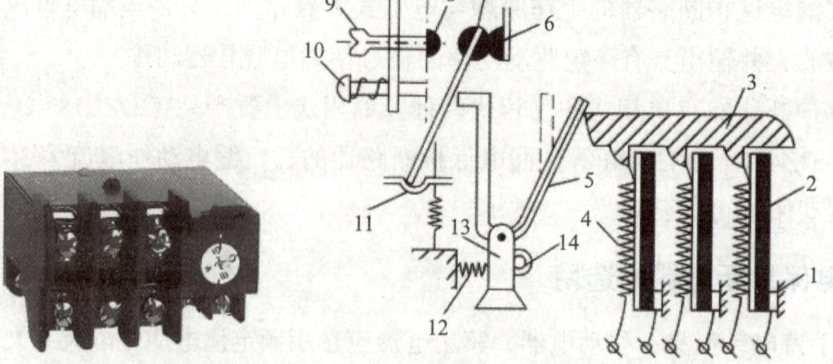

（a）实物图　　（b）结构图

1- 双金属片固定支点；2- 双金属片；3 -导板；4- 发热元件；5- 补偿双金属片；6- 常闭触点；7- 动触点；8- 常开触点；9- 复位调节；10- 复位按钮；11- 推杆；12- 压簧；13- 支撑件；14- 调节旋钮。

图 1-31　双金属片三极式热继电器的实物和结构图

双金属片是热继电器的感测元件，由两种不同热膨胀系数的金属片经机械碾压而成，受热会发生弯曲。热元件由发热电阻丝做成，串接在电动机的定子绕组中，电动机定子绕组电流即为流过热元件的电流。当电动机正常运行时，热元件产生的热量虽会使双金属片弯曲，但弯曲程度还不足以使继电器动作。当电动机过载时，热元件产生的热量更大，使双金属片弯曲位移增大，经过一定时间后，双金属片弯曲到推动导板，使继电器动作，即常开触点闭合，常闭触点断开。热继电器的常闭触点串联于接触器线圈回路，断开后使接触器线圈失电，接触器的主触点断开电动机的电源以保护电动机。

调节旋钮是一个偏心轮，它与支撑件构成一个杠杆，转动偏心轮，改变它的半径即可改变补偿双金属片与导板的接触距离，因而达到调节整定热继电器动作电流的目的。此外，靠调节复位螺钉来改变常开触点的位置，可使热继电器能工作在手动复位和自动复位两种工作状态。调试手动复位时，在故障排除后要按下按钮，才能使动触点恢复与静触点相接触的位置。

3. 热继电器的图形符号、文字符号

热继电器的图形符号、文字符号如图 1－32 所示。

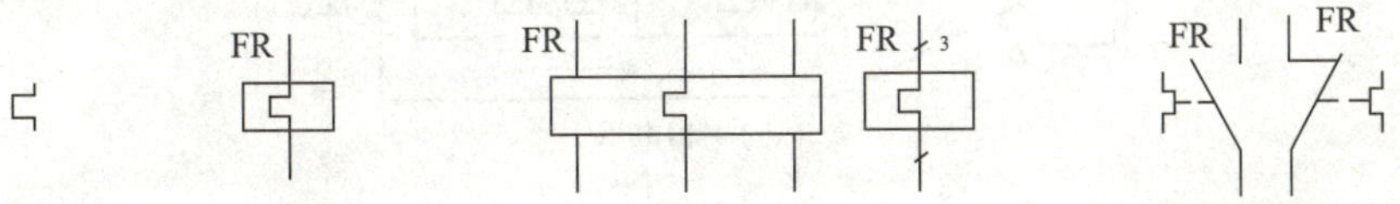

（a）热元件　（b）单极热元件　（c）三极热元件　（d）触点

图 1－32　热继电器的图形符号、文字符号

4. 带断相保护的热继电器及其使用

带断相保护的热继电器是在普通热继电器的基础上增加一个差动机构，对三个电流进行比较。差动式断相保护装置的结构原理如图 1－33 所示。热继电器的导板改为差动机构，由上导板、下导板及杠杆组成，它们之间都用转轴连接。图 1－33（a）为通电前机构各部件的位置。图 1－33（b）为三相正常通电时各部件的位置，此时三相双金属片都受热向左弯曲，但弯曲的程度不够，所以下导板向左移动一小段距离，继电器不动作。图 1－33（c）是三相均过载的情况，三相双金属片同时向左弯曲，推动下导板向左移动，通过杠杆使常闭触点立即打开。图 1－33（d）是 C 相断线的情况，这时 C 相双金属片逐渐冷却降温，端部向右移动推动上导板向右移动，而另外两相双金属片温度上升，端部向左弯曲，推动下导板继续向左移动。由于上、下导板一左一右移动，产生了差动作用，通过杠杆放大作用，使常闭触点打开。由于差动作用，使热继电器在断相故障时加速动作，实现保护电动机的目的。

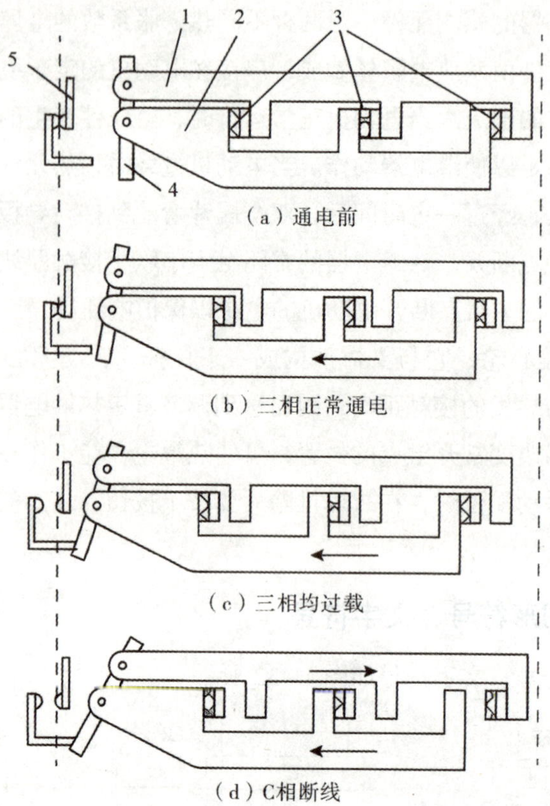

1- 上导板；2- 下导板；3- 双金属片；4- 杠杆；5- 常闭触点。

图 1-33　差动式断相保护热继电器的结构原理

因电源本身缺相、一相接线松动或一相熔断器熔断等原因均可造成三相异步电动机缺相故障运行，这是三相异步电动机烧坏的主要原因之一，因此对电动机过载保护的同时还必须要缺相保护。但是，并不是所有的三相异步电动机的缺相保护均需要带缺相保护的热继电器，主要还是要根据电动机绕组连接方式和热继电器的接入方式而定。

热继电器所保护的电动机为 Y 形接法，如图 1-34（a）所示，当线路发生一相断电时，另外两相电流便增大很多。由于线电流等于相电流，流过电动机绕组的电流和流过热继电器的电流增加的比例相同，因此普通的两相或三相热继电器可以对此做出保护。

电动机是△形接法，如图 1-34（b）所示，发生断相时，由于电动机的相电流与线电流不等，流过电动机绕组的电流和流过热继电器的电流增加比例不相同，而热元件又串联在电动机的电源进线中，按电动机的额定电流即线电流来整定，整定值较大。当故障线电流达到额定电流时，在电动机绕组内部，电流较大的那一相绕组的故障电流将超过额定相电流，便有过热烧毁的危险。所以，三角形接法必须采用带断相保护的热继电器。

三相热继电器的热元件分别串联于电动机三相绕组中，然后再接成 A 形接法，如图 1-34（c）所示，此时流过电动机绕组的电流和流过热继电器的电流相同，因此热继电器按电动机绕组电流整定，这种情况下普通热继电器也可实现断相保护，但是连接比较麻烦。

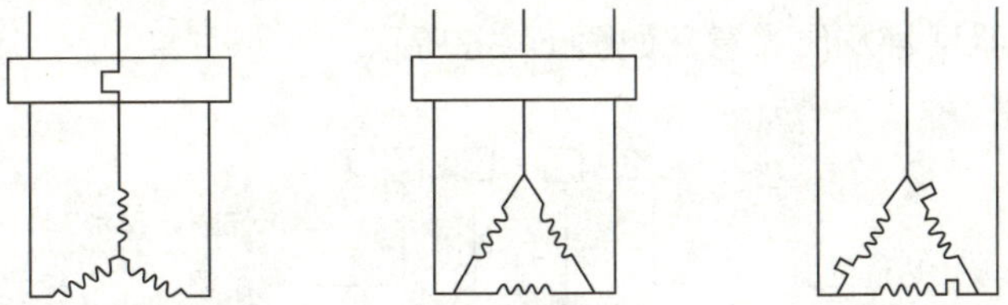

（a）带断相式和不带断相式　（b）带断相式　（c）不带断相式

图 1-34　热继电器与电动机的接入形式

5. 电动机的过载特性与热继电器的保护特性

热继电器用于电动机过载保护，因此在电动机因过载被损坏前热继电器可靠地动作是关键。电动机的过载特性和热继电器的保护特性的配合关系是实现过载保护的保障。

电动机的过载特性是电动机在不超过允许温升的条件下，电动机的过载电流与电动机通电时间的关系。当电动机运行中出现过载电流时，必将引起绕组发热。根据热平衡关系，不难得出在允许温升条件下，电动机通电时间与其过载电流的平方成反比的结论。根据这个结论，可以得知电动机的过载特性具有反时限特性，如图 1-35 的曲线 1 所示。

为了适应电动机的过载特性而又起到过载保护作用，要求热继电器也应具有如同电动机过载特性那样的反时限特性。为此，热继电器中必须具有电阻性发热元件，利用过载电流流过电阻发热元件时产生的热效应使感测元件动作，从而带动触点动作来实现保护作用。热继电器中通过的过载电流与其触点动作时间之间的关系，称作热继电器的保护特性，如图 1-35 的曲线 2 所示。考虑到各种误差的影响，电动机的过载特性和热继电器的保护特性均为带状曲线。

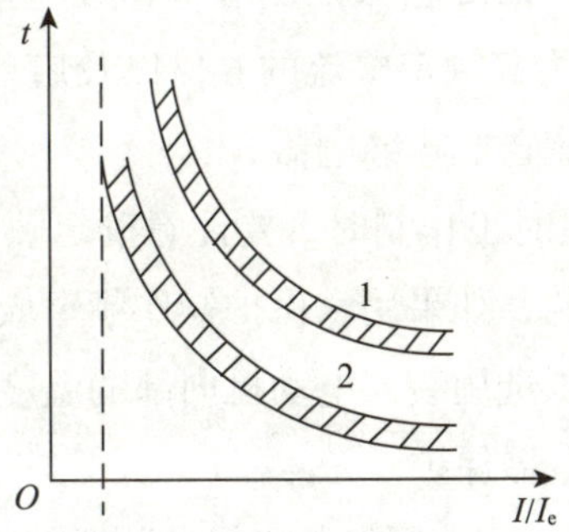

1- 电动机的过载特性；2- 热继电器的保护特性。

图 1-35　电动机的过载特性与热继电器的保护特性

电动机出现过载时，热继电器的保护特性应在电动机过载特性的邻近下方。这样，如果发生过载，热继电器就会在电动机未达到其允许的过载极限之前动作，切断电动机电源，使之免遭损坏。

6. 热继电器的主要技术参数

热继电器的主要技术参数有额定电压、额定电流、极数、热元件编号以及整定电流调节范围等。热继电器型号及代表意义如图 1－36 所示。

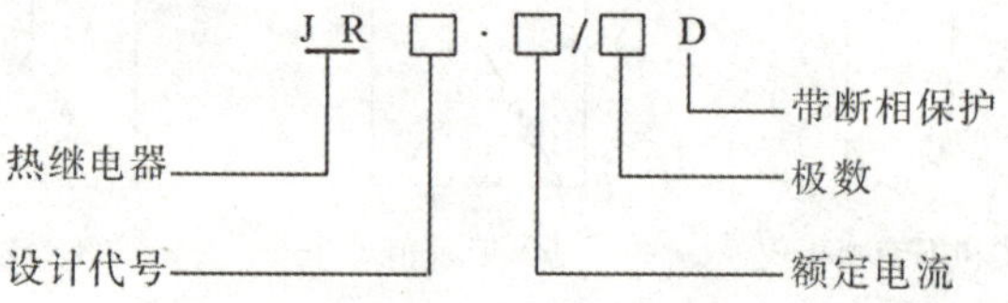

图 1－36　热继电器型号及代表意义

热继电器的整定电流是指热继电器的热元件允许长期通过又不致引起继电器动作的电流值，对于某一热元件，可通过调节电流旋钮，在一定范围内调节其整定电流。

热继电器在安装方式上有独立安装式、导轨安装式和接插安装式（直接挂接在其配套的接触器上）三种。接插安装式的热继电器和相应的接触器配套使用，使用时直接插入接触器的出线端，方便了电气线路的连接。

7. 热继电器的选用

热继电器选用是否得当，直接影响着对电动机进行过载保护的可靠性。通常选用时应按电动机形式、工作环境、启动情况及负荷情况等几方面综合加以考虑。

（1）原则上热继电器的额定电流应按电动机的额定电流选择。对于过载能力较差的电动机，其配用的热继电器（主要是发热元件）的额定电流可适当小些。通常，选取热继电器的额定电流（实际上是选取发热元件的额定电流）为电动机额定电流的 60%～80%。

（2）在不频繁启动的场合，要想保证热继电器在电动机的启动过程中不产生误动作。通常，当电动机启动电流为其额定电流的 6 倍以及启动时间不超过 6 s 且很少连续启动时，就可按电动机的额定电流选取热继电器。

（3）当电动机为重复且短时工作制时，要注意确定热继电器的允许操作频率。因为热继电器的操作频率是很有限的，如果用它保护操作频率较高的电动机，效果很不理想，有时甚至不能使用，必要时可以选用装入电动机内部的温度继电器。对于可逆运行和频繁通断的电动机，不宜采用热继电器保护。

（4）对于△形接法电动机，应选用带断相保护装置的热继电器。

1.5.2　熔断器

熔断器是一种当电流超过规定值一定时间后，以它本身产生的热量使熔体熔化而分断电路的电器。它广泛应用于低压配电系统及用电设备中作短路和严重过载保护。

使用时，熔断器串接于被保护的电路中，当电路发生短路故障时，熔断器中的熔体被瞬时熔断而分断电路起到保护作用。它具有结构简单、体积小、使用和维护方便、分断能力较高、限流性能良好、价格低廉等特点。

1. 结构形式

熔断器一般由熔断管（或座）、熔体、填料及导电部件等部分组成。其中，熔断管一般是由硬质纤维或瓷质绝缘材料制成的封闭或半封闭式管状外壳，熔体装于其内，并有利于熔体熔断时熄灭电弧。熔体是由金属材料制成的，可以是丝状、带状、片状或笼状。除丝状外，其他熔体通常制成变截面结构，目的是改善熔体材料性能及控制不同故障情况下的熔化时间。

熔体材料分为低熔点材料和高熔点材料两大类。目前常用的低熔点材料有锑铅合金、锡铅合金、锌等，高熔点材料有铜、银和铝等。铝比银的熔点低，而比铅、锌的熔点高。铝的电阻率比银、铜的大。铜的熔点最高，为 1 083 ℃，而锡的熔点最低，为 232 ℃。对于高分断能力的熔断器通常用铜作主体材料，而用锡及其合金作辅助材料，以提高熔断器的性能。熔体是熔断器的核心部件，它应具备的基本性能是功耗小、限流能力强和分断能力高。填料也是熔断器中的关键材料，目前广泛应用的填料是石英砂。石英砂主要有两个作用，作为灭弧介质和帮助熔体散热，从而有助于提高熔断器的限流能力和分断能力。

熔体串接于被保护电路中，当电路发生短路或过电流时，通过熔体的电流使其发热，当达到熔体金属熔化温度时就会自行熔断。这期间伴随着燃弧和熄弧过程，随之切断故障电路，起到保护作用。因为当电路正常工作时，熔体在额定电流下不应熔断，所以其最小熔化电流必须大于额定电流。最小熔化电流是指当通过熔体的电流等于这个电流值时，熔体能够达到其稳定温度并且熔断。

2. 分类

熔断器按结构可分为半封闭插入式、螺旋式、无填料密封管式和有填料密封管式；按用途可划分为一般工业用熔断器、半导体器件保护用快速熔断器和特殊熔断器（如具有两段保护特性的快慢动作熔断器、自复式熔断器等）。

（1）螺旋式熔断器

螺旋式熔断器系列产品的熔管内装有石英砂或惰性气体，用于熄灭电弧，具有较高的分断能力，并带熔断指示器。当熔体熔断时指示器自动弹出，如图 1-37（a）所示。

（2）瓷插式熔断器

瓷插式熔断器主要用于低压分支电路的短路保护，由于其分断能力较小，一般多用于民用和照明电路中，如图 1-37（b）所示。

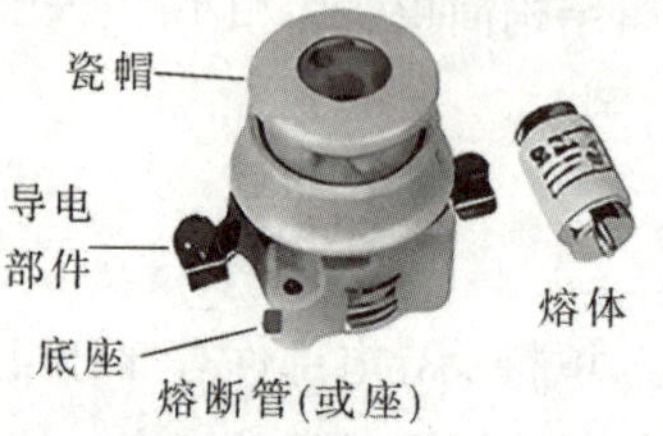

（a）螺旋式熔断器

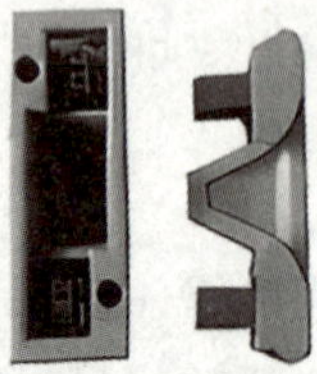

（b）瓷插式熔断器

图 1-37 熔断器的结构

（3）封闭管式熔断器

封闭管式熔断器分为无填料、有填料和快速三种。无填料熔断器在低压电力网和成套配电设备中做短路保护和连续过载保护。其特点是可拆卸，即当熔体熔断后，用户可以按要求自行拆开，重新装入新的熔体。有填料熔断器具有较大的分断能力，用于较大电流的电力输配电系统中，还可以用于熔断器式隔离器、开关熔断器等电器中。封闭管式熔断器如图 1-38（a）所示。

（4）自复式熔断器

自复式熔断器是一种新型熔断器。它利用金属钠做熔体，在常温下，钠的电阻很小，允许通过正常的工作电流。当电路发生短路时，短路电流产生高温使钠迅速气化；气态钠电阻变得很高，从而限制了短路电流。当故障消除后，温度下降，金属钠重新固化，恢复其良好的导电性。其优点是能重复使用，不必更换熔体；缺点是它在线路中只能限制故障电流，而不能切断故障电路。自复式熔断器如图 1-38（b）所示。

（5）快速熔断器

快速熔断器主要用于半导体整流元件或整流装置的短路保护。由于半导体元件的过载能力很低。只能在极短时间内承受较大的过载电流，因此要求短路保护具有快速熔断的能力。快速熔断器的结构和有填料封闭管式熔断器基本相同，但熔体材料和形状不同。快速熔断器如图 1-38（c）所示。

（a）封闭管式熔断器

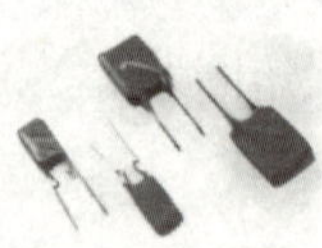

（b）自复式熔断器

（c）快速熔断器

图 1-38 其他熔断器实物照片

3. 熔断器的保护特性

熔断器的保护特性也称安秒特性，是指熔体的熔化电流与熔化时间之间的关系。它具有反时限特性，如图 1-39 所示。在保护特性中有一熔体熔断与不熔断的分界线，与此相应的电流就是最小熔化电流 I_r。当熔体通过电流等于或大于 I_r 时，熔体熔断。当熔体通过电流小于 I_r 时，熔体不熔断。根据对熔断器的要求，熔体在额定电流 I_{re} 时绝对不应熔断。

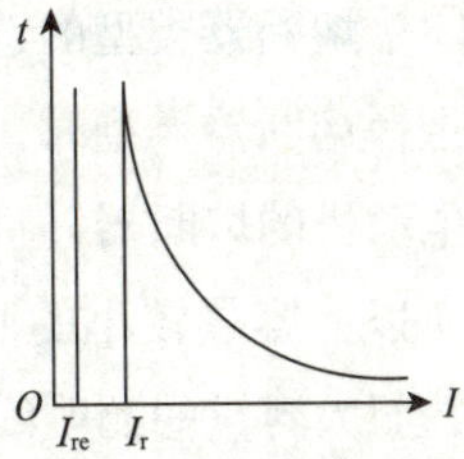

图 1－39　熔断器的保护特性曲线

最小熔化电流 I_r 与熔体额定电流 I_{re} 之比称作熔断器的熔化系数，即 $K_r=I_r/I_{re}$。熔化系数主要取决于熔体的材料、工作温度以及熔断器的结构。当熔体采用低熔点的金属材料（如铅、锡合金及锌等）时，熔化时所需热量小，故熔化系数较小，有利于过载保护。但它们的电阻系数较大，熔体截面积较大，熔断时产生的金属蒸气较多，不利于灭弧，故分断能力较低。当熔体采用高熔点的金属材料（如铝、铜和银等）时，熔化时所需热量大，故熔化系数大，不利于过载保护，而且可能使熔断器过热；然而，它们的电阻系数低，熔体截面积较小，有利于灭弧，故分断能力较高。由此看来，不同熔体材料的熔断器，在电路中起保护作用的侧重点是不同的，即若要使熔断器能保护小过载电流，则熔化系数应低些；为避免电动机启动时的短时过电流，熔体熔化系数应高些。

4. 熔断器的技术参数

（1）额定电压

额定电压是指熔断器长期工作时和分断后能够承受的电压，其值一般等于或大于电气设备的额定电压。

（2）额定电流（I_{ge}）

额定电流是指熔断器长期工作时，温升不超过规定值时所能承受的电流。为了减少熔断管的规格，熔断管的额定电流等级比较少，而熔体的额定电流等级比较多，即在一个额定电流等级的熔断管内可以分几个额定电流等级的熔体，但熔体的额定电流最大不能超过熔断管的额定电流。

（3）极限分断能力（I_d）

熔断器在规定的额定电压和功率因数（或时间常数）条件下，能分断的最大电流值为极限分断能力。而在电路中出现的最大电流值一般是指短路电流值。所以，极限分断能力也反映了熔断器分断短路电流的能力。

熔断器的额定电流（I_{ge}）、极限分断能力（I_d）、最小熔化电流（I_r）以及熔体的额定电流（I_{re}）之间的关系是

$$I_d>I_{ge}>I_r>I_{re}$$

5. 熔断器的选择

熔断器的选择包括熔断器类型、额定电流、额定电压和熔体额定电流等。

（1）熔断器类型的选择

选择熔断器类型时，主要依据负载的保护特性和短路电流的大小。例如，用于保护照明和电动机的熔断器，一般是考虑它们的过载保护，这时，希望熔断器的熔化系数适当小些。所以，容量较小的照明线路和电动机宜采用熔体为铅锌合金的熔断器（如 RC1A 系列），而大容量的照明线路和电动机，除过载保护外，还应考虑短路时分断短路电流的能力。若短路电流较小时，可采用熔体为锡质或锌质的熔断器。用于车间低压供电线路的保护熔断器，一般是考虑短路时的分断能力。当短路电流较大时，宜采用具有高分断能力的熔断器。当短路电流相当大时，宜采用有限流作用的熔断器。

（2）熔体额定电流的选择

① 用于保护照明或电热设备的熔断器，因负载电流比较稳定，熔体的额定电流一般应等于或稍大于负载的额定电流，即

$$I_{re} \geqslant I_e$$

式中，I_{re} 为熔体的额定电流；I_e 为负载的额定电流。

② 用于保护单台长期工作的电动机（即供电支线）的熔断器，考虑电动机启动时不应熔断，即

$$I_{re} \geqslant (1.5 \sim 2.5) I_e$$

式中，I_{re} 为熔体的额定电流；I_e 为电动机的额定电流。轻载启动或启动时间比较短时，系数可取近似值 1.5；重载启动或启动时间比较长时，系数可取近似值 2.5。

③ 用于保护频繁启动电动机（即供电支线）的熔断器，考虑频繁启动时发热而熔断器也不应熔断，即

$$I_{re} \geqslant (3 \sim 3.5) I_e$$

式中，I_{re} 为熔体的额定电流；I_e 为电动机的额定电流。

④ 用于保护多台电动机（即供电干线）的熔断器，在出现尖峰电流时不应熔断。通常将其中容量最大的一台电动机启动，而其余电动机正常运行时出现的电流作为其尖峰电流。为此，熔体的额定电流应满足下述关系

$$I_{re} \geqslant (1.5 \sim 2.5) I_{emax} + \sum I_e$$

式中，I_{emax} 为多台电动机中容量最大的一台电动机的额定电流；$\sum I_e$ 为其余电动机额定电流之和。

⑤ 为防止发生越级熔断，上、下级（即供电干线、支线）熔断器间应有良好的协调配合。为此，应使上一级（供电干线）熔断器的熔体额定电流比下一级（供电支线）大 1～2 个级差。

（3）熔断器额定电压的选择

熔断器额定电压的选择应等于或大于所在电路的额定电压。

6. 熔断器的图形和文字符号及型号含义

熔断器的图形符号、文字符号及型号含义如图 1-40 所示。

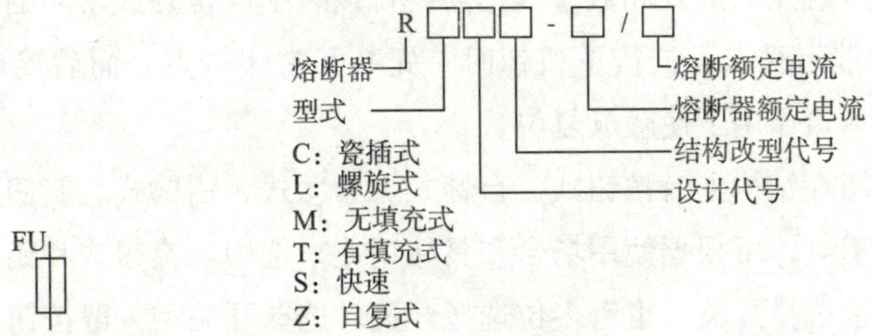

（a）图形符号和文字符号　　（b）型号含义

图 1-40　熔断器的图形符号、文字符号和型号含义

7. 过载与短路、热继电器与熔断器的异同

电气设备的电流保护有两种主要形式：过载延时保护和短路瞬时保护。过载一般是指 10 倍额定电流以下的过电流，而短路则是指超过 10 倍额定电流的过电流。过载延时保护和短路瞬时保护有三点不同：一是电流的倍数不同；二是特性不同，过载需要反时限保护特性，而短路则需要瞬时保护特性；三是参数不同，过载要求熔化系数小，发热时间常数大，而短路则要求较大的限流系数、较小的发热时间常数、较高的分断力和较低的过电压。从工作原理看，过载动作的物理过程主要是熔化过程，而短路则主要是电弧的熄灭过程。

熔断器和热继电器的相同点在于都属于电流保护电器，都具有反时限特性。

熔断器和热继电器的不同点如下。

（1）熔断器主要用于短路保护，热继电器主要用于过载保护。

（2）熔断器利用的是热熔断原理，要求熔体有较高的熔断系数；热继电器利用的是热膨胀原理，要求双金属片有较高的膨胀系数。

（3）热继电器保护有较大的延迟性，而短路保护要求熔断器的动作必须具有瞬时性。

1.6　主令电器

主令电器是自动控制系统中用于发送和转换控制命令的电器。主令电器用于控制电路，不能直接分合主电路。主令电器应用十分广泛，种类较多，本节介绍几种常用的主令电器。

1.6.1 控制按钮、选择开关

控制按钮简称按钮，是一种结构简单且使用广泛的手动电器，在控制电路中用于手动发出控制信号以控制接触器、继电器等。图 1-41（a）所示为控制按钮实物图片。

控制按钮一般由按钮帽、复位弹簧、触点和外壳等部分组成，其结构如图 1-41（d）所示。按钮中触点的形式和数量根据需要可以装配成常开或常闭的形式。接线时，也可以只接常开或常闭触点。当按下按钮时，先断开常闭触点，而后接通常开触点。按钮释放后，在复位弹簧作用下使触点复位。

控制按钮在结构上有按钮式、自锁式、紧急式、钥匙式、旋钮式和保护式等。有些按钮还带有指示灯，可根据使用场合和具体用途来选用。旋钮式和钥匙式的按钮也称作选择开关，有双位选择开关，也有多位选择开关。选择开关和一般按钮的最大区别就是不能自动复位。其中钥匙式的开关具有安全保护功能，没有钥匙的人不能操作该开关，只有把钥匙插入后，旋钮才可被旋转，如图 1-41（b）和图 1-41（c）所示。

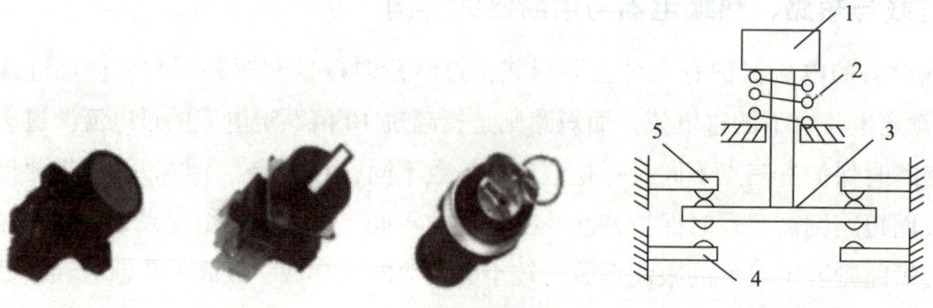

（a）控制按钮　（b）选择开关　（c）钥匙开关　（d）控制按钮结构示意图

1－按钮帽；2－复位弹簧；3－动触头；4－常开触点的静触头；5－常闭触点的静触头。

图 1-41　控制按钮、选择开关的实物图及结构图

按钮和选择开关的图形符号、文字符号如图 1-42 所示。

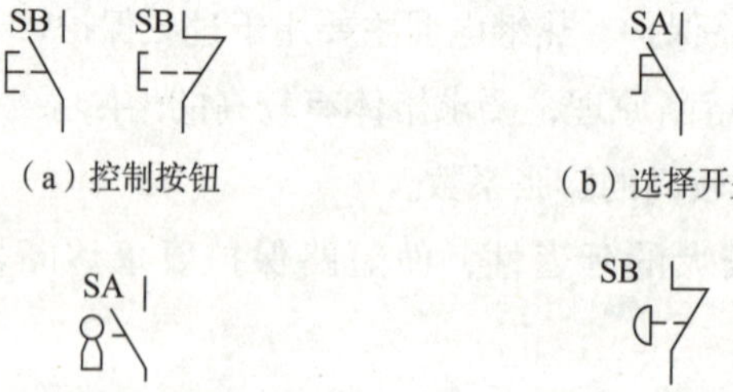

（a）控制按钮　（b）选择开关

（c）钥匙开关　（d）蘑菇头按钮（急停按钮）

图 1-42　按钮和选择开关的图形符号、文字符号

控制按钮的主要参数有外观形式、安装孔尺寸、触头数量及触头的电流容量等。为便于识别各个按钮的作用，避免误操作，通常将按钮帽制成不同颜色，以示区别。其颜色有红、绿、黄、蓝、白等，如红色表示停止按钮，绿色表示启动按钮等，如表 1-1 所示。

表 1－1　控制按钮的颜色及含义

颜色	含义	典型应用
红色	危险情况下的操作	紧急停止
	停止或分断	停止一台或多台电动机，停止一台机器的一部分，使电器元件失电
黄色	应急或干预	抑制不正常情况或中断不理想的工作周期
绿色	启动或接通	启动一台或多台电动机或使电器元件得电
黑色、灰色、白色	无专门指定功能	可用于停止和分断上述以外的任何情况

1.6.2　万能转换开关

万能转换开关是一种多挡式、控制多回路的主令电器。其广泛应用于各种配电装置的电源隔离、电路转换、电动机远距离控制等，也常作为电压表、电流表的换相开关，还可用于控制小容量的电动机。

转换开关一般采用组合式结构设计，由操作结构、定位系统、限位系统、接触系统、面板及手柄等组成。接触系统采用双断点桥式结构，并由各自的凸轮控制其通断；定位系统采用棘轮棘爪式结构，不同的棘轮和凸轮可组成不同的定位模式，从而得到不同的开关状态，即手柄在不同的转换角度时，触头的状态是不同的。

图 1－43（a）为转换开关的实物照片，转换开关是由多组相同结构的触点组件叠装而成。图 1－43（b）为转换开关某一层的结构图。触头底座由多层组成，其中每层底座可装多对触头，并由底座中间的凸轮进行控制。由于每层凸轮可做成不同的形状，因此，当手柄转到不同位置时，通过凸轮的作用，可使各对触头按所需要的规律接通和分断。

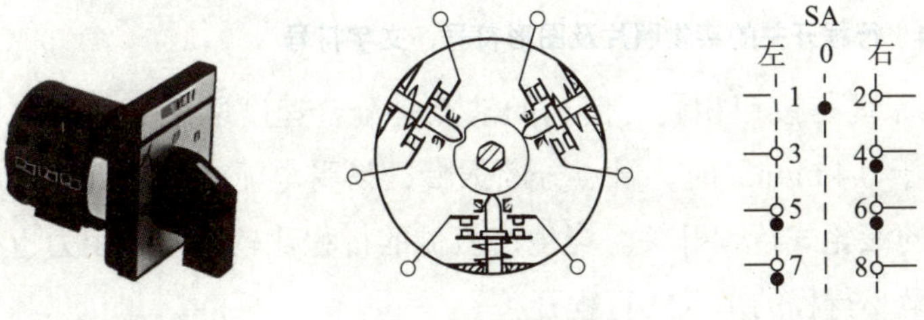

（a）实物照片　（b）结构图　（c）图文符号

触点	位置 左	位置 0	位置 右
1、2		×	
3、4			×
5、6	×		×
7、8	×		

（d）触点接通表

图 1－43　万能转换开关的实物照片、结构图、图文符号及触点接通表

转换开关手柄的操作位置是以角度来表示的，不同型号的转换开关，其手柄有不同的操作位置。这可从电气设备手册中万能转换开关的“定位特征表”中查找到。

转换开关的触点在电路图中的图文符号如图 1－43（c）所示。由于其触点的分合状态与操作手柄的位置有关，因此，在电路图中除画出触点圆形符号外，还应有操作手柄位置与触点分合状态的表示方法。其表示方法有两种，一种是在电路图中画虚线和“•”的方法，即用虚线表示操作手柄的位置，用有无“•”表示触点的闭合和断开状态。比如，在触点图形符号下方的虚线位置上画“•”，则表示当操作手柄处于该位置时，该触点处于闭合状态；若在虚线位置上未画“•”，则表示该触点处于断开状态。另一种方法是，在电路图中既不画虚线也不画“•”，而是在触点图形符号上标出触点编号，再用接通表表示操作手柄在不同位置时的触点分合状态，如图 1-43（d）所示。在接通表中用有无“×”来表示操作手柄不同位置时触点的闭合和断开状态。转换开关的文字符号用 SA 表示。

转换开关的主要参数有型号、手柄类型、操作图形式、工作电压、触头数量及电流容量等，使用时请参考产品说明书中的详细说明。

1.6.3 行程开关

行程开关又称作限位开关，是一种利用生产机械运动部件的碰撞来发出控制命令的主令电器，是一种用于控制生产机械的运动方向、速度、行程大小或位置的自动控制器件。

行程开关广泛应用于各类机床、起重机械以及轻工机械的行程控制。当生产机械运动到某一预定位置时，行程开关通过机械可动部分的动作，将机械信号转换为电信号，以实现对生产机械的控制，限制它们的动作和位置，借此对生产机械给予必要的保护。

行程开关按其结构可分为直动式、滚轮式和微动式。其实物照片分别如图 1-44（a）至图 1-44（c）所示，行程开关的图形符号、文字符号，如图 1-44（d）所示。

（a）直动式　（b）滚轮式　（c）微动式　（d）图形符号、文字符号

图 1-44　行程开关的实物照片及图形符号、文字符号

直动式行程开关的动作原理与按钮相同。但它的缺点是分合速度取决于生产机械的移动速度，当其移动速度低于 0.4 m/min 时，触点分断太慢，易受电弧烧损。此时，应采用有盘形弹簧机构瞬时动作的滚轮式行程开关。当生产机械的行程比较小且作用力也很小时，可采用具有瞬时动作和微小行程的微动式行程开关。

1.6.4 接近开关

接近开关又称作无触点行程开关，是一种非接触式的行程开关。它不像机械行程开关那样需要施加机械力，而是当某种物体与之接近到一定距离时，通过其感辨头与被测物体间介质能量的变化来获取信号并发出动作信号。其特点是操作频率高、寿命长，但是测量距离短，抗电磁干扰能力差。

接近开关按工作原理可以分为高频振荡型、电容型、霍耳型等几种类型。

高频振荡型接近开关基于金属触发原理，主要由高频振荡器、集成电路（或晶体管放大电路）和输出电路三部分组成。其基本工作原理是，振荡器的线圈在开关的作用表面产生一个交变磁场，当金属检测体接近此作用表面时，在金属检测体中将产生涡流；由于涡流的去磁作用使感辨头的等效参数发生变化，由此改变振荡回路的谐振阻抗和谐振频率，使振荡停止。振荡器的振荡和停振这两个信号，经整形放大后转换成开关信号输出。其原理框图如图 1-45 所示。

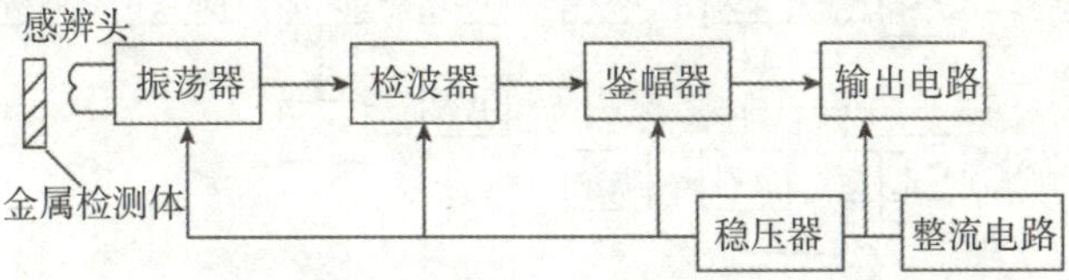

图 1-45　接近开关的工作原理框图

电容型接近开关主要由电容式振荡器及电子电路组成。它的电容位于传感器表面，当物体接近时，因改变了其耦合电容值，从而产生振荡和停振使输出信号发生跳变。

霍耳型接近开关由霍耳元件组成，是将磁信号转换为电信号输出，内部的磁敏元件仅对垂直于传感器端面磁场敏感；当磁极 S 正对接近开关时，接近开关的输出产生正跳变，输出为高电平。若磁极 N 正对接近开关时，输出产生负跳变，输出为低电平。

接近开关的实物如图 1-46（a）所示，图形符号和文字符号如图 1-46（b）所示。

（a）实物照片

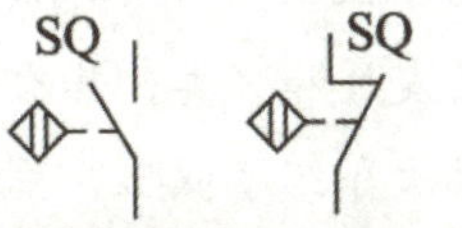

（b）图形符号、文字符号

图 1-46　接近开关的实物照片与图形符号、文字符号

接近开关的工作电压有交流和直流两种；输出形式有两线、三线和四线三种；晶体管输出类型有 NPN、PNP 两种；外形有方形、圆形、槽形和分离型等多种。接近开关的主要参数有动作行程、工作电压、动作频率、响应时间、输出形式以及触点电流容量等。

1.6.5　光电开关

光电开关是光电式接近开关的简称，也是一种非接触式、无触点开关。光电开关除克服了接触式行程开关存在的诸多不足外，还克服了接近开关的作用距离短、不能直接检测非金属材料等缺点。它具有体积小、功能多、寿命长、精度高、响应速度快、检测距离远以及抗电磁干扰能力强等优点。目前，光电开关已被用作物位检测、液位控制、产品计数、宽度判别、速度检测、定长剪切、孔洞识别、信号延时、自动门传感、色标检出以及安全防护等诸多领域。

光电开关按检测方式可分为反射式、对射式和镜面反射式三种类型。图 1-47 为反射式光电开关的工作原理框图。图中由振荡回路产生的调制脉冲经反射电路后，由发光管 PG 辐射出光脉冲。当被测物体进入受光器作用范围时，被反射回来的光脉冲进入光敏三极管，并在接收电路中将光脉冲解调为电脉冲信号，再经放大器放大和同步选通整形，然后用数字积分或阻容积分方式排除干扰，最后经延时（或不延时）触发驱动输出光电开关控制信号。光电开关的实物照片如图 1-48（a）所示，图形符号、文字符号如图 1-48（b）所示。

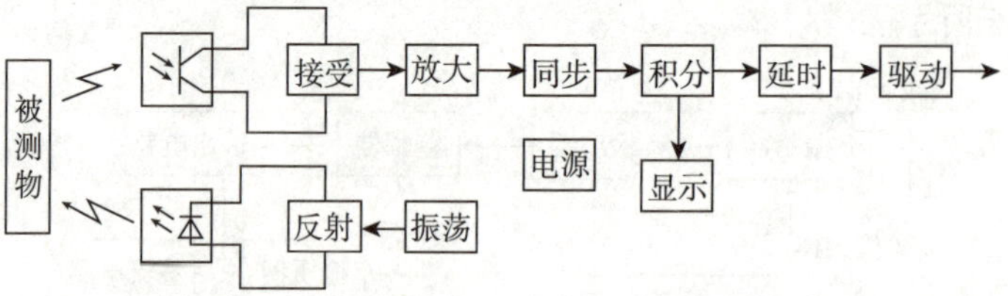

图 1-47 反射式光电开关的工作原理框图

（a）实物照片　　（b）图形符号、文字符号

图 1-48 光电开关的实物照片与图形符号、文字符号

本章小结

本章主要介绍了低压电器及其相关设备的分类、工作原理、特点和应用场景。首先介绍了低压电器的发展和分类；其次介绍了接触器和继电器，包括它们的结构、工作原理和选用方法；再次介绍了低压开关和断路器，以及低压保护电器的作用和使用场景；最后介绍了主令电器在电气控制系统中的作用。通过本章的学习，帮助读者能够全面了解低压电器及其相关设备，为实际工程项目提供理论基础和技术指导。

思考练习

一、填空题

1. 低压电器按执行机能可分为 ________、________。

2. 电磁系统包括 ______、______ 和 ______ 三部分，其作用是将 ________，产生电磁吸力带动触头动作。

3. 速度继电器主要由 ______、______ 和 ______ 三部分组成。

4. 熔断器按结构可分为 ______、______、______ 和 ______。

二、名词解释

1. 接触器。　2. 继电器。　3. 刀开关。　4. 主令电器。

第 2 章　电气控制线路基础

本章导读

电气控制线路是指通过电气元器件、电线、电缆等设备和器材，按照一定的电路设计要求，实现对电路的控制和调节，以达到特定的功能和目的。这些线路不仅包括大到高压传输线路，还涵盖小到弱电控制，用于连接电气设备之间，传输电能，实现某种特定控制要求的电路。在本章中，将重点学习电气控制线路基础知识，主要包括电气制图的标准和原则，以及三相异步电动机的基本控制、启动、正反转和调速控制。同时，将了解常用的保护措施，如短路保护和过载保护，以确保系统的稳定性和可靠性。

学习目标

◎知识目标

1. 理解电气制图的国际标准和绘制原则。

2. 掌握三相异步电动机的基本控制环节，包括点动控制、双向控制、顺序工作的联锁控制等。

3. 理解三相异步电动机的启动控制方式，如直接启动、减压启动和绕线式启动。

4. 理解三相异步电动机的正、反转控制方法。

5. 掌握三相异步电动机的调速控制技术，包括双速电机的变极调速和变频器调速。

◎能力目标

1. 能够根据电气制图的国际标准和绘制原则，绘制符合要求的电气图纸。

2. 能够设计并实现三相异步电动机的各种控制方式，确保其正常运行。

3. 能够选择合适的启动控制方法，满足不同工程项目的需求。

4. 能够设计并实现三相异步电动机的正、反转控制功能，实现工程项目的运行需求。

5. 能够应用调速控制技术，实现三相异步电动机的速度调节，并适应不同工况的需求。

◎素质目标

1. 培养学生具备良好的电气制图能力和工程设计能力。

2. 培养学生具备分析和解决电气控制系统问题的能力。

3. 培养学生具备团队合作和沟通能力，能够与其他工程人员协作完成项目任务。

4. 培养学生具备持续学习和不断进步的意识，跟踪电气工程领域的最新发展，不断提升专业水平。

5. 培养学生具备责任心和安全意识，确保电气工程项目的安全运行。

◎思政目标

1. 通过学习电气控制线路的综合设计，培养学生的系统思维能力，理解各控制环节间的相互影响与配合，提升问题解决的全局观。

2. 在理论学习基础上，通过实验操作加深对三相异步电动机控制的理解，增强动手能力和实践操作技能。

3. 关注电气控制技术的最新进展，激发学生的学习兴趣和求知欲，鼓励跟踪新技术，为未来技术革新做准备。

2.1 电气图纸及绘制原则

图纸是工程的国际通用语言，电气图纸是电气控制工程的通用语言。为了表达生产机械电气控制系统的结构、原理等设计意图，便于电气系统的安装、调试、使用和维修，将电气控制系统中各电器元件及其连接线路用一定的图形表达出来，这就是电气图纸。

电气图纸是根据国家标准，用规定的图形符号和文字符号及规定画法绘制的图纸。电气图纸一般有三种：电气原理图、电器布置图和电气安装接线图。电气原理图表达电气系统的工作原理，是最重要的图纸，也是其他图纸的基础。电器布置图、电气安装接线图为工艺图纸。

2.1.1　电气制图相关国标

电气原理图中电气元件的图形符号和文字符号必须符合国家标准规定。我国在参照国际电工委员会（IEC）和国际标准化组织（ISO）所颁布标准的基础上制定了 GB/T 4728《电气简图用图形符号》、GB/T 6988《电气技术用文件的编制》等电气制图相关的国家标准。

1. 电气制图相关的国家标准

电气制图及电气图形符号、文字符号的国家标准主要包括以下四个方面。

（1）GB/T 6988《电气技术用文件的编制》

电气制图国家标准 GB/T 6988 等同或等效采用国际电工委员会相关标准，该国家标准的发布和实施使我国在电气制图领域的工程语言及规则得到统一，并使我国与国际通用的电气制图领域的工程语言和规则协调一致。

GB/T 6988《电气技术用文件的编制》的旧版本有 6 个部分，现行版本有如下 2 个部分。

GB/T 6988.1—2008《第 1 部分：规则》。

GB/T 6988.5—2006《第 5 部分：索引》。

有关以上电气制图国家标准的详细资料可参见中国标准出版社出版的《电气制图国家标准汇编》一书。

（2）GB/T 4728《电气简图用图形符号》

GB/T 4728《电气简图用图形符号》共有 13 个部分，现行版本发布于 2018 ~ 2022 年，是 GB 4728《电气简图用图形符号》的修订版，属于国家推荐性标准。这 13 个部分都是等同采用最新版本的国际电工委员会 IEC617 系列标准修订后的新版国家标准。

GB/T 4728《电气简图用图形符号》国家标准由以下 13 个部分组成。

GB/T 4728.1 – 2018《电气简图用图形符号 第 1 部分：一般要求》

GB/T 4728.2 – 2018《电气简图用图形符号 第 2 部分：符号要素、限定符号和其他常用符号》

GB/T 4728.3 – 2018《电气简图用图形符号 第 3 部分：导体和连接件》

GB/T 4728.4 – 2018《电气简图用图形符号 第 4 部分：基本无源元件》

GB/T 4728.5 – 2018《电气简图用图形符号 第 5 部分：半导体管和电子管》

GB/T 4728.6 – 2022《电气简图用图形符号 第 6 部分：电能的发生与转换》

GB/T 4728.7 – 2022《电气简图用图形符号 第 7 部分：开关、控制和保护器件》

GB/T 4728.8 – 2022《电气简图用图形符号 第 8 部分：测量仪表、灯和信号器件》

GB/T 4728.9 – 2022《电气简图用图形符号 第 9 部分：电信：交换和外围设备》

GB/T 4728.10 – 2022《电气简图用图形符号 第 10 部分：电信：传输》

GB/T 4728.11－2022《电气简图用图形符号 第 11 部分：建筑安装平面布置图》

GB/T 4728.12－2022《电气简图用图形符号 第 12 部分：二进制逻辑元件》

GB/T 4728.13－2022《电气简图用图形符号 第 13 部分：模拟元件》

有关以上电气简图用图形符号国家标准的详细资料可参见中国标准出版社出版的《电气简图用图形符号国家标准汇编》一书。

（3）GB/T 5465《电气设备用图形符号》

电气设备用图形符号是指用在电气设备上或与其相关的部位上，用以说明该设备或部位的用处和作用的标志。GB/T 5465 由以下两部分组成。

GB/T 5465.1—2009《电气设备用图形符号 第 1 部分：概述与分类》。

GB/T 5465.2—2023《电气设备用图形符号 第 2 部分：图形符号》。

（4）与电气制图有关的相关国家标准

电气制图中除了电器的图形和文字符号、导线等要素外，还有图纸标题栏、明细栏、图纸幅面、字体等绘图要素，同样也有对应的国家标准，主要有下面的 10 项。但在电气制图及其图形符号的国家标准中所引用的国家标准和国际标准还有很多，可以参见相关的标准，这里不一一列举。

GB/T 4026—2019《人机界面标志标识的基本和安全规则 设备端子、导体终端和导体的标识》。

GB/T 5094—2018《工业系统、装置与设备以及工业产品 结构原则与参照代号》。

GB/T 10609.1—2008《技术制图 标题栏》。

GB/T 10609.2—2009《技术制图 明细栏》。

GB/T 14689—2008《技术制图 图纸幅面和格式》。

GB/T 14691—1993《技术制图 字体》。

GB/T 16679—2009《工业系统、装置与设备以及工业产品 信号代号》。

GB/T 18135—2008《电气工程 CAD 制图规则》。

以上与电气制图相关的国家标准详细资料可参见中国标准出版社出版的《电气制图国家标准汇编》一书中的相关标准部分。

2. 常用电器图、文符号国家标准的演变和现状

常用电器图形符号标准 GB/T 4728 新旧版本变化不是很大，过渡顺理成章。文字符号的国标 GB/T 7159—1987《电气技术中文字符号制订通则》在 2005 年 10 月作废，现在没有替代标准。不过有两个参考标准适用，分别为 GB/T 20939—2007《技术产品及技术产品文件结构原则 字母代码 按项目用途和任务划分的主类和子类》和 GB/T 5094.2—2018《工业系统、装置与设备以及工业产品 结构原则与参照代号 第 2 部分：项目的分类与分类码》。比如接触器文字符号在 GB/T 7159—1987 标准中为 KM，而在 GB/T 20939—2007

标准中为 QA。

虽然文字符号的 GB/T 7159—1987 标准已废止，但因为参考标准 GB/T 20939—2007 和已废止的 GB/T 7159—1987 差别太大，没有延续性，过渡起来难度大且由于习惯的原因，电气工程师业内两种标准并行使用，而且沿用 GB/T 7159—1987 者更多。

2.1.2　电气原理图及绘制原则

1. 电气原理图

电气原理图是电气系统图中最重要的图纸，用来表明电气系统的工作原理、系统构成和各电器元件的作用及相互之间的关系的一种电气图纸。电气原理图按国家标准电气符号和特定的绘制原则绘制，具有结构简单，层次分明的特点。

绘制电气原理图的目的是便于阅读和分析控制线路，采用电器元件展开形式绘制。它包括所有电器元件的导电部件和接线端子，但并不按照电器元件的实际布置位置来绘制，也不反映电器元件的实际大小。电气原理图是电气控制系统设计的核心，对于分析原理、排除电路故障、程序编写是十分有益的。

图 2-1 为 CW6132 型车床电气原理图，下面以此图为例说明电气原理图的绘制原则。

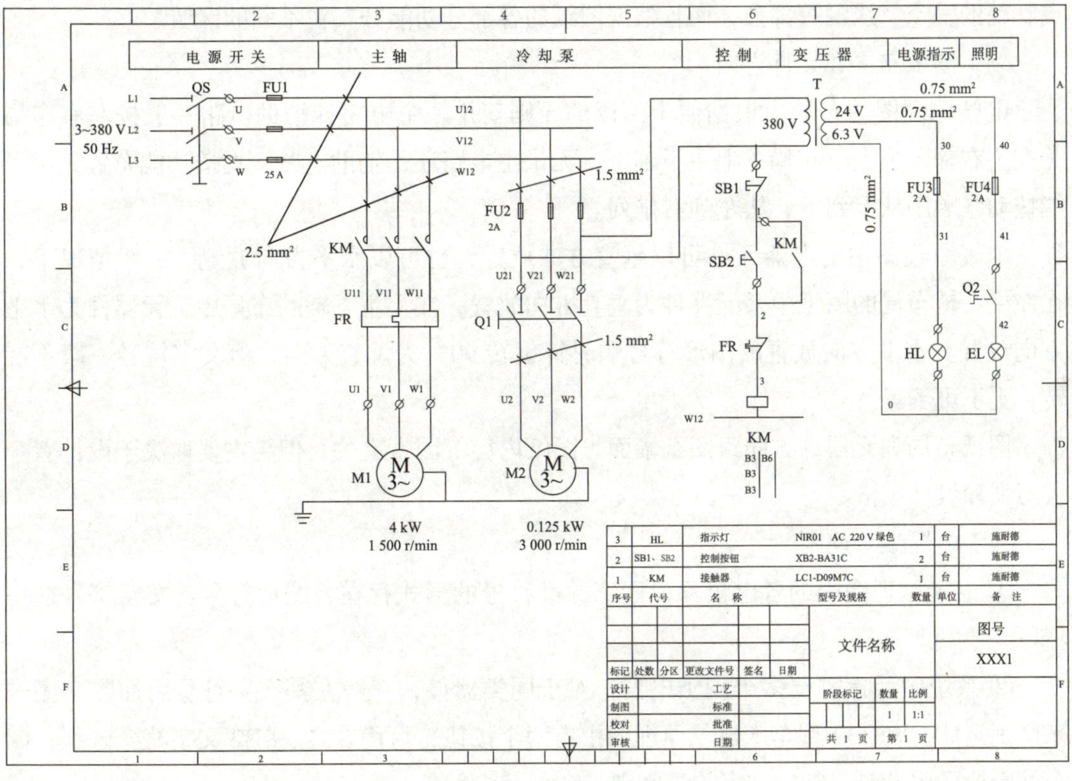

序号	代号	名称	型号及规格	数量	单位	备注
3	HL	指示灯	NIR01 AC 220 V 绿色	1	台	施耐德
2	SB1、SB2	控制按钮	XB2-BA31C	2	台	施耐德
1	KM	接触器	LC1-D09M7C	1	台	施耐德

标记 处数 分区 更改文件号 签名 日期	文件名称	图号 XXX1	
设计 工艺	阶段标记	数量 1	比例 1:1
制图 标准			
校对 批准			
审核 日期	共 1 页	第 1 页	

图 2-1　CW6132 型车床电气原理图

2. 电气原理图绘制原则

（1）组成

电气原理图一般由主电路和辅助电路两部分组成。主电路是电气控制线路中大电流通过的部分，包括从电源到电动机之间相连的电器元件，一般由组合开关、主熔断器、接触器主触点、热继电器的热元件和电动机等组成。

辅助电路是控制线路中除主电路以外的电路，其流过的电流比较小。辅助电路包括控制电路、照明电路、信号电路和保护电路。其中控制电路是由按钮、接触器和继电器的线圈及辅助触点、热继电器触点、保护电器触点等组成。

CW6132 型车床电气原理图中横向划分 1、2、3 区域的部分为主电路部分；4、5、6 区域的部分为辅助电路，其中 4 区域为控制电路，5、6 区域为信号显示电路。

（2）图形元素采用国家标准符号绘制

电气原理图中所有的图形元素，如电器元件、导线等均需按国家标准规定的符号绘制。其并不按照电器元件的实际布置位置来绘制，也不反映电器元件的实际大小，而且只绘制出跟电气相关的部分（如线圈、触点等），并按展开的形式绘制，旨在便于阅读和使图纸条理清晰。

在图 2-1 所示的 CW6132 型车床电气原理图中，接触器 KM 只绘制出所需的主触点、辅助触点、线圈等部分，而且根据图纸的各部分功能分布在不同的区域。

（3）图纸布局和元件方向

电气原理图的布局应根据便于阅读的原则安排。主电路和辅助电路一般按左右布局（左主右辅）或上下布局（上主下辅）。无论主电路还是辅助电路，均按功能布置，尽可能按动作顺序从上到下、从左到右排列。

电气原理图中的电器元件可以垂直方向放置，也可以水平方向放置。一般情况下，在左主右辅布局的图纸中，元器件为垂直方向放置；在上主下辅的布局中，元器件为水平方向放置。水平方向放置的图形符号顺时针旋转 90° 为垂直方向，但文字符号一般不旋转，更不可倒置。

图纸布局和元器件方向跟图纸幅面、图纸内容等因素有关，但更主要取决于设计者个人习惯和设计风格。

（4）电器编号规则

① 电气原理图中的各电器均以国家标准符号的形式存在，图形符号、文字符号缺一不可。

② 系统中经常需要多个同类电器，对于同类器件，一般在其文字符号后加数字序号来区别。如 CW6132 型车床电气原理图中有两个按钮，可用 SB1、SB2 文字符号区别；四个熔断器可用 FU1 ~ FU4 文字符号区别。

③ 当同一电器元件的不同部件（如线圈、触点）分散在不同位置时，为了表示是同

一元件，要在电器元件的不同部件处标注统一的文字符号。如 CW6132 型车床电气原理图中接触器的主触点、辅助触点、线圈等部分分散在不同位置，但只要各部分的文字符号均为 KM 就表示是同一接触器。

（5）电器的可动部分——自然状态

在电气原理图中，所有电器的可动部分均按没有通电或没有外力作用时的自然状态画出。可动部分的自然状态有以下几种情况。

① 继电器、接触器等电器的触点是其线圈不通电时的触点状态。

② 控制器按手柄处于零位时的状态。

③ 按钮、行程开关等触点按未受外力作用时的状态。

④ 热继电器等保护类电器未处于保护的状态。

⑤ 断路器、刀开关等电器未合闸状态。

（6）导线交点画法

电气原理图中，应尽量减少线条交叉。当出现不可避免的导线交叉时，下面三种情况各自不同。

① “T” 形连接点默认导线相连，在导线交点处可以画实心圆点，也可以不画。

② “+” 形连接点，交点处画实心圆点表示导线相连；交点处不画实心圆点表示导线不相连。

③ 非 90° 的斜线连接点和 “+” 形连接点相同处理。

3. 图幅分区及元件索引

（1）图幅规格

① 幅面：绘制电气图纸时，一般根据图纸规模、复杂程度、详细程度等因素选择图纸幅面。考虑到目前基本上都是计算机绘图，为了便于打印和装订，尽量选用较小幅面。图纸幅面应遵循 GB/T 14689—2008《技术制图　图纸幅面和格式》。

② 标题栏：应遵循 GB/T 10609.1—2008《技术制图　标题栏》。

③ 明细栏：应遵循 GB/T 10609.2—2009《技术制图　明细栏》。

④ 字体：应遵循 GB/T 14691—1993《技术制图　字体》。

（2）图幅分区

为了便于确定图上的内容、补充、更改和组成部分等的位置，一般将图纸幅面进行区域划分。分区的方法是将图幅纵横均匀划分成 $m \times n$ 个区块，分区纵横编号分列于四周边框处。每个分区内竖边方向用大写字母，横边方向用阿拉伯数字分别编号。编号的顺序从标题栏相对的左上角开始。如 CW6132 型车床电气原理图（图 2-1）竖向均匀分为 A ~ F，横向分为 1 ~ 8。分区数应该是偶数。每一分区的长度不小于 25 mm，不大于 75 mm。分区代号用该区域的字母和数字组合表示，如 B4、C3。

（3）元件关联位置索引

电气原理图中的交流接触器与继电器，因线圈、主触头、辅助触头所起作用各不相同，为清晰地表明电气原理图工作原理，这些部件通常绘制在各自发挥作用的支路中。在幅面较大的复杂电气原理图中，为检索方便，就需在电磁线圈图形符号下方标注电磁线圈的触头索引代号。

符号位置的索引用图号、页次和图区编号的组合索引法，索引代号的组成如图 2-2（a）所示。当某一元件相关的各符号元素出现在不同图号的图纸上，且当每个图号仅有一页图纸时，索引代号中可省略“页号”及分隔符“•”。当某一元件相关的各符号元素出现在同一图号的图纸上，且该图号有几张图纸时，可省略“图号”和分隔符“/”。当某一元件相关的各符号元素出现在一张图纸的不同图区时，索引代号只用“图区号”表示。

对于接触器，触头索引代号分为左中右三栏；对于继电器，触头索引代号分为左右两栏，具体内容如图 2-2（b）所示。

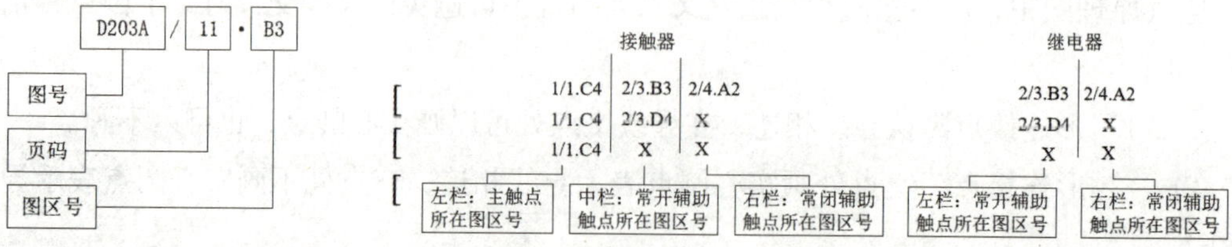

（a）索引代号　　（b）元件位置索引

图 2-2　元件关联位置索引

2.1.3　电器布置图及绘制原则

（1）电器布置图概述

电器布置图是用来表明电气设备上所有电器和用电设备的实际位置的，是电气控制设备制造、装配、调试和维护必不可少的技术文件。

布置图通常包括控制柜与操作台（箱）内部布置图，以及控制柜与操作台（箱）面板布置图。图 2-3 为 CW6132 型车床电气设备安装布置图。

（2）电器布置图的绘制原则

① 控制柜与操作台（箱）等设备的外形轮廓用细实线绘出。

② 可见的和需要表达清楚的电器元件及设备，用粗实线绘出其简单的外形轮廓，并标明其实际安装位置。

③ 电器元件及设备代号必须与有关电路图和设备清单上所用的代号相一致。

（3）电器元件布置的注意事项

① 体积大和较重的电器元件应安装在电器安装板的下方，而发热元件应安装在电器安装板的上面。

② 强电、弱电应分开，弱电应屏蔽，防止外界干扰。

③ 需要经常维护、检修、调整的电器元件安装位置不宜过高或过低。

④ 电器元件的布置应考虑整齐、美观、对称，外形尺寸与结构类似的电器安装在一起，以利于安装和配线。

⑤ 电器元件的布置不宜过密，应留有一定间距，如用走线槽，应加大各排电器间距，以利于布线和维修。

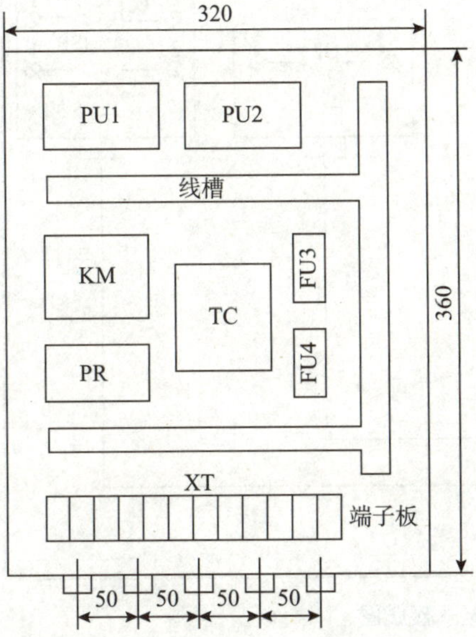

（a）控制柜内元件布置图

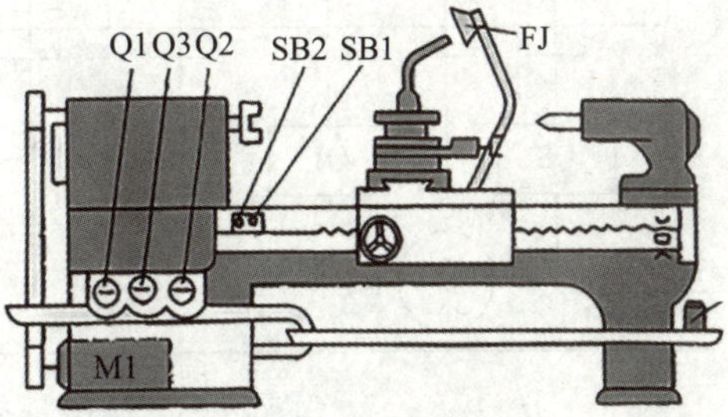

（b）机身电器布置图

图 2-3　CW6132 型车床电气设备安装布置图

2.1.4　电气接线图及绘制原则

电气接线图是表示电气设备或装置连接关系的简图，主要用于电气设备安装接线、线路检查、线路维修和故障处理。

接线图和接线表主要用于安装接线、线路检查、线路维修和故障处理。它们必须符合电气设备的电路图、装配图和施工图的要求，并且清晰地表示各个电器元件和设备的相对安装位置及它们之间的电连接关系。它们对于设备制造和使用都是必不可少的。

电气接线图应该标出设备和电器元件的相对位置、项目代号、端子号、导线号、导线类型、导线截面积、屏蔽和导线绞合等情况，以及其他需补充的说明。

电气接线图的绘制原则如下。

（1）同一电器元件各部件必须画在一起，位置与实际安装位置一致。

（2）不在同一控制柜上的电器元件的电气连接必须通过端子板进行连接。

（3）走向相同的多根导线可用单线表示。

（4）连接导线应标明规格、型号、根数和穿线管的尺寸。

图 2-4 为 CW6132 型车床电气接线图。

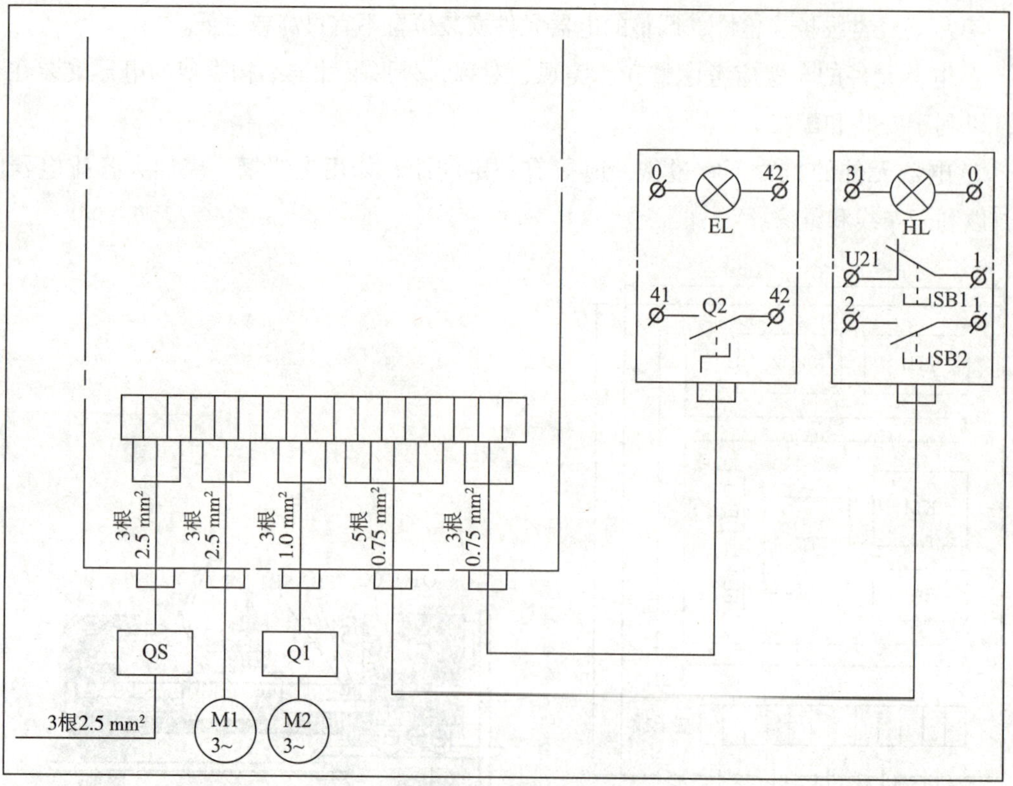

图 2-4　CW6132 型车床电气接线图

课堂讨论

电气制图的国际标准和绘制原则对于电气工程设计至关重要。请讨论国际标准对于电气图纸的规范内容，以及这些规范如何确保电气系统设计的准确性和可靠性。

2.2　三相异步电动机的基本控制环节

2.2.1　点动控制与长动控制

不同型号、功率和负载的电动机，往往采用不同的起动方法，因而控制电路也不同。三相异步电动机一般有直接起动和减压起动两种方法。直接起动又称为全压起动，即起动时电源电压全部施加到电动机定子绕组上。减压起动即起动时将电源电压降低到一定的数值后再施加到电动机的定子绕组上，待电动机的转速接近额定转速后，再使电动机在电源电压下运行。

在供电变压器容量足够大时，较小容量笼型电动机可直接起动，一般用于 10 kW 以下容量三相异步电动机的起动。

直接起动的优点是电气设备少、电路简单，缺点是起动电流大，会引起供电电路电压波动，干扰其他用电设备的正常工作。

图 2–5 至图 2–7 为直接起动的几种控制电路。

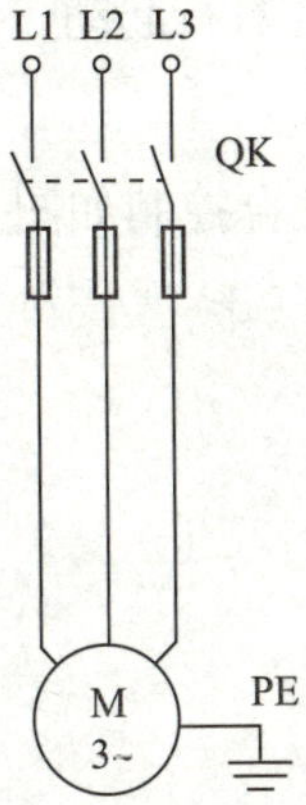

图 2–5　刀开关控制

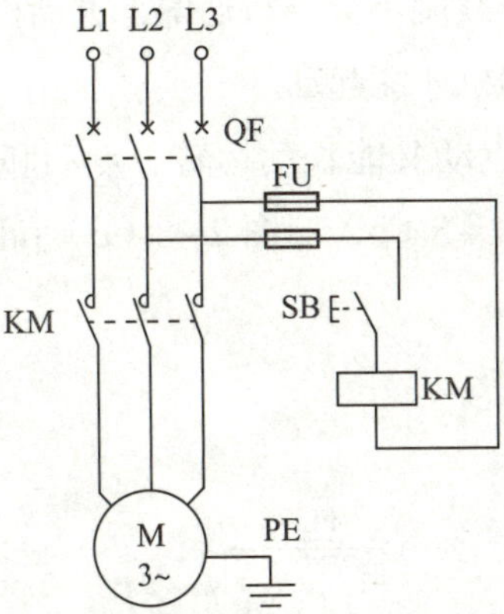

图 2–6　点动控制

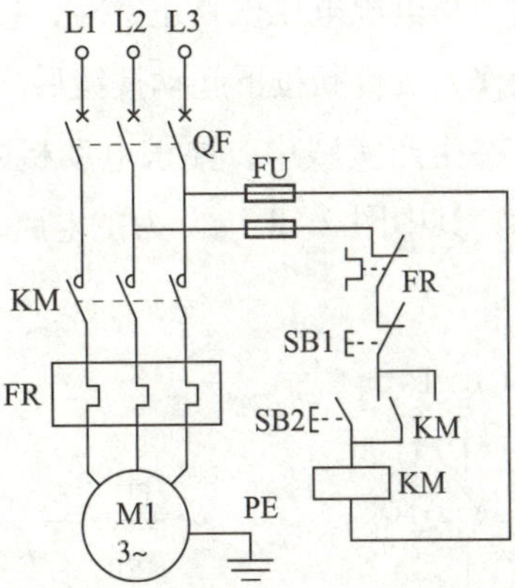

图 2–7　连续控制

图 2–5 为采用刀开关直接起动控制。其工作过程如下：合上开关 QK，电动机 M 接通电源，全压直接起动。断开开关 QK，电动机 M 断电停转。这种电路适用于小容量、起动不频繁的笼型电动机，如小型台钻、冷却泵等。熔断器起短路保护作用。

图 2–6 为点动控制。其工作过程如下：闭合断路器 QF，按下点动按钮 SB 时，接触器 KM 线圈通电，KM 主触点闭合，电动机 M 通电起动运行。松开按钮 SB 时，接触器 KM 线圈断电，KM 主触点断开，电动机 M 失电停转。这种控制称为点动控制，它能实现电动机短时转动，常用于机床的对刀调整等。

图 2–7 为三相异步电动机连续控制，可实现电动机的起保停功能。其工作过程如下：闭合断路器 QF，按下起动按钮 SB2，接触器 KM 线圈通电吸合，主触点闭合，电动机 M 得电起动；同时接触器常开辅助触点闭合，使 KM 线圈绕过 SB2 触点经 KM 自身常开辅助触点通电，当松开 SB2 时，KM 线圈仍通过自身常开辅助触点继续保持通电，从而使电动机连续运转。依靠接触器自身辅助触点保持线圈通电称为自保或自锁。与 SB2 并联的常开辅助触点称为自保触点（或自锁触点）。停止运转时，按下停止按钮 SB1，接触器 KM 线圈断电释放，KM 常开主触点及常开辅助触点均断开，电动机 M 失电停转。当松开 SB1 时，由于 KM 自锁触点已断开，所以接触器线圈不能通电，电动机继续断电停机。在实际生产中往往要求电动机长时间连续转动，实现此控制的电路称为连续控制或长动控制电路。

图 2–7 所示连续控制电路具有以下保护环节。

（1）短路保护。发生短路时，断路器 QF 自动跳闸，切断电源。

（2）过载保护。采用热继电器 FR 作电动机长期过载保护。由于热继电器的热惯性较大，即使发热元件流过几倍于额定值的电流，热继电器也不会立即动作。只有在电动机长期过载时，热继电器才会动作，其常闭触点断开而切断控制电路电源。

（3）欠电压、失电压保护。该保护功能由接触器 KM 的自锁环节来实现。当电源电压由于某种原因而严重欠电压或失电压（如停电）时，接触器 KM 断电释放，电动机停止转动。当电源电压恢复正常时，接触器线圈不会自行通电，电动机也不会自行起动，只有在操作人员重新按下起动按钮后，电动机才能起动。

在生产实践中，要求电动机既能点动又能长动运转。点动和长动联合控制如图 2-8 所示，其中图 2-8（a）为主电路，图 2-8（b）、图 2-8（c）和图 2-8（d）是三种控制电路。

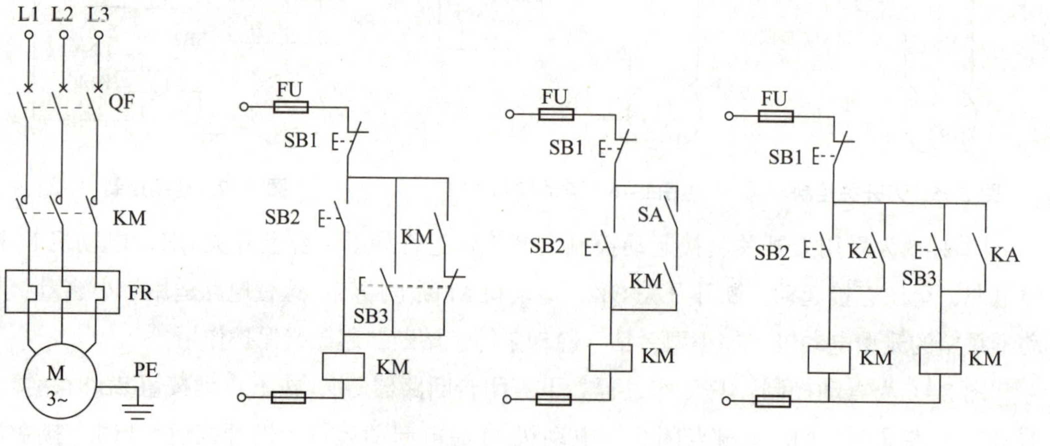

（a）（b）（c）（d）

图 2-8　点动和长动联合控制

图 2-8（b）点动控制时按复合按钮 SB3，长动控制时按起动按钮 SB2。

图 2-8（c）的电路比较简单，采用开关 SA 实现控制。点动控制时，先将 SA 断开，断开自锁电路，接着按下 SB2，接触器 KM 线圈通电，电动机 M 点动运转；长动控制时，闭合 SA，按下按钮 SB2，KM 线圈通电，自锁触点起作用，实现电动机 M 长动运转。

图 2-8（d）采用中间继电器 KA 控制的电路实现长动和点动。按下按钮 SB3，接触器 KM 线圈通电，电动机 M 点动运转。按下按钮 SB2，中间继电器 KA 线圈通电并自锁，其常开触点使接触器 KM 线圈通电，实现电动机 M 长动运转。

2.2.2　双向控制与互锁控制

在实际应用中，往往要求生产机械改变运动方向，如工作台前进、后退，电梯的上升、下降等，这就要求电动机能实现正、反转，对于三相异步电动机来说，可通过两个接触器来改变电动机定子绕组的电源相序实现。

图 2-9 为电动机正、反转控制电路，其中图 2-9（a）为主电路。

在图 2-9（b）中，按下正向起动按钮 SB2，正向接触器 KM1 线圈通电，KM1 的主触点和自锁触点闭合，电动机 M 正转。按下反向起动按钮 SB3，反向接触器 KM2 线圈通电，KM2 的主触点和自锁触点闭合，电动机 M 反转。按下停止按钮 SB1，KM1（或 KM2）断电，电动机 M 停转。上述控制电路必须保证 KM1 与 KM2 不能同时通电，即按钮 SB2、SB3 不能同时按下，否则会引起主电路电源短路，因此该控制电路没有实用价值，不能实际使用。

在图 2-9（c）中，电路设置必要的互锁环节，将其中一个接触器的常闭触点串入另一个接触器线圈电路中，则任何一个接触器先通电后，即使按下相反方向起动按钮，另一个接触器也无法通电，这种互锁关系自动保证一个接触器断电释放后，另一个接触器才能通电动作。这种利用两个接触器的辅助触点互相控制的方式，称为电气互锁或电气联锁。起互锁作用的常闭触点叫互锁触点。另外，该电路必须按下停止按钮后再反向或正向起动，这对需要频繁改变电动机运转方向的设备来说很不方便。

在图 2-9（d）中，除了接触器互锁外，还有利用复合按钮实现的互锁控制。SB1 的常闭触点串接在 KM2 的线圈电路中，SB2 的常闭触点串接在 KM1 的线圈电路中，由于采用按钮互锁，需要改变电动机转向时，直接按正向按钮 SB1 或反向按钮 SB2 就可实现。这种利用复合按钮的常闭触点实现的互锁叫作机械互锁。该电路既有接触器的电气互锁，也有复合按钮的机械互锁，即具有双重互锁功能。双重互锁使电路更安全、运行更可靠、操作更方便，故应用十分广泛。

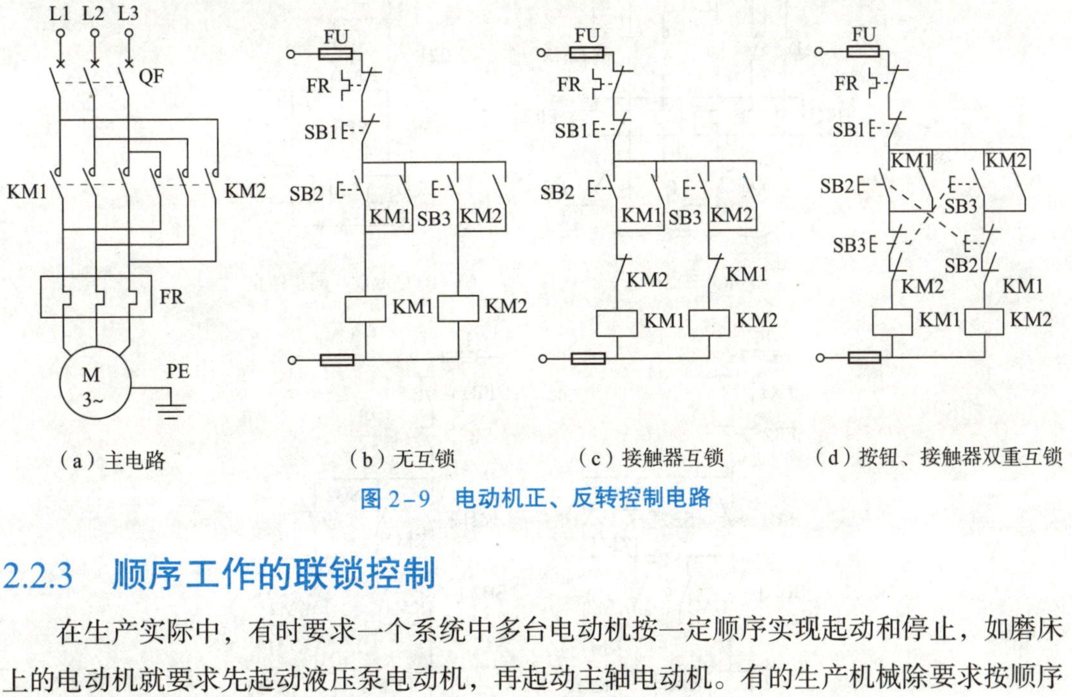

（a）主电路　（b）无互锁　（c）接触器互锁　（d）按钮、接触器双重互锁

图 2-9　电动机正、反转控制电路

2.2.3　顺序工作的联锁控制

在生产实际中，有时要求一个系统中多台电动机按一定顺序实现起动和停止，如磨床上的电动机就要求先起动液压泵电动机，再起动主轴电动机。有的生产机械除要求按顺序起动外，还要求按一定顺序停止，如传送带运输机，前面的第一台运输机先起动，再起动后面的第二台，停车时应先停第二台，再停第一台，这样才不会造成物料在传送带上的堆积和滞留。

顺序起停控制有顺序起动、同步停止，顺序起动、正序停止和顺序起动、逆序停止。图 2-10 为两台电动机顺序控制电路，其中图 2-10（a）为主电路图。

图 2-10（b）为顺序起动、同步停止控制电路。按下起动按钮 SB2，KM1 线圈通电并自锁，电动机 M1 起动旋转，同时串在 KM2 控制电路中的 KM1 常开辅助触点也闭合，此时再按下按钮 SB3，KM2 线圈通电并自锁，电动机 M2 起动旋转。如果先按下 SB3，因 KM1 常开辅助触点断开，电动机 M2 不可能先起动，从而达到按顺序起动 M1、M2 的目的。直接按下 SB1，M1、M2 同时停止。

图 2-10（c）为顺序起动、正序停止控制电路。将接触器 KM1 的常开辅助触点并接在停止按钮 SB2 的两端，则即使先按下 SB2，由于 KM1 线圈仍通电，电动机 M2 不会停转，只有按下 SB1，电动机 M1 先停后，再按下 SB2 才能使 M2 停转，满足了先停 M1 后停 M2 的要求。

图 2-10（d）为顺序起动、逆序停止控制电路，工作过程可自行分析。

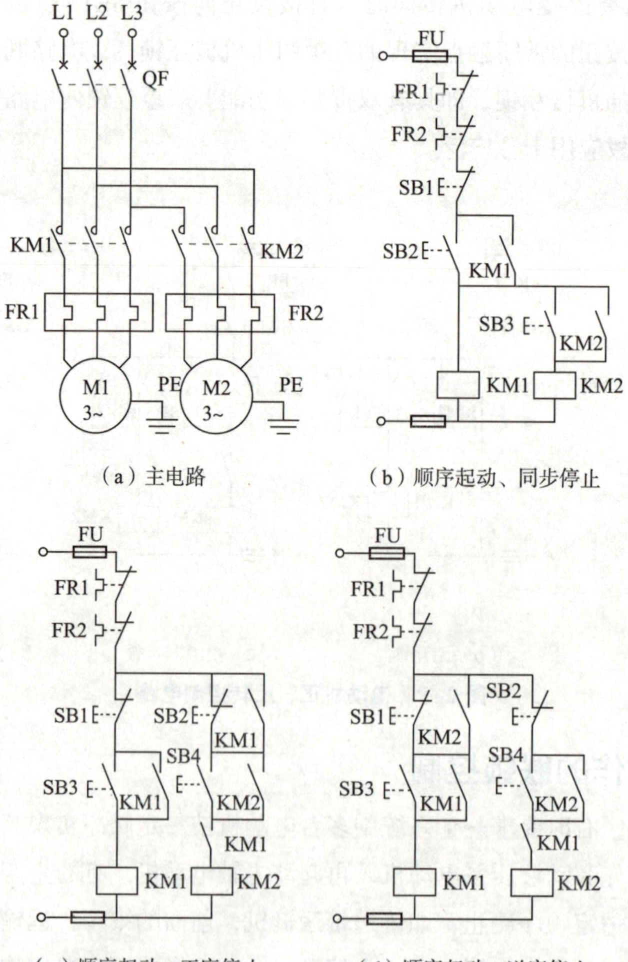

（a）主电路　（b）顺序起动、同步停止

（c）顺序起动、正序停止　（d）顺序起动、逆序停止

图 2-10　两台电动机顺序控制电路

2.2.4　多地点控制

在一些大型生产机械和设备如大型机床、起重运输机等中，为了操作方便，常要求操作人员在不同方位进行操作与控制。三地点控制电路如图 2-11 所示。图 2-11（a）把一个起动按钮和一个停止按钮组成一组，并把 3 组起动、停止按钮分别放置三地，即能实现三地控制。电动机若要三地起动，可按按钮 SB4、SB5 或 SB6，若要三地停止，可按按钮 SB1、SB2 或 SB3。图 2-11（b）中起动按钮和停止按钮也是分别放在三地，由于起动按钮间是串联，属于“逻辑与”，所以起动时必须三地起动按钮同时接通才能实现电动机的起动，而三地的停止按钮也是串联连接，只要有一个按钮断开，KM 就断电，电动机停止工作。

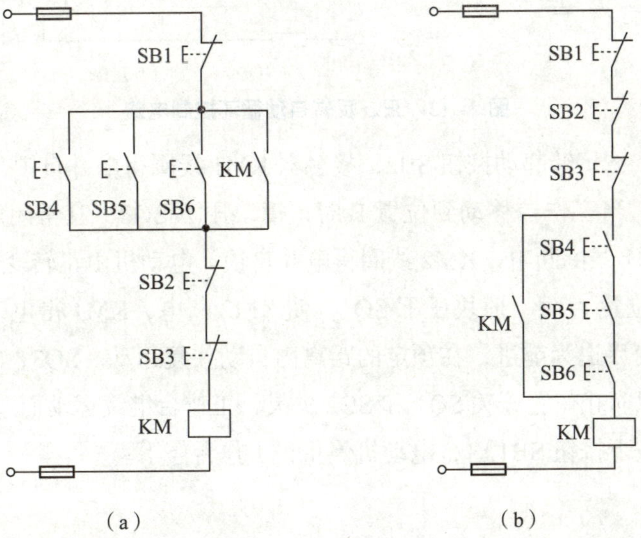

图 2-11　三地点控制电路

2.2.5　自动循环控制

图 2-12 为机床工作台前进、后退自动循环工作的示意图，工作台由电动机驱动。图 2-13 为正、反转自动循环控制电路。

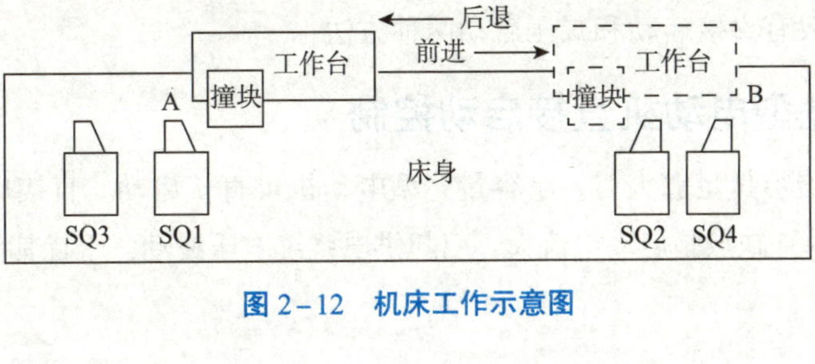

图 2-12　机床工作示意图

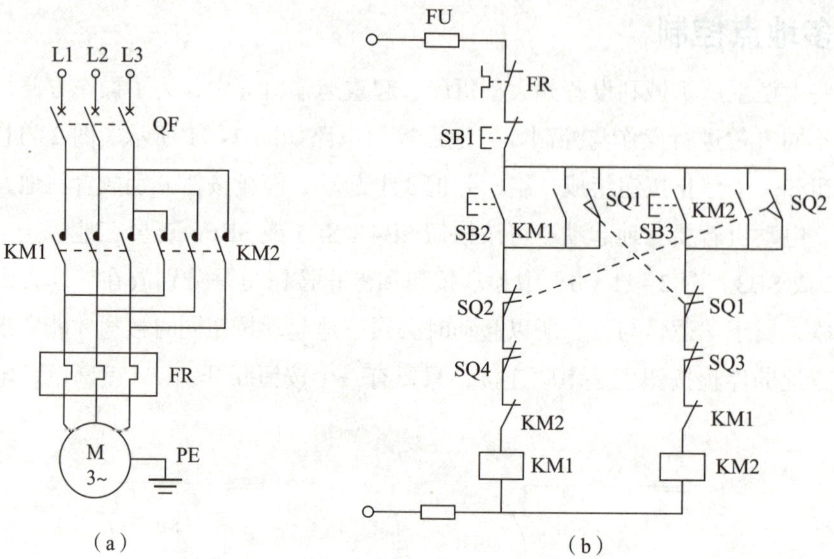

图 2–13　正、反转自动循环控制电路

工作过程：按下正转起动按钮 SB2，接触器 KM1 线圈得电并自锁，电动机 M 正转起动，工作台向前，当工作台移动到位置 B 时，撞块压下 SQ2，其常闭触点断开，常开触点闭合，这时 KM1 线圈断电，KM2 线圈得电并自锁，电动机由正转变为反转，工作台向后退，当后退到位置 A 时，撞块压下 SQ1，使 KM2 断电，KM1 得电，电动机由反转变为正转，工作台变后退为前进，在预定的距离内自动往复运动。SQ3、SQ4 为左右两侧限位保护继电器，以防止位置开关 SQ1 和 SQ2 失灵，工作台继续运动而造成事故。

停止过程：按下按钮 SB1 时，电动机停止，工作台停下。

2.3　三相异步电动机的启动控制

三相笼型异步电动机的启动控制环节是应用最广，也是最基本的控制线路之一。不同型号、不同功率和不同负载的电动机，往往有不同的启动方法，因而控制线路也不同。三相异步电动机一般有直接启动和减压启动两种方法。

2.3.1　三相笼型电动机直接启动控制

在供电变压器容量足够大时，小容量笼型电动机可直接启动。直接启动的优点是电气设备少，线路简单。缺点是启动电流大，引起供电系统电压波动，干扰其他用电设备的正常工作。

1. 采用刀开关直接启动控制

图 2–14 为采用刀开关直接启动控制线路。其工作过程如下：合上刀开关 QK，电动机

M 接通电源，全电压直接启动；打开刀开关 QK，电动机 M 断电停转。这种线路适用于小容量、启动不频繁的笼型电动机，如小型台钻、冷却泵、砂轮机等。熔断器起短路保护作用。

2. 采用接触器直接启动控制

（1）点动控制

如图 2-15 所示，主电路由刀开关 QK、熔断器 FU、交流接触器 KM 的主触头和笼型电动机 M 组成；控制电路由启动按钮 SB 和交流接触器线圈 KM 的组成。

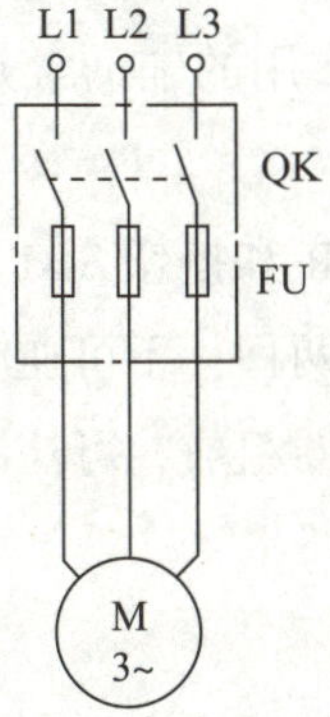

图 2-14 刀开关直接启动控制线路

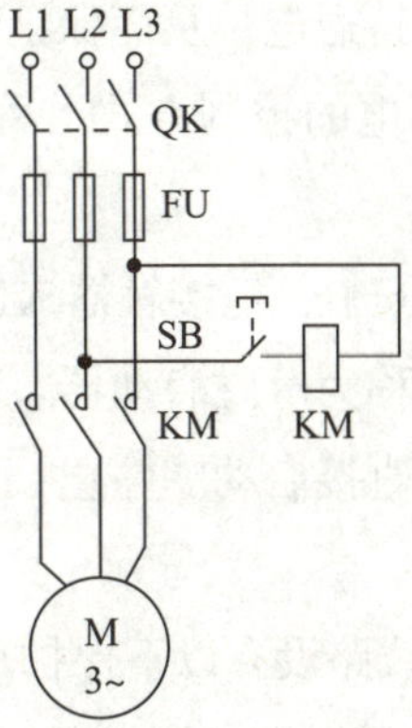

图 2-15 点动控制线路

线路的工作过程如下。

① 启动。先合上刀开关 QK →按下启动按钮 SB →接触器 KM 线圈通电→ KM 主触头闭合→电动机 M 通电直接启动。

② 停机。松开启动按钮 SB → KM 线圈断电→ KM 主触头断开→ M 断电停转。

从线路可知，按下按钮，电动机转动；松开按钮，电动机停转。这种控制称为点动控制，它能实现电动机短时转动，常用于机床的对刀调整和“电动葫芦”等。

（2）连续运行控制

在实际生产中，往往要求电动机实现长时间连续转动，即所谓的长动控制，如图 2-16 所示。

主电路由刀开关 QK、熔断器 FU、接触器 KM 的主触头、热继电器 FR 的热元件和电动机 M 组成；控制电路由停止按钮 SB2、启动按钮 SB1、接触器 KM 的常开辅助触头和线圈、热继电器 FR 的常闭触头组成。

线路的工作过程如下。

① 线路的启动过程如图 2-17 所示。

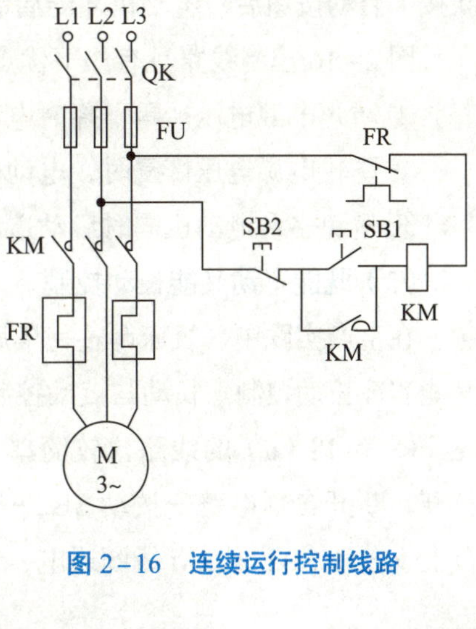

图 2-16 连续运行控制线路

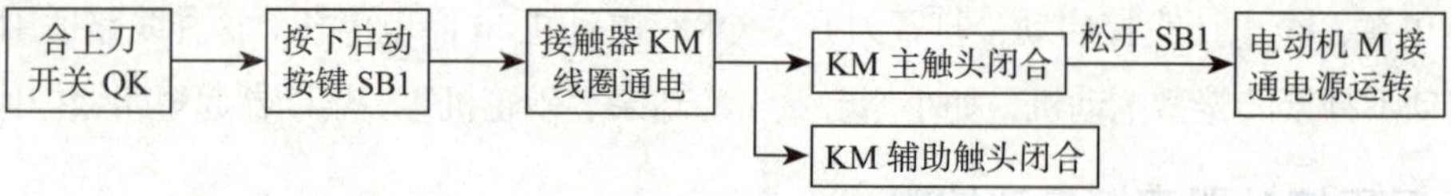

图 2-17　线路的启动过程

② 停机。按下停止按钮 SB2 → KM 线圈断电→ KM 主触头和辅助常开触头断开→电动机 M 断电停转。

在连续控制中，当启动按钮 SB1 松开后，接触器 KM 的线圈通过其辅助常开触头的闭合仍继续保持通电，从而保证电动机的连续运行。这种依靠接触器自身辅助常开触头而使线圈保持通电的控制方式，称为自锁或自保。起到自锁作用的辅助常开触头称为自锁触头。

在图 2-16 中，把接触器 KM、熔断器 FU、热继电器 FR 和按钮 SB1、SB2 组装成一个控制装置，称为电磁启动器。电磁启动器有可逆与不可逆两种：不可逆电磁启动器可控制电动机单向直接启动、停止；可逆电磁启动器由两个接触器组成，可控制电动机的正、反转。

图 2-16 线路设有以下保护环节。

① 短路保护短路时熔断器 FU 的熔体熔断而切断电路，起保护作用。

② 电动机长期过载保护采用热继电器 FR。由于热继电器的热惯性较大，即使热元件流过几倍于额定值的电流，热继电器也不会立即动作。因此，在电动机启动时间不太长的情况下，热继电器不会动作，只有在电动机长期过载时，热继电器才会动作，用它的常闭触头使控制电路断电。

③ 欠电压、失电压保护通过接触器 KM 的自锁环节来实现。当电源电压由于某种原因而严重欠电压或失电压（如停电）时，接触器 KM 断电释放，电动机停止转动。当电源电压恢复正常时，接触器线圈不会自行通电，电动机也不会自行启动，只有在操作人员重新按下启动按钮后，电动机才能启动。

图 2-16 控制线路具有如下优点。

① 防止电源电压严重下降时电动机欠电压运行。

② 防止电源电压恢复时，电动机自行启动而造成设备和人身事故。

③ 避免多台电动机同时启动造成电网电压的严重下降。

（3）既能点动又能长动控制

在生产实践中，机床调整完毕后，需要连续进行切削加工，要求电动机既能实现点动又能实现长动控制。长动与点动控制线路如图 2-18 所示。

图 2-18（a）的线路比较简单，采用钮子开关 SA 实现控制。点动控制时，先把 SA 打开，断开自锁电路→按动 SB2 → KM 线圈通电→电动机 M 点动；长动控制时，把 SA 合上→按动 SB2 → KM 线圈通电，自锁触头起作用→电动机 M 实现长动。

图 2-18（b）的线路采用复合按钮 SB3 实现控制。点动控制时，按下复合按钮 SB3，断开自锁回路→KM 线圈通电→电动机 M 点动；长动控制时，按下启动按钮 SB2→KM 线圈通电，自锁触头起作用→电动机 M 长动运行。此线路在点动控制时，若接触器 KM 的释放时间大于复合按钮的复位时间，则点动结束，SB3 松开时，SB3 常闭触头已闭合但接触器 KM 的自锁触头尚未打开，会使自锁电路继续通电，则线路不能实现正常的点动控制。

图 2-18（c）的线路采用中间继电器 KA 实现控制。点动控制时，按下启动按钮 SB3→KM 线圈通电→电动机 M 实现点动；长动控制时，按下启动按钮 SB2→中间继电器 KA 线圈通电→KM 线圈通电并自锁→电动机 M 实现长动。此线路多用了一个中间继电器，但提高了工作可靠性。

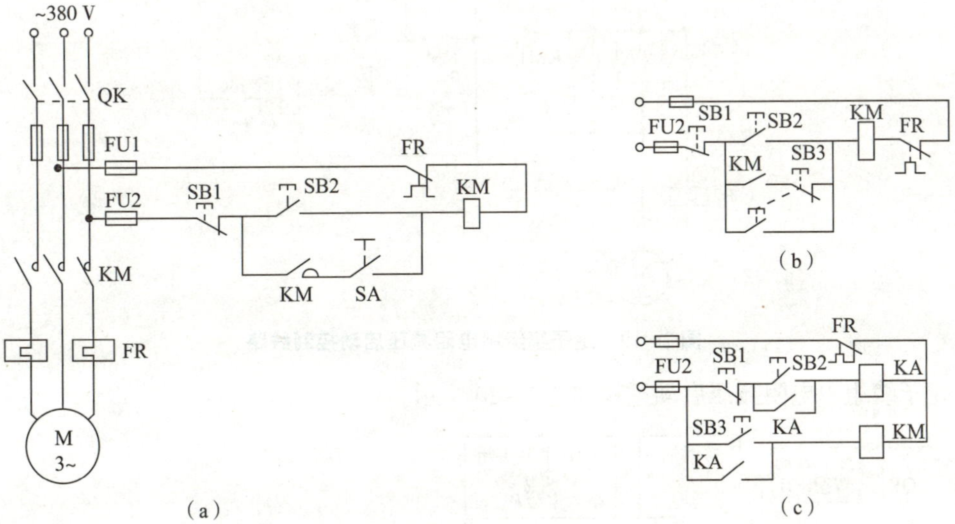

图 2-18　长动与点动控制线路

2.3.2　三相笼型电动机减压启动控制

三相笼型电动机直接启动控制线路简单、经济、操作方便。但是电动机的全压启动电流一般可达额定电流的 4～7 倍，过大的启动电流会降低电动机的寿命，使变压器二次电压大幅下降，减小了电动机本身的启动转矩，甚至使电动机无法启动。另外，过大的电流还会引起电源电压波动，影响同一供电网路中其他设备的正常工作。所以对于容量较大的电动机来说，必须采用减压启动的方法，以限制启动电流。

减压启动虽然可以减小启动电流，但也降低了启动转矩，因此仅适用于空载或轻载启动。

三相笼型电动机的减压启动方法有定子绕组串电阻（或电抗器）减压启动、Y-△减压启动、自耦变压器减压启动、延边三角形减压启动等。

1. 定子绕组串电阻减压启动控制

控制线路按时间原则实现控制，依靠时间继电器延时动作来控制各电气元件的先后顺序动作。定子绕组串电阻减压启动控制线路如图 2-19 所示。启动时，在三相定子绕组中串入电阻 R，从而降低了定子绕组上的电压，待启动后，再将电阻 R 切除，使电动机在额定电压下投入正常运行。

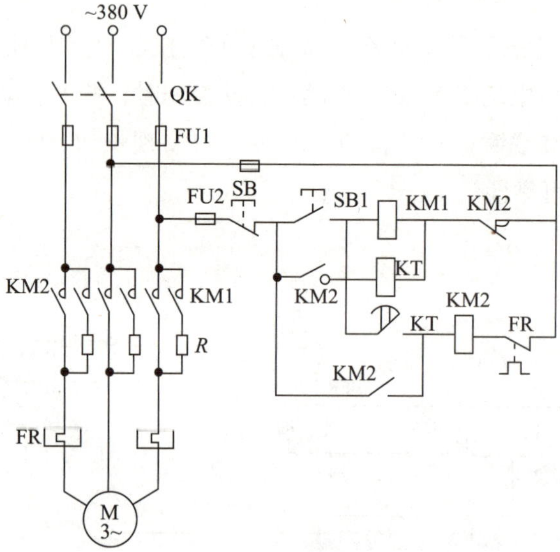

图 2-19　定子绕组串电阻减压启动控制线路

定子绕组串电阻减压启动过程如图 2-20 所示。

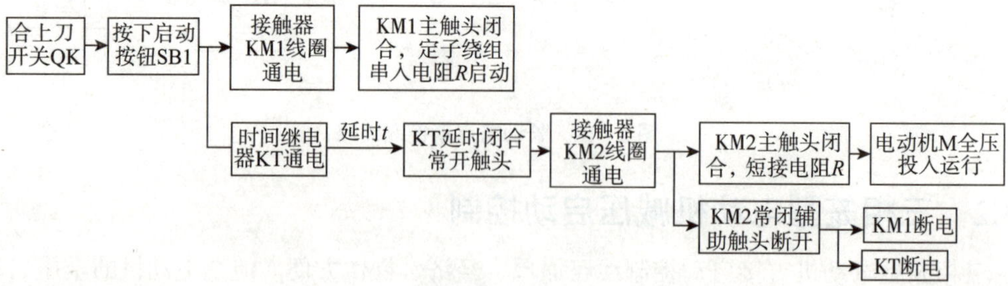

图 2-20　定子绕组串电阻减压启动过程

2. Y-△减压启动控制

电动机绕组接成△形时，每相绕组所承受的电压是电源的线电压（380 V）；而接成星形时，每相绕组所承受的电压是电源的相电压（220 V）。因此，对于正常运行时定子绕组接成△形的笼型电动机，控制线路也是按时间原则实现控制的。启动时，将电动机定子绕组连接成 Y 形，加在电动机每相绕组上的电压为额定电压的 $1/\sqrt{3}$ 倍，从而减小了启动电流。待启动后，按预先整定的时间把电动机换成△形连接，使电动机在额定电压下运行。Y-△减压启动控制线路如图 2-21 所示。

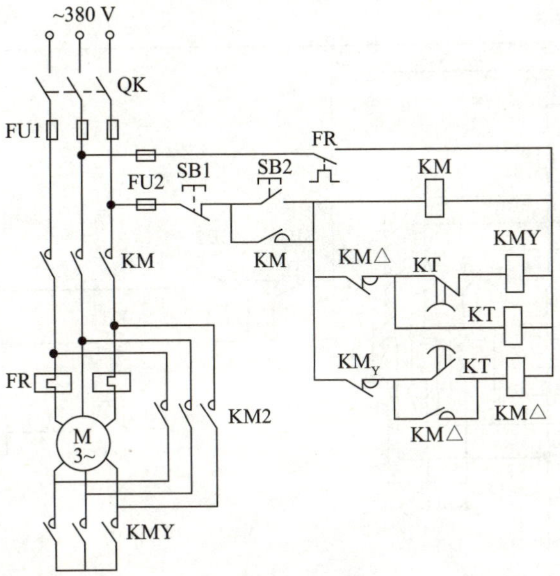

图 2－21　Y－△减压启动控制线路

Y－△减压启动控制线路启动过程如图 2－22 所示。

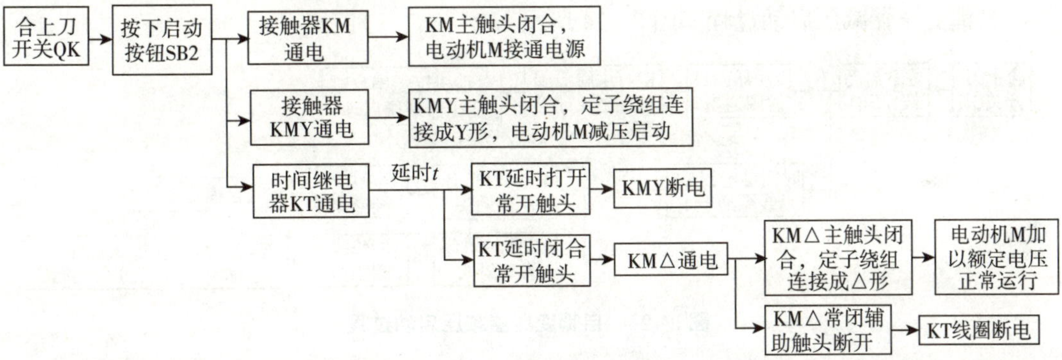

图 2－22　Y－△减压启动控制线路启动过程

该线路结构简单，缺点是启动转矩也相应下降为△形连接的 1/3，转矩特性差。因而本线路适用于电网电压 380 V、额定电压 660/380 V 和 Y－△连接的电动机轻载启动的场合。

3. 自耦变压器减压启动控制

启动时，电动机定子串入自耦变压器，定子绕组得到的电压为自耦变压器的二次电压；启动完毕，自耦变压器被切除，额定电压加于定子绕组，电动机以全电压投入运行。自耦变压器减压启动控制线路如图 2－23 所示。

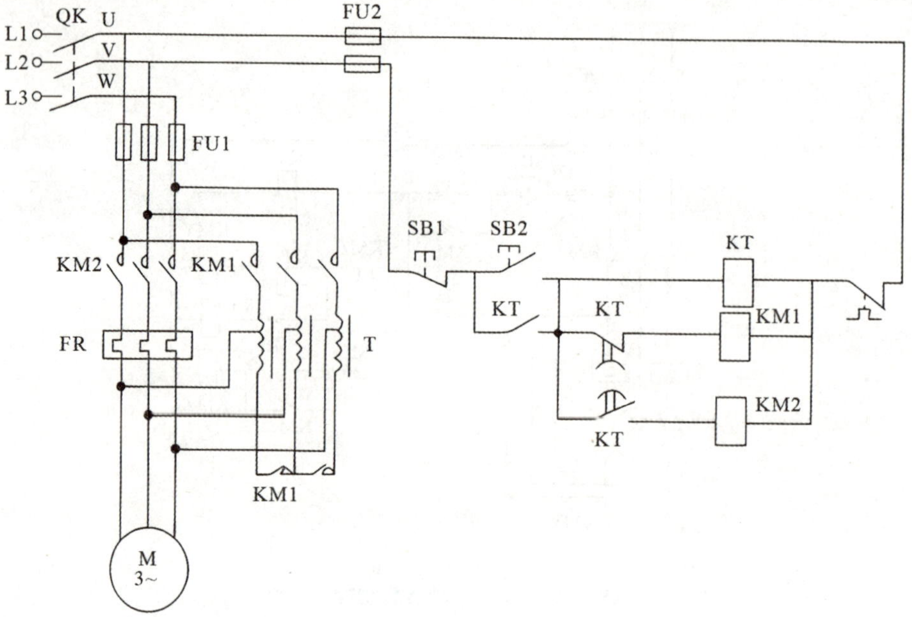

图 2-23　自耦变压器减压启动控制线路

自耦变压器减压启动过程如图 2-24 所示。

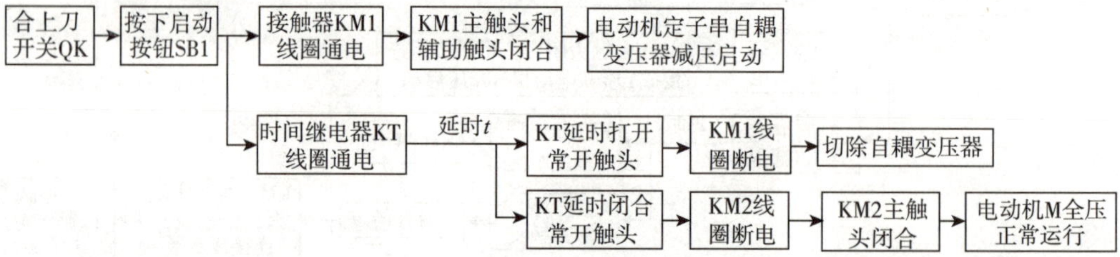

图 2-24　自耦变压器减压启动过程

该控制线路对电网的电流冲击小，损耗功率也小，但是自耦变压器价格较贵，主要用于启动较大容量的电动机。

4. 延边三角形减压启动控制

上面介绍的 Y－△启动控制有很多优点，但不足的是启动转矩太小，如果要求兼取 Y 形连接启动电流小、△形连接启动转矩大的优点，则可采用延边三角形减压启动。延边三角形减压启动控制线路如图 2-25 所示，它适用于定子绕组特别设计的电动机，这种电动机共有九个出线头。延边三角形－三角形绕组连接如图 2-26 所示。启动时将电动机定子绕组接成延边三角形，在启动结束后，再换成三角形连接，投入全电压正常运行。

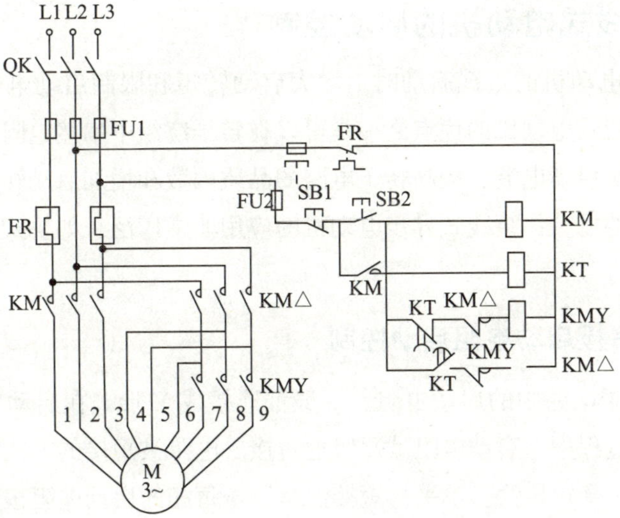

图 2-25　延边三角形减压启动控制线路

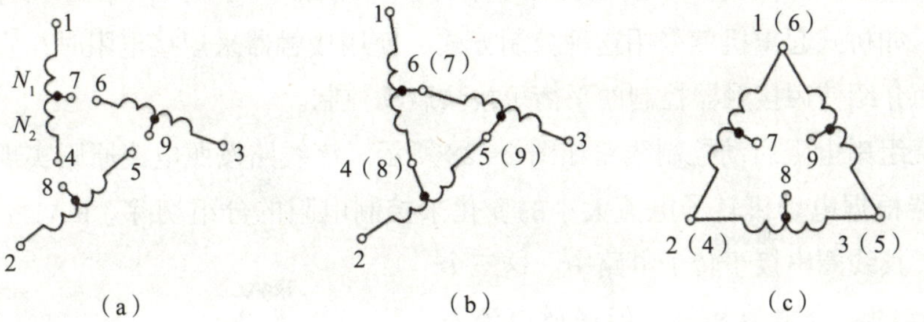

图 2-26　延边△ － △绕组连接

延边三角形减压启动过程如图 2-27 所示。

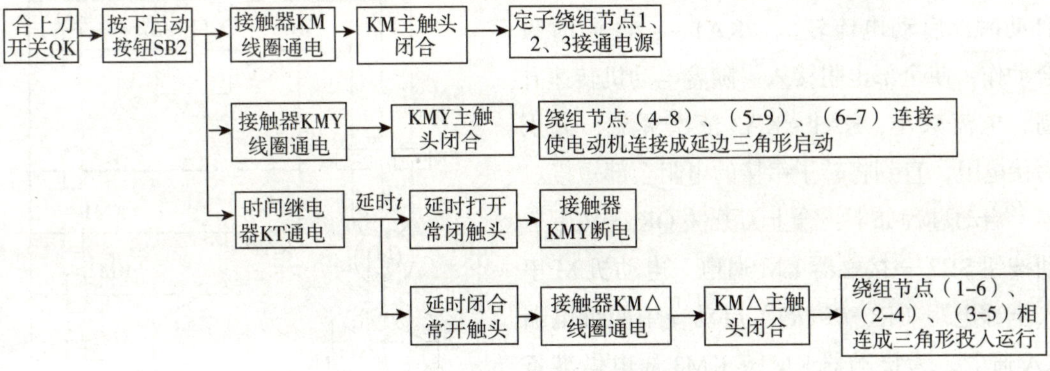

图 2-27　延边三角形减压启动过程

上面介绍的几种启动控制线路，均按时间原则采用时间继电器实现减压启动，这种控制方式线路工作可靠，受外界因素如负载、飞轮惯量及电网波动的影响较小，结构比较简单，因而被广泛采用。

2.3.3 三相绕线式电动机的启动控制

在大、中容量电动机的重载启动时，增大启动转矩和限制启动电流两者之间的矛盾十分突出。三相绕线式电动机的优点之一是可以在转子绕组中串接电阻或频敏变阻器进行启动，由此达到减小启动电流、提高转子电路的品质因数和增加启动转矩的目的。一般在要求启动转矩较高的场合，绕线式异步电动机的应用非常广泛，如桥式起重机、吊钩电动机、卷扬机等。

1. 转子绕组串接启动电阻启动控制

串接于三相转子电路中的启动电阻，一般都连接成 Y 形。在启动前，启动电阻全部接入电路；在启动过程中，启动电阻被逐级地短接。电阻被短接的方式有三相电阻不平衡短接法和三相电阻平衡短接法。不平衡短接法是转子每相的启动电阻按先后顺序被短接，而平衡短接法是转子三相的启动电阻同时被短接。使用凸轮控制器来短接电阻宜采用不平衡短接法，因为凸轮控制器中各对触头闭合顺序一般是按不平衡短接法来设计的，故控制线路简单，如桥式起重机就采用这种控制方式。使用接触器来短接电阻时，宜采用平衡短接法。下面介绍使用接触器控制的平衡短接法启动控制。

转子绕组串电阻启动控制线路如图 2－28 所示。该线路按照电流原则实现控制，利用电流继电器根据电动机转子电流大小的变化来控制电阻的分组切除。KA1～KA3 为欠电流继电器，其线圈串接于转子电路中。这三个电流继电器的吸合电流相同，但释放电流不同，KA2 的释放电流最大，首先释放，KA1 次之，KA3 的释放电流最小，最后释放。刚启动时，启动电流较大，KA1～KA3 同时吸合动作，使全部电阻接入。随着电动机转速升高，电流减小，KA1～KA3 依次释放，分别短接电阻，直到将转子串接的电阻全部短接。

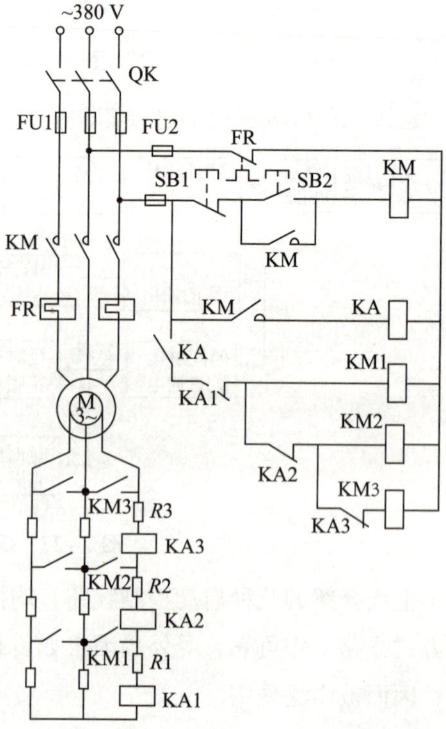

图 2－28 转子绕组串电阻启动控制线路

启动过程如下：合上刀开关 QK→按下启动按钮 SB2→接触器 KM 通电，电动机 M 串入全部电阻（$R1+R2+R3$）启动→中间继电器 KA 通电，为接触器 KM1～KM3 通电做准备→随着转速的升高，启动电流逐步减小，首先 KA1 释放→KA1 常闭触头闭合→KM1 通电，转子电路中 KM1 常开触头闭合→短接第一级电阻 $R1$→然后 KA2 释放→KA2 常闭触头闭合→KM2 通电，转子电路中 KM2 常开触头闭合→短接第二级电阻 $R2$ → KA3 最后释放→ KA3 常闭触头闭合→ KM3 通电，转子电路中 KM3 常开闭合→短接最后一级电阻 $R3$，电动机启动过程结束。

控制线路中设置了中间继电器 KA，是为了保证转子串入全部电阻后电动机才能启动。若没有 KA，当启动电流由零上升至尚未到达电流继电器的吸合电流时，KA1 ~ KA3 不能吸合，将使接触器 KM1 ~ KM3 同时通电，则转子电阻（$R1+R2+R3$）全部被短接，电动机直接启动。设置 KA 后，在 KM 通电后才能使 KA 通电，KA 常开触头闭合，此时启动电流已达到欠电流继电器的吸合值，其常闭触头全部断开，使 KM1 ~ KM3 线圈均断电，确保转子串入全部电阻，防止电动机直接启动。

2. 转子绕组串接频敏变阻器启动控制

在三相绕线式电动机的转子绕组串电阻启动过程中，由于逐级减小电阻，启动电流和转矩突然增加，故产生一定的机械冲击力。同时由于串接电阻启动，使线路复杂，工作不可靠，而且电阻本身比较粗笨，能耗大，使控制箱体积较大。从 20 世纪 60 年代开始，我国开始推广应用自己独创的频敏变阻器启动。频敏变阻器的阻抗随着转子电流频率的下降自动减小，常用于较大容量的绕线式电动机，是一种较理想的启动方法。

频敏变阻器实质上是一个特殊的三相电抗器。铁心由 E 形厚钢板叠成，为三相三柱式，每个铁心柱上套有一个绕组，三相绕组连接成 Y 形，将其串接于电动机转子电路中，相当于接入一个铁损较大的电抗器。频敏变阻器等效电路如图 2-29 所示。图中，R_d 为绕组直流电阻，R 为铁损等效电阻，L 为等效电感，R、L 的值与转子电流频率有关。

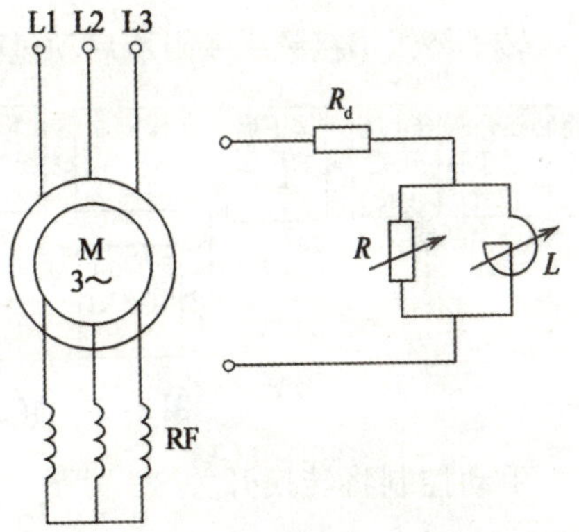

图 2-29　频敏变阻器等效电路

在启动过程中，转子电流频率是变化的。刚启动时，转速等于 0，转差率 $s=1$，转子电流的频率 f_2 与电源频率 f_1 的关系为 $f_2=sf_1$，所以刚启动时 $f_2=f_1$，频敏变阻器的电感和电阻均为最大，转子电流受到抑制。s 随着电动机转速的升高而减小，f_2 下降，频敏变阻器的阻抗也随之减小。所以，绕线式电动机转子串接频敏变阻器启动时，随着电动机转速的升高，频敏变阻器的阻抗自动逐渐减小，实现了平滑的无级启动。此种启动方式在桥式起重机和空气压缩机等电气设备中获得了广泛应用。

转子绕组串接频敏变阻器的启动控制线路如图 2-30 所示。该线路可利用转换开关 SC 选择自动控制和手动控制两种方式。在主电路中，TA 为电流互感器，作用是将主电路中的大电流变换成小电流进行测量。另外，在启动过程中，为避免因启动时间较长而使热继电器 FR 误动作，在主电路中，用 KA 的常闭触头将 FR 的热元件短接，启动结束投入正常运行时，FR 的热元件才接入电路。

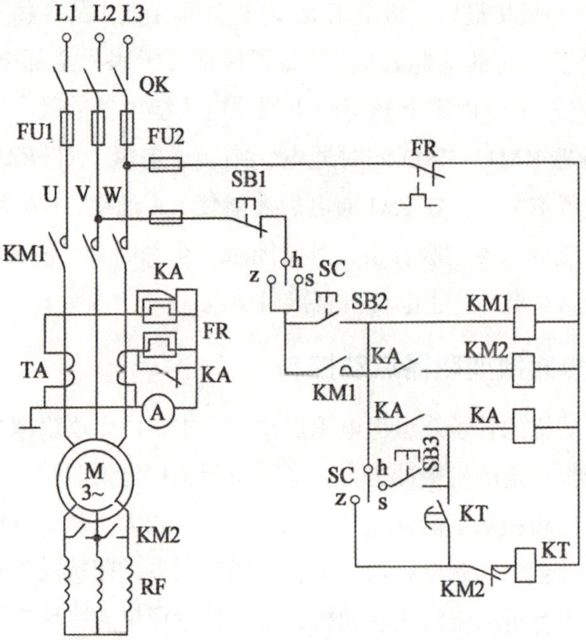

图 2-30　转子绕组串接频敏变阻器的启动控制线路

转子绕组串接频敏变阻器启动过程如图 2-31 所示。

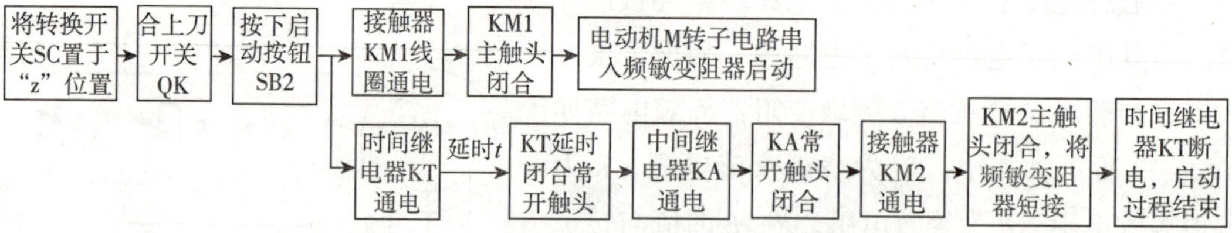

图 2-31　转子绕组串接频敏变阻器启动过程

手动控制将转换开关 SC 置于“s”位置→按下启动按钮 SB2→接触器 KM1 通电→KM1 主触头闭合，电动机 M 转子电路中串入频敏变阻器启动→待电动机启动结束，按下启动按钮 SB3→中间继电器通电→接触器 KM2 通电→KM2 主触头闭合，将频敏变阻器短接，启动过程结束。

2.4　三相异步电动机的正、反转控制

在实际应用中，往往要求生产机械改变运动方向，如工作台前进与后退、起重机起吊重物的上升与下降、电梯的上升与下降等，这就要求电动机能实现正、反转。

由三相异步电动机转动原理可知，若要电动机逆向运行，只要将接于电动机定子的三

相电源线中的任意两相对调即可，可通过两个接触器来改变电动机定子绕组的电源相序来实现。电动机正、反转控制线路如图 2－32 所示。图中，接触器 KM1 为正向接触器，控制电动机 M 正转；接触器 KM2 为反向接触器，控制电动机 M 反转。

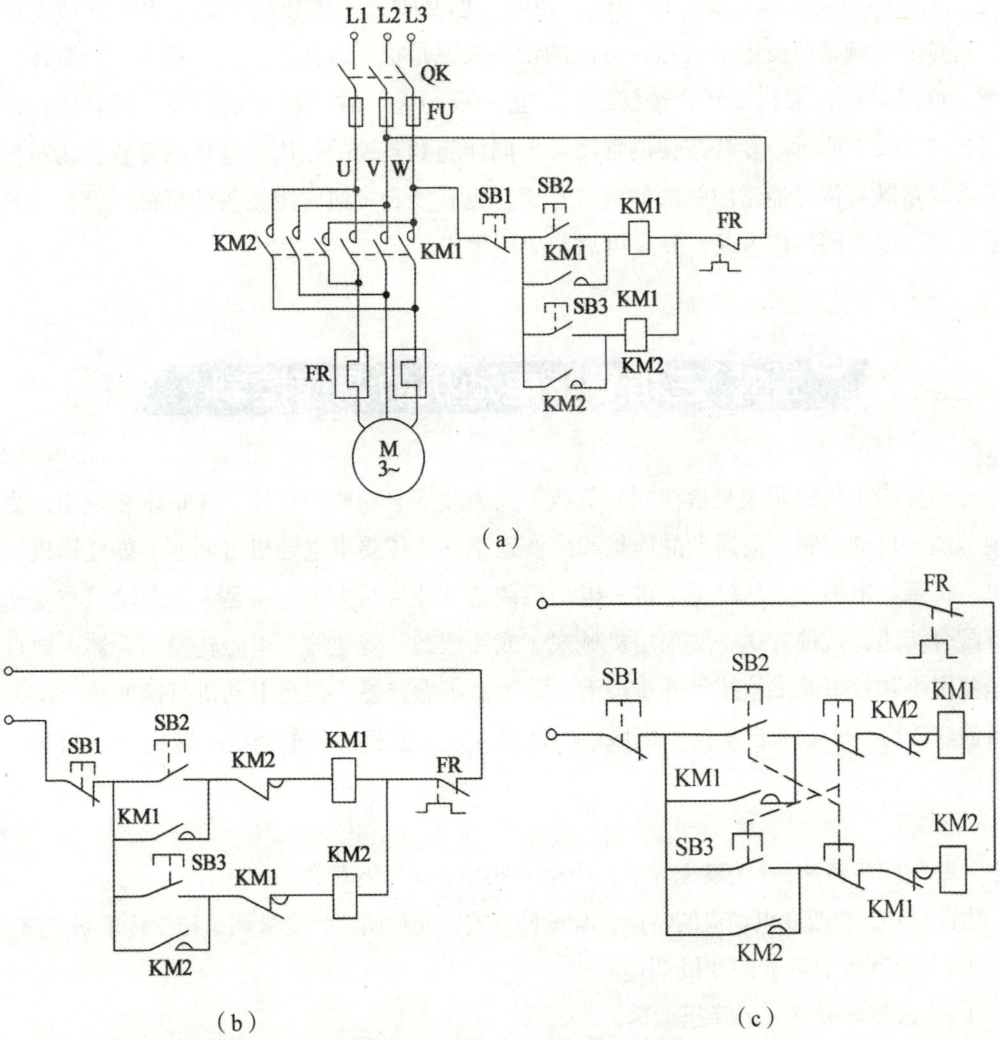

图 2－32　电动机正、反转控制线路

图 2－32（a）的工作过程如下。

（1）正转控制。合上刀开关 QK →按下正向启动按钮 SB2 →正向接触器 KM1 通电→ KM1 主触头和自锁触头闭合→电动机 M 正转。

（2）反转控制。合上刀开关 QK →按下反向启动按钮 SB3 →反向接触器 KM2 通电→ KM2 主触头和自锁触头闭合→电动机 M 反转。

（3）停机。按下停止按钮 SB1 → KM1（或 KM2）断电→电动机 M 停转。

该控制线路必须要求 KM1 与 KM2 不能同时通电，否则会引起主电路电源短路，为此要求线路设置必要的联锁环节，如图 2－32（b）所示。将其中一个接触器的常闭触头串入另一个接触器线圈电路中，则任何一个接触器先通电后，即使按下相反方向的启动按钮，另一个接触器也无法通电，这种利用两个接触器的辅助常闭触头互相控制的方式，称为电气互锁，或称为电气联锁。起互锁作用的常闭触头称为互锁触头。另外，该线路只能实现“正→停→反”或“反→停→正”控制，即必须按下停止按钮后，再反向或正向启动，这对需要频繁改变电动机运转方向的设备来说是很不方便的。为了提高生产效率，简化正、反向操作，常利用复合按钮组成“正→反→停”或“反→正→停”的互锁控制，如图 2-32（c）所示。复合按钮的常闭触头同样起到互锁的作用，这样的互锁称为机械互锁。该线路既有接触器常闭触头的电气互锁，也有复合按钮常闭触头的机械互锁，即具有双重互锁。该线路操作方便，安全可靠，故应用广泛。

2.5 三相异步电动机的调速控制

三相异步电机的调速是指在同一负载下人为改变电动机的转速。在很多领域中，为了实现节能、自动控制、提高产品质量和生产效率，往往要求电动机可调速，如轧钢机、鼓风机、机床、电梯等。从广义上讲，电动机调速可分为两大类：一是定速电动机与变速联轴节配合调速，这种方式一般采用机械式（或油压式）变速器、电磁转差离合器，缺点是调速范围小和效率低，该技术逐步被淘汰，本书不做赘述。二是电动机直接调速，该方式是目前广泛应用于工业自动控制领域中的调速方式。三相异步电动机的转速公式如下

$$n = n_0(1-s) = \frac{60 f_1}{p}(1-s)$$

式中，n_0 为同步转速；s 为转差率；f_1 为电源频率；p 为极对数。

由此可知，要改变电动机的转速，有三种方式：变频调速、变极调速和变转差率调速。

（1）改变极对数 p 的变极调速。

（2）改变转差率 s 的降压调速。

（3）改变电动机供电电源频率 f_1 的变频调速。

其中，变极调速控制最简单，价格便宜但不能实现无级调速，而且仅用于可以改变极对数的变速电机。变频调速控制最复杂，但性能最好，随着其成本日益降低，目前已广泛应用于工业自动控制领域中。

2.5.1 双速电机的变极调速

变极电机是一种可改变极数的交流电机，通常为感应电机。转子一般为笼型，定子绕组结构为单绕组或槽内有几套独立绕组。前者改变接法，后者选用某一套绕组，能使电机形成不同的极数以获得几种不同的转速，如双速、三速或四速等。

1. 双速电机变极方法及原理

电动机变极采用电流反向法。下面以双速变极电机的单相绕组为例来说明变极原理。如图 2－33 所示，这是极数等于 4（即 p=2）时的一相绕组的展开图，绕组由相同的两部分串联而成，两部分各称作半相绕组，一个半相绕组的末端 X1 与另一个半相绕组的首端 A2 相连接。极数等于 2（即 p=1）时，半相绕组并联，两个半相绕组的电流方向相反，则磁极数目相对于串联时减少一半。由此可见，改变磁极数目是将半相绕组的电流反向来实现的。电机转子磁极数能自动跟随定子极对数变化。

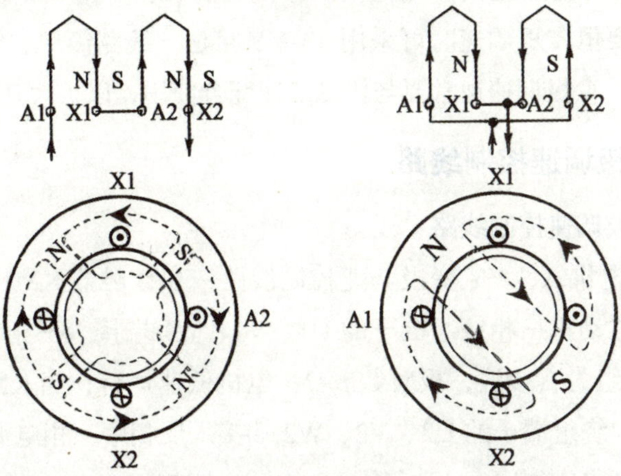

（a）四极（p=2）　　（b）二极（p=1）

图 2－33　双速变极电机的单相绕组不同接法改变极对数

因此，变极调速的设计思想是通过接触器触点改变电动机绕组的接线方式来达到调速的目的。

根据三相变极电机出厂时低速接法的不同有两种变极方法：△－YY 变极接法和 Y－YY 变极接法，如图 2－34 所示。

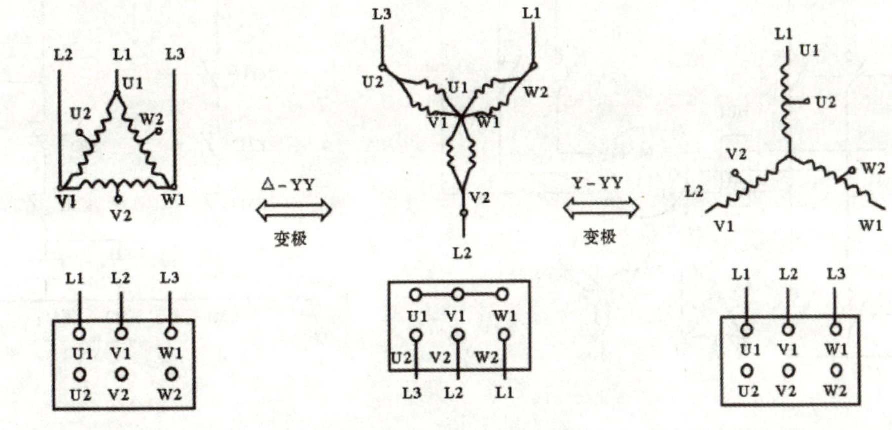

（a）低速△接法（p=2）　（b）高速 YY 接法（p=1）　（c）低速 Y 接法（p=2）

图 2－34　△－YY 变极接法和 Y－YY 变极接法

低速运行时，电动机三相绕组端子的 U1、V1、W1 端接入三相电源（U2、V2、W2 悬空）。在高速运行时，U2、V2、W2 端接入三相电源（U1、V1、W1 短接）。对于出厂时低速接法为△接法的变极电机，这种方式适合于恒功率负载。对于出厂时低速接法为 Y 接法的变极电机，这种方式适合于恒功率负载。因为各相绕组在空间相差的机械角度是固定不变的，电角度则随磁极数目改变而改变。例如磁极数目减少一半，使各相绕组在空间相差的电角度增加一倍，原来相差 120° 电角度的绕组，现在相差 240° 。如果相序不变，气隙磁场就要反转，这会使电动机因变极而改变旋转方向，因此变极后必须改变绕组的相序。

双速电动机调速的优点是可以适应不同负载性质的要求，如需要恒功率时可采用△ –YY 接法，如需要恒转矩调速时可采用 Y–YY 接法。线路简单、维修方便；缺点是其调速方式为有级调速。变极调速通常要与机械变速配合使用，以扩大其调速范围。

2. 双速电机变极调速控制线路

（1）△ –YY 变极调速控制线路

图 2–35 为双速电机△ –YY 变极调速控制线路，当接触器 KM1 得电吸合，而 KM2 和 KM3 不吸合时，电动机三相绕组端子的 U1、V1、W1 端接入三相电源（U2、V2、W2 悬空），此时三相绕组为△接法，极对数 p=2，电机低速运行；当 KM1 不吸合，而 KM2 和 KM3 得电吸合时，绕组端子的 U2、V2、W2 端接入反相序三相电源（U1、V1、W1 短接），此时三相绕组为 YY 接法，极对数 p=1，电机高速运行。

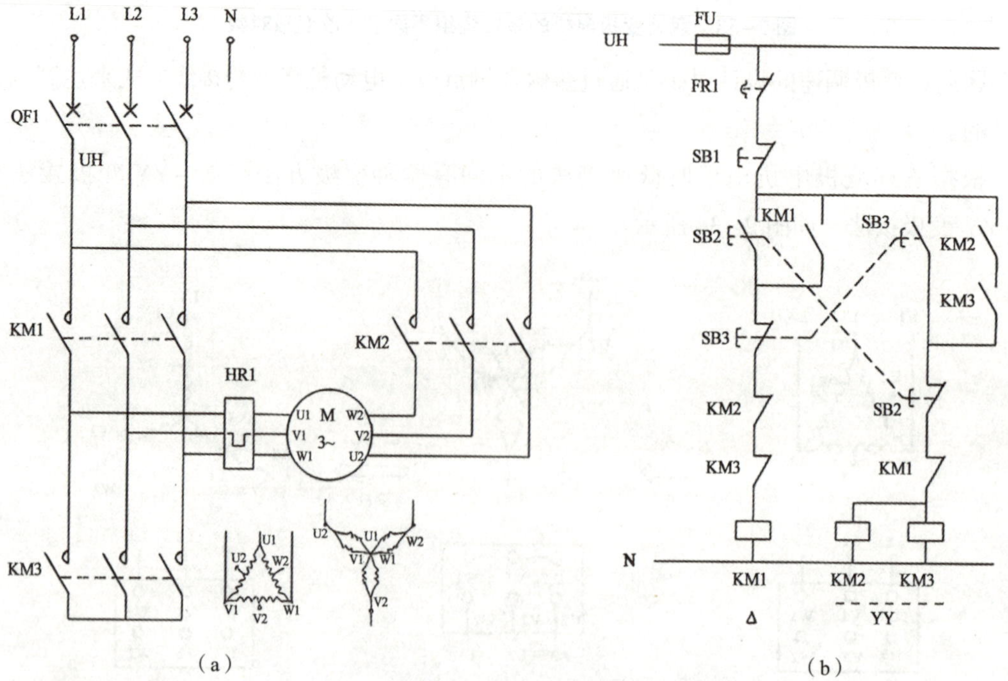

图 2–35　双速电机△ –YY 变极调速控制线路

△ –YY 变极调速控制线路低速运行过程的步骤如图 2–36 所示。

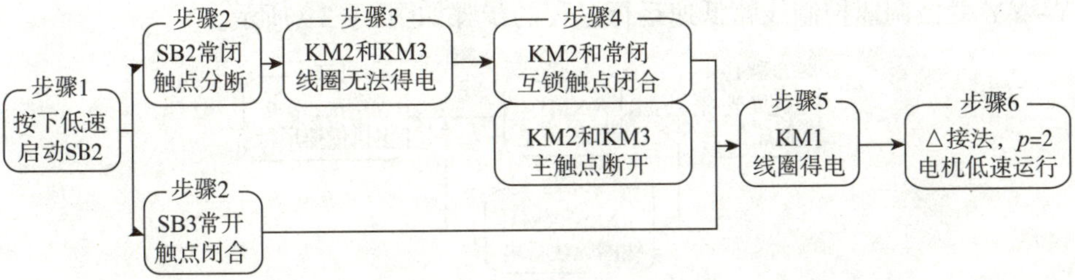

图 2-36　△-YY 变极调速控制线路低速运行过程的步骤

△-YY 变极调速控制线路高速运行过程的步骤如图 2-37 所示。

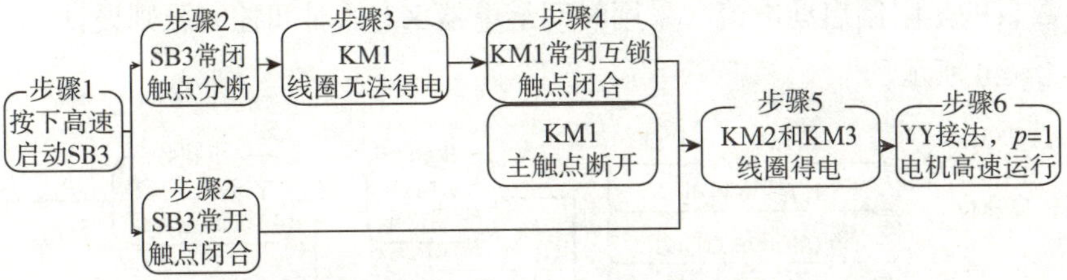

图 2-37　△-YY 变极调速控制线路高速运行过程的步骤

（2）Y-YY 变极调速控制线路

图 2-38 为双速电机 Y-YY 变极调速控制线路，选择开关 SA 操作切换速度，SA 有三个挡位，分别为高速、停车、低速。当接触器 KM1 得电吸合，而 KM2 和 KM3 不吸合时，电动机三相绕组端子的 U1、V1、W1 端接入三相电源（U2、V2、W2 悬空），此时三相绕组为 Y 接法，极对数 $p=2$，电机低速运行；当 KM1 不吸合，而 KM2 和 KM3 得电吸合时，绕组端子的 U2、V2、W2 端接入反相序三相电源（U1、V1、W1 短接），此时三相绕组为 YY 接法，极对数 $p=1$，电机高速运行；当 SA 拨至停车位时，KM1、KM2、KM3 均不吸合，电机停止。

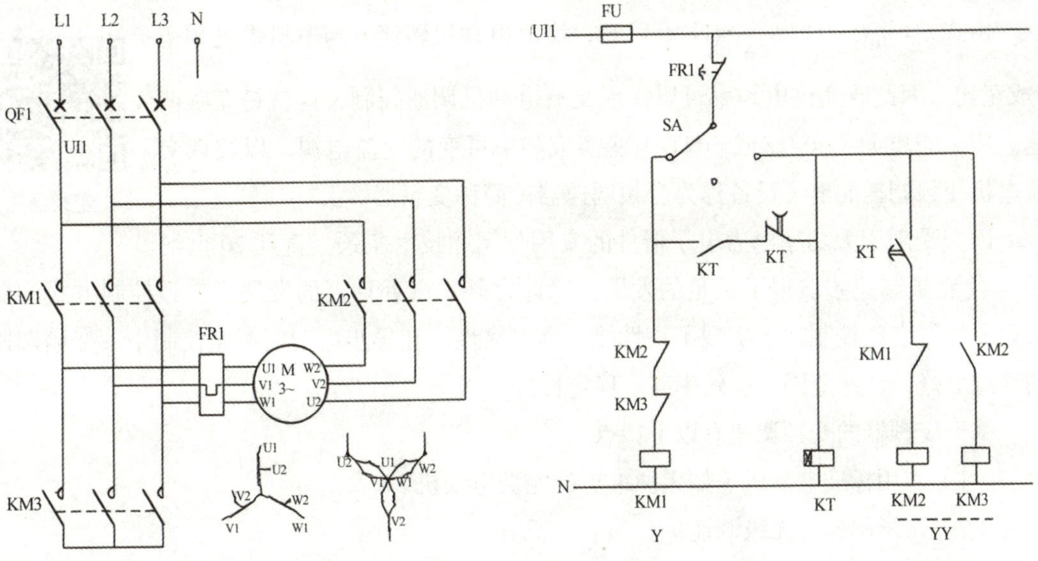

图 2-38　双速电机 Y-YY 变极调速控制线路

Y－YY 变极调速控制线路低速运行过程的步骤如图 2－39 所示。

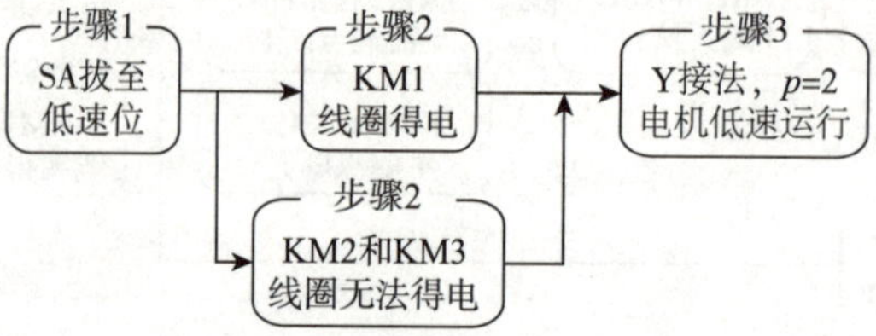

图 2－39　Y－YY 变极调速控制线路低速运行过程的步骤

高速运行时，先低速（Y 接法，极对数 p=2）启动，然后切换至高速运行（YY 接法，极对数目的是限制启动电流。采用时间继电器 KT 的时间控制原则设计。其具体操作过程如图 2－40 所示。

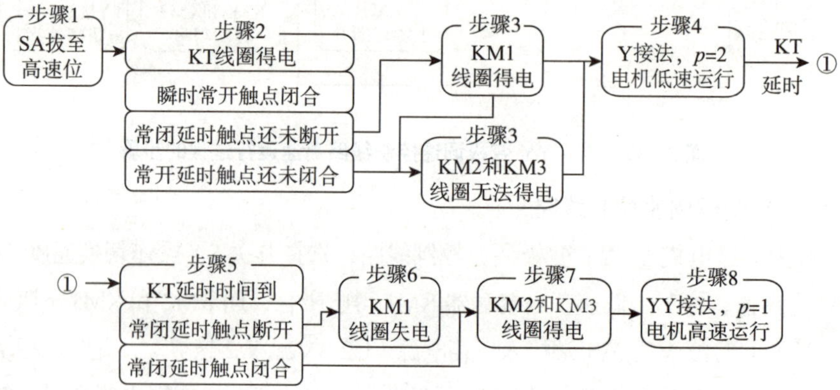

图 2－40　YY 变极调速控制线路高速运行过程的步骤

2.5.2　变频器与变频调速

由式 $n = n_0(1-s) = \dfrac{60f_1}{p}(1-s)$ 可知，交流电动机转速 n 与电机供电频率 f 成正比，因此改变供电频率可以实现交流电动机调速控制，这就是变频调速。将工频电源（50 Hz 或 60 Hz）变换成频率可变的交流电源，以实现交流电机变频调速的电子设备称为变频调速器（简称变频器）。

变频器

因为受限于大功率电力电子器件的实用化问题技术瓶颈，直到 20 世纪 80 年代变频调速才取得了长足的发展。除此之外，微处理器的发展、变频控制方式的深入研究使得变频控制技术实现了高性能、高可靠性。在异步电动机调速控制中，变频调速的性能最好，调速范围广、效率高、稳定性好。

基于变频器的变频调速有以下特点。

（1）使用标准电动机（如无须维护的笼型电动机）。

（2）连续调速（无级调速）。

（3）可通过电子回路改变相序、改变转速方向。

（4）启动电流小，可调节加减速度。

（5）节能效果显著。

（6）保护功能齐全（如过载保护、短路保护、过电压和欠电压保护）。

目前，变频调速的应用领域非常广泛。例如，工业领域中的风机、泵、搅拌机、挤压机、精纺机和压缩机、各类机床、机械加工中心等；民用领域中的电梯、中央空调、恒压供水等；随着小型变频器的价格日益降低，甚至在家用电器中也普遍应用，如变频控制的冰箱、洗衣机、空调等。

1. 通用变频器的工作原理

变频器是利用电力电子器件的通断作用将工频电源变换（50 Hz 或 60 Hz）为另一频率的电能控制装置，是集电力电子、微处理器控制等技术于一身的综合性电气产品。能够适用于所有负载的变频器，就是通用变频器。专门为某类特殊负载设计的变频器为专用变频器。

通用变频器为实现变频的功能，一般是先用整流器将频率和电压均固定的交流电变换成直流电，直流中间电路对整流电路的输出进行平滑滤波，再用逆变器将直流电逆变成频率和电压均可调的交流电。

变频器主要用于交流电机的变频调速控制。对交流异步电动机进行调速控制时，电动机的主磁通应保持额定值不变。若磁通太弱，铁心利用不充分，同样的转子电流下，电磁转矩小，电动机的负载能力下降；若磁通太强，铁心发热，波形变坏。那么如何实现磁通不变呢？

根据三相异步电动机定子每相电动势的有效值为

$$E_1=4.44f_1N_1K_1\Phi_m$$

式中，E_1 为定子绕组感应电动势的有效值（单位：V）；f_1 为定子绕组感应电动势频率（Hz）；N_1 为定子每相绕组的匝数；K_1 为定子绕组的绕组系数；Φ_m 为每极磁通量（Wb）。

如果不计定子阻抗压降，则

$$U\approx E_1=4.44f_1N_1K_1\Phi_m$$

若端电压 U 不变，则随着 f_1 的升高，气隙磁通 Φ_m 将减小，又从转矩公式

$$T=C_M\Phi_mI_2\cos\varphi_2$$

可以看出，磁通 Φ_m 的减小势必导致电动机允许输出转矩 T 下降。同时，电动机的最大转矩也将降低，严重时会使电动机堵转；若维持端电压 U 不变，而减小 f_1，则气隙磁通将增加。这就会使磁路饱和，励磁电流上升，导致铁损急剧增加，这也是不允许的。因此在许多场合，要求在调频的同时改变定子电压 U，以维持 Φ_m 接近不变。下面分两种情况说明。

（1）基频以下的恒磁通变频调速

为了保持电动机的负载能力，应保持气隙主磁通 Φ_m 不变，这就要求降低供电频率的同时降低感应电动势，保持 E_1/f_1= 常数，即保持电动势与频率之比为常数进行控制，这种控制又称为恒磁通变频调速，属于恒转矩调速方式，其机械特性如图 2-41（a）所示。由于 E_1 难以直接检测和直接控制，可以近似地保持定子电压 U 和频率 f_1 的比值为常数，即保持 U/f_1= 常数。这就是恒压频比控制方式，是近似的恒磁通控制。频率很低时，定子阻抗压降不能忽略，因此 T_{emax} 太小将限制电机的带载能力，此时采用定子压降补偿，适当地提高电压 U，可以增强带载能力。

因此，基频以下变频调速控制原则应遵循降速、降频、恒磁、降压。

（2）基频以上的弱磁通变频调速

频率由额定值向上增大时，电压 U 由于受额定电压 U_N 的限制不能再升高，只能保持 $U=U_N$ 不变，这样必然会使主磁通随着 f 的上升而减小，相当于直流电动机弱磁通调速的情况，即近似的恒功率调速方式，其机械特性如图 2-41（b）所示。

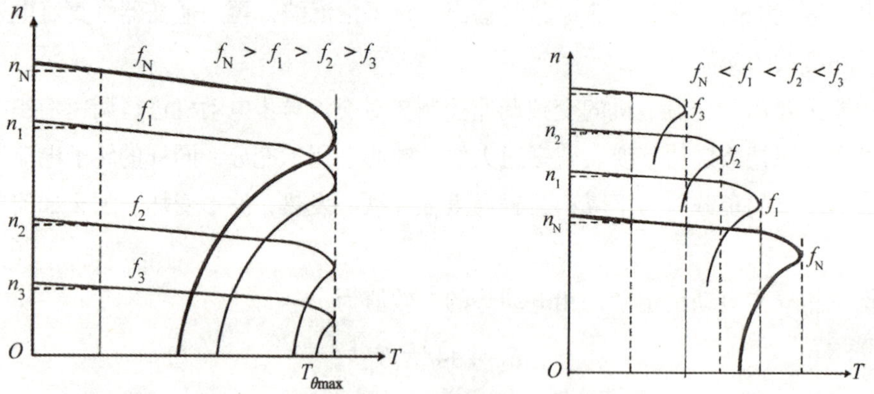

（a）基频以下的恒磁通变频调速的机械特性　　（b）基频以上的弱磁通变频调速的机械特性

图 2-41　变频调速的机械特性

因此，基频以上变频调速控制原则应遵循升速、升频、恒压、降磁。

综上所述，异步电动机的变频调速必须按照一定的规律，同时改变其定子电压和频率，基于这种原理构成的变频器即变压变频（variable voltage variable frequency，VVVF）调速控制，这也是通用变频器的基本原理。

根据 V 和 f 的不同比例关系，将有不同的变频调速方式。保持 U/f_1= 常数的比例控制方式适用于调速范围不太大或转矩随转速下降而减小的负载，例如，风机、水泵等；保持 T 为常数的恒磁通控制方式适用于调速范围较大的恒转矩性质的负载，例如，升降机械、搅拌机、传送带等；保持 P 为常数的恒功率控制方式适用于负载随转速的增高而变轻的负载，例如，主轴传动、卷绕机等。

2. 变频器的分类

（1）根据变流环节分类

① 交－直－交变频器。交－直－交变频器是间接式变频器，即先把恒压恒频的交流电整流成直流电，再把直流电逆变成电压和频率均可调的三相交流电（图 2－42）。由于把直流电逆变成交流电的环节比较容易控制，所以该方法在频率的调节范围和改善变频后电动机的特性方面都具有明显的优势。大多数变频器都属于交－直－交型。

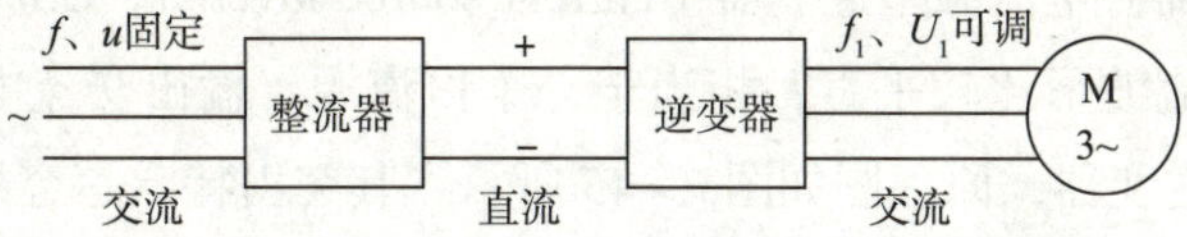

图 2－42　通用变频器原理示意图

② 交－交变频器。交－交变频器是直接式变频器，把恒压恒频的交流电直接变换成电压和频率均可调的交流电，如图 2－43 所示。相比交－直－交变频器其少了变换成直流的中间环节，但实际上控制要更加复杂，所用电力电子器件也更多。通常由三相反并联晶闸管可逆桥式变流器组成。它具有过载能量强、效率高、输出波形好等优点；但同时存在着输出频率低（最高频率小于电网频率的 1/2）、使用功率器件多、功率因数低等缺点。该类变频器只在低转速、大容量的系统，如轧钢机、水泥回转窑等场合使用。

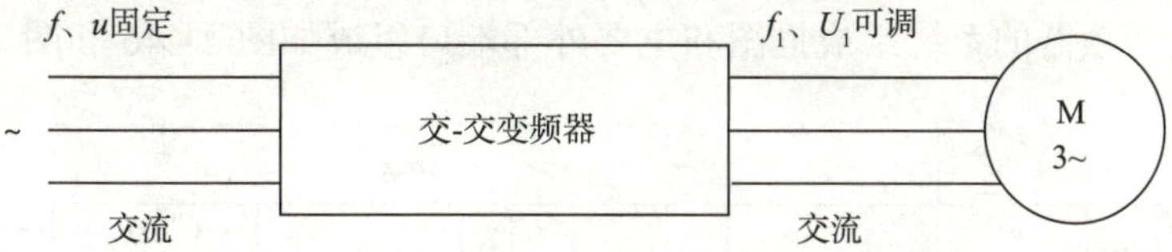

（a）交－交变频器原理示意图

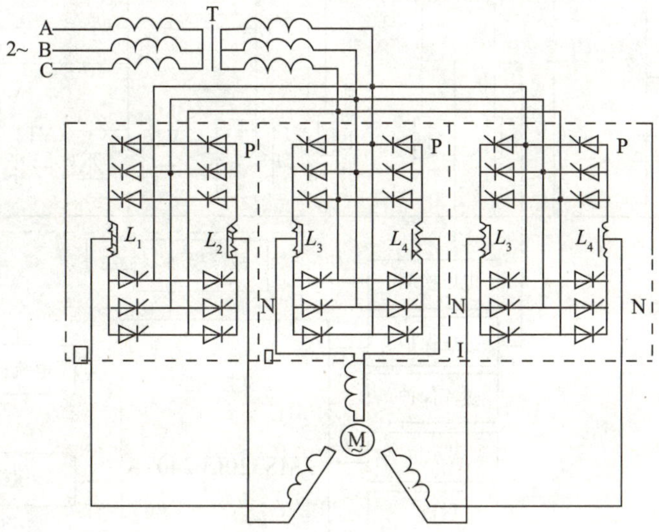

（b）交－交变频器主电路

图 2－43　交－交变频器

（2）根据直流电路的滤波方式分类

① 电压型变频器。电压源型逆变器（voltage source inverter，VSI），直流环节采用大电容滤波，因而直流电压波形比较平直，在理想情况下是一个内阻为零的恒压源，输出交流电压是矩形波或阶梯波，有时简称电压型逆变器，原理图如图 2-44 所示。对负载电动机来说，变频器是一个交流电源，在不超过容量的情况下，可以驱动多台电动机并联运行。

② 电流型变频器。电流源型逆变器（current source inverter，CSI），直流环节采用大电感滤波，直流电流波形比较平直，相当于一个恒流源，输出交流电流是矩形波或阶梯波，或简称电流型逆变器，原理图如图 2-45 所示。其突出特点是容易实现回馈制动，调速系统动态响应快。适用于频繁急加减速的大容量电动机的传动系统。

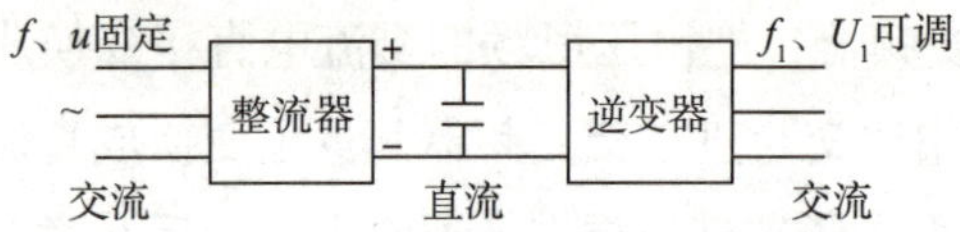

图 2-44　电压型变频器原理示意图

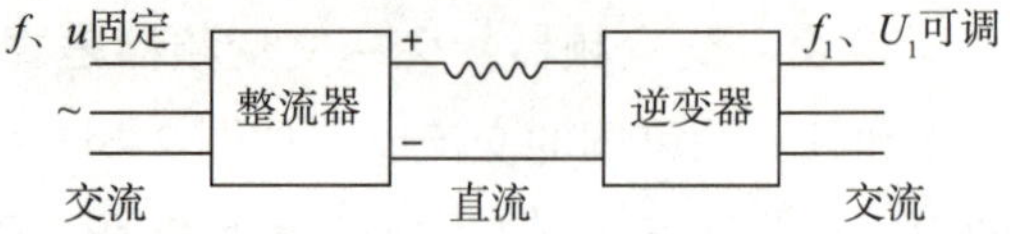

图 2-45　电流型变频器原理示意图

3. 通用变频器的组成

通用变频器大多是交－直－交电压型变频器，一般由主电路、控制电路和保护电路等部分组成。变频器的系统组成框图和主要外部端口组成如图 2-46 和图 2-47 所示。

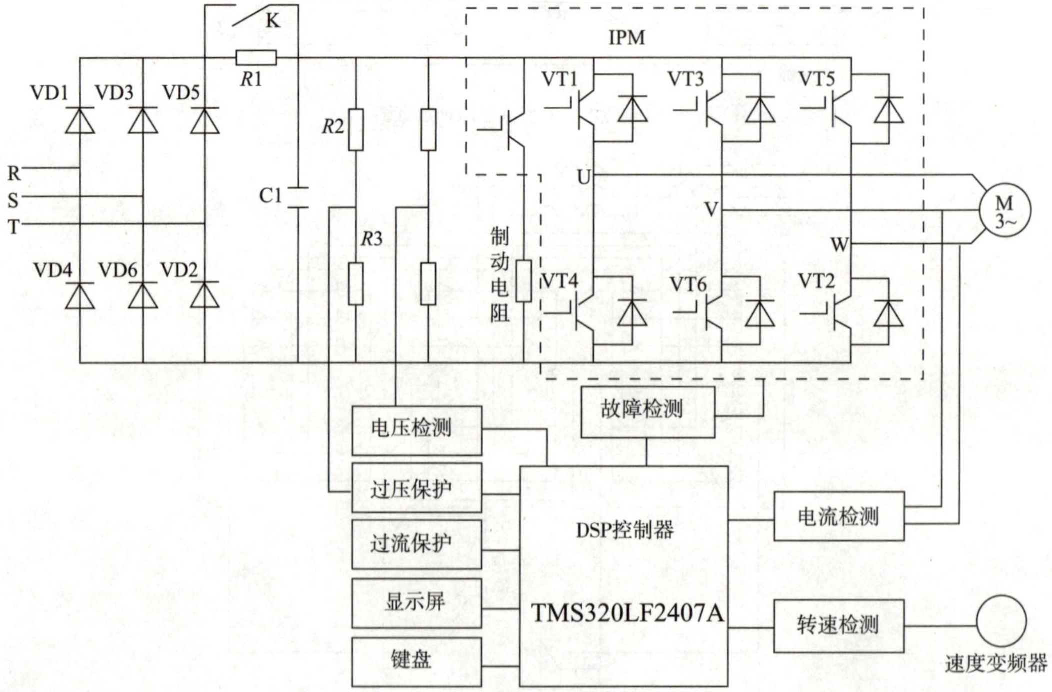

图 2-46　变频器的系统组成框图

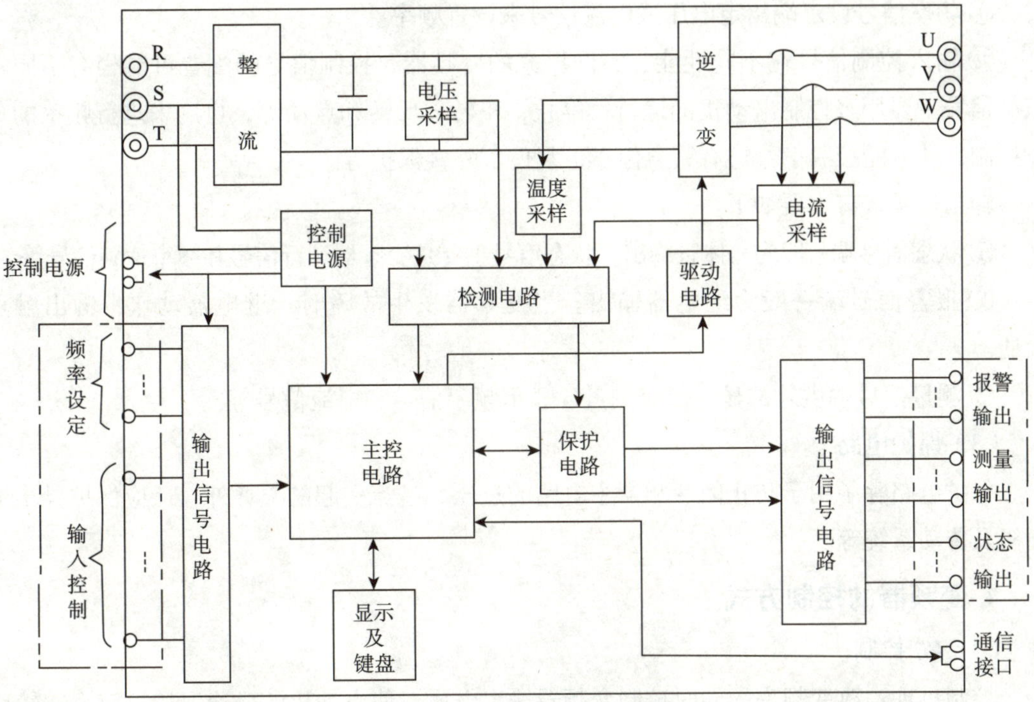

图 2-47　变频器的主要外部端口

（1）主电路

主电路用来完成电能的转换（整流和逆变），如图 2-46 所示电路中最上部流过大电流的部分，它进行电力变换，为电动机提供调频调压电源。主电路由三部分组成：将交流工频电源变换为直流电的“变流器部分”，吸收在变流器部分和逆变器部分产生的电压脉冲的“平滑回路部分”和将直流电重新变换为交流电的“逆变器部分”。

主电路的外部接口分别是连接外部电源的标准电源输入端（可以是三相或单相），以及为电动机提供变频变压电源的输出端（三相）。中间直流引出端子，用于连接制动单元和制动电阻。

（2）控制电路

控制电路是指用以实现信息的采集、变换、传送和提供控制信号的电路。其核心是由一个高性能的主控制器组成的主控电路，它通过接口电路接收检测电路和外部接口电路传送来的各种检测信号和参数设定值，根据其内部事先编制的程序进行相应的判断和计算，为变频器其他部分提供各种控制信息和显示信号。采样检测电路完成变频器在运行过程中的各部分的电压、电流、温度等参数的采集任务。键盘及显示部分是变频器自带的人机界面，完成参数设置、命令信号的发出以及显示各种信息和数据。控制电源为控制电路提供稳定的高可靠性的直流电源。

输入 / 输出接口部分也属于控制电路部分，是变频器的主要外部联系通道。输入信号接口主要如下。

① 频率信号设定端给定电压或电流信号来设置频率。

② 输入控制信号端不同性能、不同厂家的变频器，控制信号的配置可能稍有不同。该类信号主要用来控制电动机的运行、停止、正转、反转和点动等，也用来进行频率的分段控制。其他的控制信号还有紧急停车、复位、外接保护等。

输出信号接口主要如下。

① 状态信号端一般为晶体管输出。状态信号主要是变频器运行信号和频率达到信号等。

② 报警信号端一般为继电器输出。当变频器发生故障时，继电器动作，输出触点接通。

③ 测量信号端供外部显示仪表测量、显示频率信号和电流信号等。

（3）保护电路

保护电路除了用于防止因变频器主电路的过压、过流引起的损坏外，还应保护异步电动机及传动系统等。

4. 变频器的控制方式

（1）*V*/*f* 控制

控制机理：改变频率的同时控制变频器输出电压，使电动机的磁通保持一定，在较广范围内调速运转时，电动机的功率因数和效率不下降。这就是控制电压 V 与频率 f 之比，所以称为 *V*/*f* 控制。其特点如下。

① 开环控制。

② 调速范围窄，通常在 1∶10 左右的调速范围内使用。

③ 急加速、减速或负载过大时，抑制过电流能力有限。

④ 不能精密控制电动机实际速度，不适合用于同步运转场合。

（2）矢量控制

矢量控制（vector control，VC），通过坐标变换（三相—两相变换和同步旋转变换），按转子磁链定向法将交流异步电动机等效为直流电机，将电机定子电流分解为相互解耦的励磁分量和转矩分量，利用直流电机的双闭环控制思想进行调速。实质是对电机系统的解耦控制，即将供给异步电动机的定子电流在理论上分成两部分：产生磁场的电流分量（磁场电流）和与磁场相垂直产生转矩的电流分量（转矩电流）。该磁场电流、转矩电流与直流电动机的磁场电流、电枢电流相当。其特点如下。

① 需要使用电动机参数，一般用作专用变频器。

② 调速范围在 1∶100 以上。

③ 速度响应性极高，适合于急加速、减速运转和连续四象限运转，适用于任何场合。

（3）直接转矩控制

直接转矩控制技术（direct torque control，DTC）是继矢量控制技术之后发展起来的又一高性能的新型交流变频调速技术，1985 年由德国鲁尔大学的 Depenbrock 教授提出，它避开了矢量控制中的两次坐标变换，直接在定子坐标系上计算电机转矩与定子磁链，通过转矩的砰砰控制，使转矩得到迅速的控制。

机理：直接转矩控制方法的基本思路是把电机与逆变器看作一个整体，采用空间电压矢量分析方法在定子坐标系上进行磁链、转矩计算，通过选择逆变器不同的开关状态直接对转矩进行控制。其特点如下。

① 转矩和磁链的控制采用双位式砰 - 砰控制器，省去了旋转变换和电流控制，简化了控制器的结构。

② 选择定子磁链作为被控量，提高了控制系统的鲁棒性。

③ 可以获得快速的转矩响应。

④ 定子坐标系下分析电机的数学模型，直接控制磁链和转矩。

5. 变频器的主要技术参数

输入侧主要额定数据如下。

（1）额定电压：国内中小容量变频器为三相 380 V，单相 220 V。

（2）额定频率：国内为 50 Hz。

输出侧主要额定数据如下。

（1）额定电压：额定输出规定为输出电压中的最大值。

（2）额定电流：允许长时间通过的最大电流。

（3）额定容量：额定输出电压 × 额定输出电流。

（4）配用电机容量：带动连续不变负载时能配用的最大电机容量。

（5）输出频率范围：通常以最大输出频率和最小输出频率表示。

对变频器设置和调试时的主要参数有控制方式、频率给定方式、加减速方式、频率上下限。

6. 变频器的选择

（1）种类选择

目前市场上的变频器，大致可分为三类，用户应根据生产机械的具体情况进行选择。

① *V*/*f* 控制方式的变频器，也称简易变频器。该类变频器成本较低，使用较为广泛。

② 自适应功能更加完善的高性能变频器，用于对调速性能较高的场合。

③ 专门针对某种类型的机械而设计的专用变频器，如泵、风机用变频器，电梯专用变频器，起重机械专用变频器，张力控制专用变频器等。

（2）容量选择

变频器容量的选择实质是选择其额定电流，总的原则是变频器的额定电流大于或等于拖动电机的额定电流。在选择变频器容量时，有以下情况需要考虑。

① 变频器驱动的是单一电动机，还是驱动多个电动机。

② 驱动多个电动机时，是同时启动，还是分别启动。

③ 变频器驱动单一的电动机并且是软启动时，变频器额定电流选择为电动机的额定电流的 1.05 ~ 1.1 倍。

④ 变频器驱动多台电动机时，多数情况下也是分别单独进行软启动。这时候变频器额定电流的选择为多个电动机中最大电动机额定电流的 1.05 ~ 1.1 倍即可。

7. 变频器的主要功能

（1）频率给定功能

变频器的频率设定有三种方式可以完成。

① 面板设定方式：通过面板上的按键完成频率给定。

② 端子给定方式：通过控制外部的模拟量或数字量端口，将外部的频率设定信号送给变频器。数字量信号接口通过开关量方式的多段速给定控制。模拟量信号接口给定频率时，一般有 0 ~ 5 V、0 ~ 10 V 等电压信号和 0 ~ 20 mA 或 4 ~ 20 mA 的电流信号给定。

③ 通信接口方式：可以通过通信接口，如 RS-485、PROFIBUS 等进行远程的频率给定。

（2）升速、降速和制动控制

可以通过预置升 / 降速时间和升 / 降速方式等参数来控制电动机的升 / 降速，利用变频器的升速控制可以很好地实现电动机的软启动。升 / 降速通常有线性方式、S 形方式和半 S 形方式。

制动控制方式通常有两种：一是斜坡制动，按照用户设定的下降曲线停车；二是能耗制动，在变频器中使用直流制动，要进行制动电压、制动时间和制动起始频率的设定。适用于惯性较大的负载。

（3）控制功能

变频器可以由外部的控制信号或可编程控制器等控制，也可以按预先设置好的程序完成控制。大部分场合变频器需要和可编程控制器一起组成控制系统，只有在比较简单的调速控制场合才单独使用。

（4）保护功能

变频器实现的保护功能主要有过电流保护、过电压保护、欠电压保护、变频器过载保护、防止失速保护、主器件自保护和外部报警输入保护等。

8. 变频器的操作方式

（1）面板操作

变频器几乎均自带数字操作器面板，可以对变频器进行设定操作，如设定电动机的运行频率、运转方式、*V*/*f* 类型、加减速时间等。数字面板有若干个操作键，如运行键、停止键、上升键和下降键。面板按键可以操作启动、停止电动机，还可以设定参数。数字操作器面板通常配有 6 位或 4 位数字显示器，它可以显示变频器的运行状态，如电流、频率、转速等，还可以显示功能代码及各功能代码的设定值。

（2）远程操作

远程操作是一个独立的操作单元，它利用计算机的串行通信功能，不仅可以完成数字操作器所具有的功能，而且可以实现数字操作器不能实现的一些功能。特别是在系统调试时，利用远程操作器可以对各种参数进行监视和调整，比数字操作器功能强，而且更方便。

（3）端子操作

控制端子包括频率指令模拟设定端子、运行控制操作输入端子、报警端子和监视端子等。

9. 变频器的使用与变频调速控制线路

下面以三菱变频器 FR－F540 为例说明变频器的使用以及基于 FR－F540 的变频调速控制线路。关于 FR－F540 详细说明请参阅《三菱变频调速器 FR－F500 使用手册》，下面仅简要介绍示例线路中用到的部分功能。FR－F540 变频器各部分及外形如图 2－48 所示，主回路端子和部分控制端子如表 2－1 和表 2－2 所示。

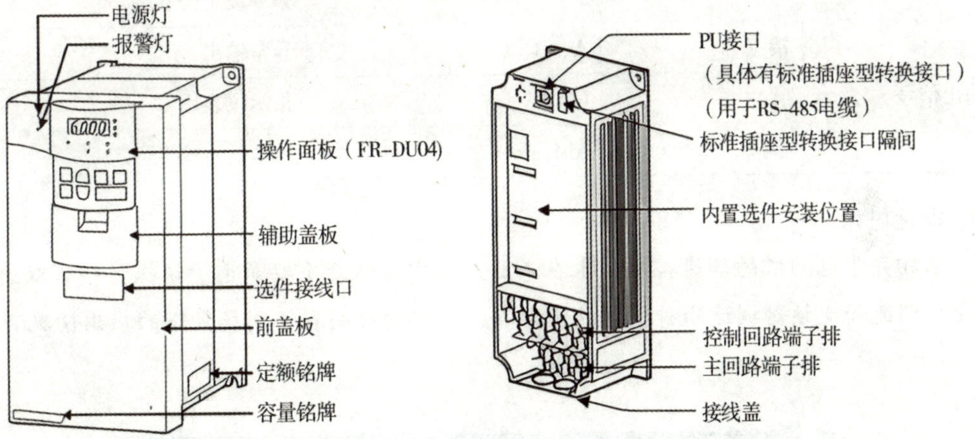

图 2－48　FR－F540 外形及各部分

表 2－1　FR－F540 主回路端子

<table>
<tr><th>端子记号</th><th>端子名称</th></tr>
<tr><td>R</td><td rowspan="3">交流电源输入</td></tr>
<tr><td>S</td></tr>
<tr><td>T</td></tr>
<tr><td>U</td><td rowspan="3">变频器输出（接三相交流电机）</td></tr>
<tr><td>V</td></tr>
<tr><td>W</td></tr>
</table>

续表

端子记号	端子名称
R1，S1	控制回路电源
P，N	连接制动单元
P，P1	连接改善功率因数 DC 电抗器

表 2-2　控制端子（部分）

类型		端子记号	端子名称
输入信号	启动接点	STF	正转启动
		STR	反转启动
		SD	公共输入端子（漏型）
模拟	频率给定	10	频率设定用电源
		2	频率设定（电压）
		4	频率设定（电流）
		5	频率设定公共端
输出信号	接点	A、B、C	异常输出
	脉冲	FM	指示仪表用
	模拟	AM	模拟信号输出

课堂讨论

三相异步电动机的调速控制技术在工业应用中扮演着重要角色。请探讨一下双速电机的变极调速和变频器调速两种技术的优缺点，并举例说明在不同场景下的应用情况。

2.6　电气控制系统常用保护措施

为保证电气控制系统安全可靠运行，保护环节是不可缺少的组成部分。常用的保护环节如下。

1. 短路保护

电器或线路绝缘损坏、负载短路、接线错误等都会发生短路现象，使瞬时电流可达额定电流的十几倍到几十倍，损坏电气设备或配电线路，或发生火灾。短路保护要具有瞬动特性，要求在很短时间内切断电源。为保护电气设备或配电设施，用熔断器、低压断路器作短路保护器。

2. 过电流保护

区别于短路保护的另一种电流型保护，叫过电流保护。电路中产生过电流是指工作电流超过额定电流，比短路电流小，不超过 6 倍额定电流。过电流的危害是，电气元件不会马上损坏，在达到最大允许温升前可恢复，但过大冲击负载易损坏电动机，过大电动机电磁转矩损坏机械传动部件。因此出现过电流时，要瞬时切断电源。

过电流的保护措施：采用过电流继电器，与接触器配合使用，常用于直流电动机、绕线转子异步电动机。

3. 过载保护

过载保护是过电流保护的一种。负载过大，使运行电流大于额定电流，但在 1.5 倍额定电流以内。过载的原因是负载突然增大、缺相运行或电源电压降低等，若长期过载运行会造成绕组温升超过允许值，使绝缘老化或损坏。热继电器用于过负载保护，它具有反时限特性，不因短时过载冲击电流或短路电流影响而瞬时动作。

4. 失电压保护

失电压保护是防止电压恢复时电动机自行起动或电气元件自行投入工作而设置的保护。例如，接触器、按钮控制的电动机起保停电路具有失电压保护功能。

对不能自动复位的手动开关控制电路，有专门的零电压继电器。

5. 欠电压保护

当电源电压下降到 60% ~ 80% 额定电压时，要切除电动机电源，否则会因电压太低使电动机电流增大，转速下降，而且电压下降会使控制电器释放，电路工作不正常。常用保护元件是欠电压继电器。

6. 过电压保护

对电磁铁、电磁吸盘等大电感负载及直流电磁机构、直流继电器等，通断瞬间会产生较高感应电动势，击穿绝缘，甚至损坏其他元件，为此常在线圈两端并联电阻、电阻串电容、电阻串二极管形成放电回路，从而起到保护作用。

7. 弱磁保护

弱磁保护一般用于直流电动机，防止励磁减少或消失时飞车，所用的保护器件是欠电流继电器。

8. 其他保护

除了上述保护环节外，电气控制系统中还有行程保护、超速保护、油压（水压）保护、油温保护及互锁等，这些保护环节是在控制电路中串接一个受这些参量控制的常开触点或常闭触点来实现对控制电路的电源控制。这些装置有离心开关、测速发电机、行程开关、压力继电器等。

本章小结

本章主要围绕电气控制线路基础展开，首先介绍了电气图纸及其绘制原则，包括相关国标、电气原理图、电器布置图以及电气接线图的绘制原则；其次介绍了三相异步电动机的基本控制环节，涵盖了点动控制、双向控制、顺序工作的联锁控制、多地点控制以及自动循环控制等方面的内容；再次介绍了三相异步电动机的正反转控制和调速控制，其中包括双速电机的变极调速以及变频器与变频调速技术；最后介绍了对电气控制系统常用的保护措施进行了总结，包括短路、过电流、过载、失电压、欠电压、过电压、弱磁等各种保护方法。通过本章的学习，帮助读者获得扎实的电气工程基础，为未来的工作提供指导。

思考练习

一、填空题

1. 电气原理图一般由______和______两部分组成。
2. 三相异步电动机一般有______和______两种方法。
3. 有三种方式可以完成变频器的频率设定包括：______、______、______。
4. 控制端子包括______、______、______和______等。

二、名词解释

1. 电气原理图。
2. 电器布置图。
3. 失电压保护。
4. 弱磁保护。

第3章 可编程控制器基础

本章导读

随着信息技术的飞速发展与工业4.0时代的到来，自动化与智能化已成为现代工业生产与控制领域的关键词。在这股浪潮中，可编程逻辑控制器（PLC）作为自动化控制领域的核心组件，扮演着无可替代的角色。本章内容旨在为读者铺开一幅PLC的全景图，从理论基础到实践应用，引领读者步入智能控制的广阔天地，掌握开启未来工业自动化的钥匙。

学习目标

◎知识目标

1. 了解可编程控制器的产生和定义，包括其历史渊源和基本概念。
2. 掌握可编程控制器的特点，包括其在工业自动化中的优势和应用场景。
3. 理解可编程控制器的组成和工作原理，包括硬件和软件层面的结构和功能。
4. 熟悉可编程控制器的硬件基础，包括I/O单元和配置方式。
5. 理解可编程控制器的软件基础，包括系统监控程序和用户应用程序的功能和作用。
6. 了解可编程控制器的性能指标，包括响应速度、可靠性等方面的评估标准。
7. 掌握可编程控制器的分类，包括按功能、结构等方面的不同分类方式。

◎能力目标

1. 能够根据实际需求，对可编程控制器系统进行故障诊断和维护。
2. 能够分析和解释可编程控制器的工作原理，包括其在自动化系统中的作用。

3. 能够设计并配置可编程控制器系统，满足特定的自动化控制需求。

4. 具备使用可编程控制器软件进行程序开发和调试的能力，实现自动化控制逻辑。

5. 能够评估和比较不同类型可编程控制器的性能特点，选择适合特定应用场景的控制器。

◎素质目标

1. 培养学生具备良好的学习能力和自主学习能力，能够持续跟进和学习新技术、新理论。

2. 培养学生具备团队合作精神，在工程项目中能够与其他成员协作，共同完成任务。

3. 培养学生具备问题分析和解决问题的能力，能够在实际工作中应对各种挑战和困难。

4. 培养学生具备沟通能力，能够清晰地表达自己的想法和观点，并能有效地与他人交流合作。

5. 培养学生具备责任心和执行力，能够按时按质完成工作任务，保障工程项目的顺利进行。

◎思政目标

1. 培养学生成勤于动手实践的习惯，通过 PLC 项目设计与实施，锻炼解决实际问题的能力，培养创新思维与工匠精神。

2. 强化学生安全意识，学习 PLC 系统设计与操作时，严格遵守电气安全规范，确保生产安全与人身安全。

3. 锻炼学生自我学习能力，面对 PLC 技术的快速发展，持续追踪新知识、新技能，适应行业变化，树立终身学习的观念。

3.1 可编程控制器概述

可编程控制器（programmable controller，PC），后来为了与个人计算机（personal computer，PC）相区分，在行业中多称为 programmable logic controller，即可编程逻辑控制器，简称 PLC，而这种称呼又与可编程控制器的起源及其特点有关。

可编程控制器

可编程控制器经历了可编程序矩阵控制器（PMC）、可编程序顺序控制器（PSC）、可编程序逻辑控制器等几个不同时期，在早期，主要用于替代继电器－接触器的逻辑、顺序控制。随着技术的发展，这种装置的功能已经大大超过了逻辑控制的范围。目前，PLC 已被广泛应用于各种生产机械和生产过程的自动控制中，如电厂自动控制、化工厂自动控制等，成为最重要、最普及、应用场合最多的工业控制装置之一，被公认为现代工业自动化的三大支柱（PLC、机器人、CAD/CAM）之一。

3.1.1　可编程控制器的组成

1. 中央处理单元 (CPU)

中央处理单元（central processing unit，CPU）是 PLC 的控制中枢，是 PLC 的核心起神经中枢的作用，每套 PLC 至少有一个 CPU。它按照 PLC 系统程序赋予的功能接收并存储从编程器键入的用户程序和数据，检查电源、存储器、I/O 以及警戒定时器的状态，并能诊断用户程序中的语法错误。当 PLC 投入运行时，首先它以扫描的方式接收现场各输入装置的状态和数据，并分别存入 I/O 映象区，然后从用户程序存储器中逐条读取用户程序，经过命令解释后按指令的规定执行逻辑或算数运算的结果送入 I/O 映象区或数据寄存器内。等所有的用户程序执行完毕之后，最后将 I/O 映象区的各输出状态或输出寄存器内的数据传送到相应的输出装置，如此循环运行，直到停止运行。

为了进一步提高 PLC 的可靠性，对大型 PLC 还采用双 CPU 构成冗余系统，或采用三 CPU 的表决式系统。这样，即使某个 CPU 出现故障，整个系统仍能正常运行。

CPU 速度和内存容量是 PLC 的重要参数，它们决定着 PLC 的工作速度，I/O 数量及软件容量等，因此限制着控制规模。

2. 存储器

系统程序存储器是存放系统软件的存储器；用户程序存储器存放 PLC 用户程序应用；数据存储器用来存储 PLC 程序执行时的中间状态与信息，它相当于 PC 的内存。

3. 输入输出接口（I/O 模块）

PLC 与电气回路的接口，是通过输入输出部分（I/O）完成的。I/O 模块集成了 PLC 的 I/O 电路，其输入暂存器反映输入信号状态，输出点反映输出锁存器状态。输入模块将电信号变换成数字信号进入 PLC 系统，输出模块相反。I/O 分为开关量输入（DI），开关量输出（DO），模拟量输入（AI），模拟量输出（AO）等模块。

4. 通信接口

通信接口的主要作用是实现 PLC 与外部设备之间的数据交换（通信）。通信接口的形式多样，最基本的有 USB，RS-232，RS-422/RS-485 等的标准串行接口。可以通过多芯电缆，双绞线，同轴电缆，光缆等进行连接。

5. 电源

PLC 的电源为 PLC 电路提供工作电源，在整个系统中起着十分重要的作用。一个良好的、可靠的电源系统是 PLC 的最基本保障。一般交流电压波动在 +10%（+15%）范围内，可以不采取其它措施而将 PLC 直接连接到交流电网上去。电源输入类型有：交流电源（220 V AC 或 110 V AC），直流电源（常用的为 24 V DC）。

3.1.2 可编程控制器的特点

可编程控制器是基于工业控制需要而产生的，是面向工业控制领域的专用设备。它具有以下几个特点。

1. 可靠性高，抗干扰能力强

用程序来实现的逻辑顺序和时序，最大限度地取代传统继电器－接触器控制系统中的硬件线路，大量减少机械触点和连线的数量。单从这一角度而言，PLC 在可靠性上优于继电器－接触器控制系统是明显的。

在抗干扰性能方面，PLC 在结构设计、内部电路设计、系统程序执行等方面都给予了充分的考虑。例如，对主要器件和部件用导磁良好的材料进行屏蔽，对供电系统和输入电路采用多种形式的滤波，I/O 回路与微处理器电路之间用光电耦合器隔离，系统软件具有故障检测、信息保护和恢复、循环扫描时间的超时警戒等功能。

2. 灵活性强，控制系统具有良好的柔性

当生产工艺和流程进行局部的调整及改动时，通常只需要对 PLC 的程序进行改动，或者配合对外围电路的局部调整即可实现对控制系统的改造。

3. 编程简单，使用方便

梯形图语言是 PLC 最重要也是最普及的一种编程语言，其电路符号和表达方式与继电器－接触器电路原理图相似，电气技术人员和技术工人可以很快掌握梯形图语言，并用来编制用户程序。

4. 控制系统易于实现，开发工作量少，周期短

由于 PLC 的系列化、模块化、标准化，以及良好的扩展性和联网性能，因此在大多数情况下，PLC 控制系统都是一个较好的选择。它不仅能够完成多数情况下的控制要求，还能够大量节省系统设计、安装、调试的时间和工作量。

5. 维修方便

PLC 有完善的故障诊断功能，可以根据装置上的发光二极管和软件提供的故障信息，方便地查明故障源。而且由于 PLC 体积小，并且采用模块化结构，因而可以通过更换整机或模块迅速排除故障。

6. 体积小，能耗低

由软件实现的逻辑控制，大量节省了继电器、定时器等。一台小型的 PLC 只相当于几个继电器的体积，控制系统所消耗的能量大大降低。

7. 功能强，性价比高

用户程序实现的逻辑控制，所需要的继电器、定时器、计数器等都由存储单元来替代，因而数量非常大。一台小型的 PLC 所具备的元件（软元件）数量就可达成百上千个，相当于一个大规模甚至超大规模的继电器 – 接触器控制系统。另外，PLC 所提供的软元件的触点（如软继电器）可以无限次使用，方便实现复杂的控制功能。同时，PLC 的联网通信功能有利于实现分散控制、远程控制、集中管理等功能，与同等规模或成本的继电器 – 接触器控制系统相比，无论其功能和性能，都具有无可比拟的优势。

3.2　可编程控制器的组成与工作原理

3.2.1　可编程控制器的组成

PLC 作为一种工业控制用的计算机，被用来代替继电器 – 接触器电路，主要用于工业控制，所以其基本组成结构与计算机非常相似。如图 3–1 所示，PLC 的核心是中央处理单元，即 CPU；存储器用来存放系统程序和用户程序；PLC 的 CPU 通过各种接口完成与各种输入 / 输出设备、扩展单元、外部设备的连接与通信；在系统程序的支持下，CPU 解释并执行用户程序，实现设定的控制功能。

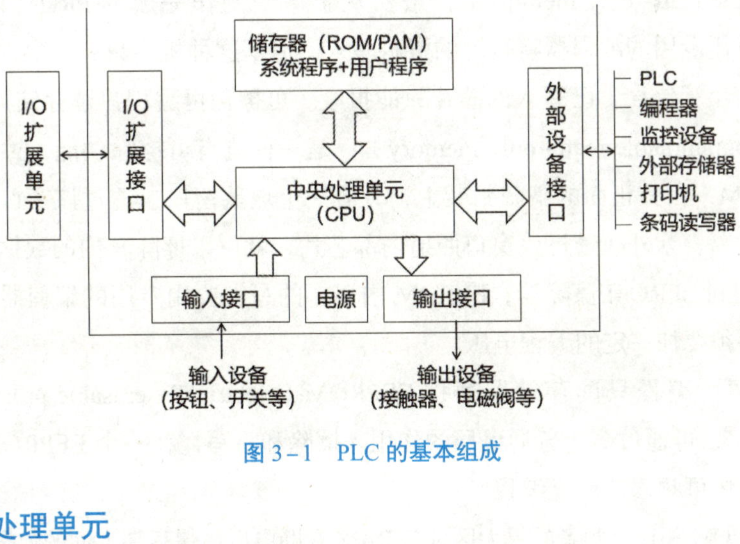

图 3–1　PLC 的基本组成

1. 中央处理单元

中央处理单元（CPU）是 PLC 的控制核心，负责完成逻辑运算、数字运算及协调系统内各部分的工作。其主要功能有以下几方面。

（1）接收并存储用户程序和数据。

（2）诊断电源故障、硬件故障及用户程序的语法错误。

（3）循环地通过输入接口读取输入设备的状态和数据，并存储到相应的存储区。

（4）循环地逐条读取用户程序指令，解释、执行用户程序，完成逻辑运算、数字运算、数据传递、存储等任务。

（5）循环地刷新输出映像，将输出映像内容送至输出单元。

PLC 可以有多个 CPU 并行工作，当主 CPU 正常工作时，其他 CPU 处于热备用状态，随时可接替发生故障的主 CPU 的工作，大大提高了系统的可靠性。

2. 存储器单元

PLC 的存储器单元与计算机的存储器很相似，可以按照不同的分类方式进行分类。

（1）按性质不同划分

与计算机的存储器相似，按照存储器的性质不同，存储器单元可分为随机存取存储器（random access memory，RAM）和只读存储器（read only memory，ROM）两种。

RAM 又称内存，它的显著特点是掉电失忆，可以随时读写，而且速度很快，通常作为操作系统或其他正在运行中的程序的临时数据存储介质。所谓“随机存取”，是指当存储器中的数据被读取或写入时，所需要的时间与这段信息所在的位置或所写入的位置无关。RAM 主要用来存放操作系统、各种应用程序、数据等。

ROM 通常指固化存储器（一次写入，反复读取），其特点与 RAM 相反。ROM 又分为一次性固化、光擦除和电擦除重写三种类型。其中，可编程只读存储器简称 PROM（programmable read-only memory），最初从工厂中制作完成的 PROM 内部并没有资料，用户可以用专用的编程器将自己的资料写入，但是这种机会只有一次，一旦写入后就无法修改，若出了错误，已写入的芯片只能报废。可擦除可编程只读存储器简称 EPROM（erasable programmable read-only memory），是一种具有可擦除功能，擦除后即可进行再编程的 ROM，在其正面的陶瓷封装上，开有一个玻璃窗口，透过该窗口，可以看到其内部的集成电路，紫外线透过该窗口照射内部芯片，就可以擦除其内的数据，完成芯片擦除的操作要用到 EPROM 擦除器；EPROM 内资料的写入要用专用的编程器，并且往芯片中写内容时必须要加一定的编程电压。

带电可擦可编程只读存储器简称 EEPROM（electrically erasable programmable read only memory），可通过高于普通电压的作用来擦除和重写，在一个 EEPROM 中，当计算机在使用的时候可频繁地反复编程。

RAM 和 ROM 相比，两者的最大区别是 RAM 在断电以后保存在上面的数据会自动消失，而 ROM 不会自动消失，可以长时间断电保存。举例来说，如果突然停电或者没有保存就关闭了文件，那么 ROM 可以随机保存之前没有存储的文件，而会使之前没有保存的文件消失。

在 PLC 中，ROM 区用来存放 PLC 生产厂家编写的操作系统（系统程序），包括监控程序、功能子程序、管理程序和系统诊断程序等。RAM 区主要包括 I/O 映像区、计数器、定时器和数据存储器等，用于存储输入 / 输出状态、逻辑运算结果和数据处理结果等。

（2）按内容不同划分

按照存储内容的不同，PLC 的存储器单元分成两部分：系统程序存储器和用户程序存储器。

系统程序存储器用于存放 PLC 生产厂家编写的系统程序，系统程序在出厂时已经被固化在 PROM 或 EPROM 中。这部分存储区不对用户开放，用户程序不能访问和修改。PLC 的所有功能都是在系统程序的管理下实现的。

用户程序存储器可分为程序存储区和数据存储区。程序存储区用于存放用户编写的控制程序，数据存储区存放的是程序执行过程中所需要的或者所产生的中间数据，包括输入 / 输出过程映像、定时器、计数器的预置值和当前值等。用户程序存储器容量的大小，是用户在选用 PLC 时重要的参考参数。通常情况下，厂家向用户提供的 PLC 存储器容量，若无特别说明，均指用户程序存储器容量。

系统 RAM 存储区和程序存储区容量的大小，关系到 PLC 内部可使用的存储资源的多少和用户程序容量的大小，是选用 PLC 时参考的重要性能指标。

此外，从安装形式来分，存储器有直接插入的集成块、存储器板、IC 卡等。

值得一提的是，RAM 可进行数据和程序的读出 / 写入。一旦掉电，在 RAM 中所保存的内容就会丢失。为了保存其内容，PLC 采用锂电池或电容来进行保护。在环境温度为 25 ℃时，装上新电池存储的内容可保存 5 年之久。若用电容保护，PLC 主机关断后，存储的内容可保持 20 天。

3. 电源单元

电源单元负责给 PLC 提供其工作所需的 5 V DC 和 24 V DC 电源。将外界提供的电源转换成 PLC 的工作电源，即 5 V DC 和 24 V DC 后，提供给 PLC。

除给自身供电外，有些电源单元也可以作为负载电源，通过 PLC 的 I/O 接口向负载提供 24 V DC。PLC 的电源一般采用开关电源，输入电压范围宽，抗干扰能力强。电源单元的输入与输出之间有可靠的隔离措施，以确保外界的扰动不会影响到 PLC 的正常工作。

电源单元还提供掉电保护电路和后备电池电源，以维持部分 RAM 的内容在外界电源断电后不会丢失。在 PLC 面板上通常有发光二极管（light-emitting diode，LED）作为电源的状态指示灯，便于判断电源工作是否正常。

4. 接口单元

接口单元包括输入 / 输出接口、扩展接口、通信接口、编程器接口和存储器接口等。

（1）输入 / 输出接口：简称 I/O（Input/Output）接口，也可称为 I/O 单元、I/O 模块。对于模块式的 PLC 来说，I/O 接口以模块形式出现，所以又称为 I/O 模块。I/O 接口是 PLC 与工业现场的接口，负责现场信号与 PLC 之间的联系。输入接口将来自现场的电信号转换为 CPU 能够接收的电平信号，如果是模拟信号，就需要进行 A/D 转换，将模拟量转变成数字量，最后送给 CPU 进行处理；输出接口则将用户程序的执行结果转换为现场控制电平，或者模拟量，输出至被控对象，如电磁阀、接触器、执行机构等。作为抗干扰单元，输入、输出接口都带有光电耦合电路，将 PLC 与外部电路隔离。此外，输入接口带有滤波电路和显示，输出接口带有输出锁存器、显示、功率放大等部分。

（2）I/O 扩展接口：用于扩展 I/O 点数，当主机的 I/O 点数不能满足系统要求时，需要增加扩展单元，这时需要用 I/O 扩展接口将扩展单元与主机连接起来。西门子公司 S7-300/400 中的接口模块（如 IM365、IM360/361 等）就是专用于连接中央机架和扩展机架的扩展接口。

（3）通信接口：在 PLC 的 CPU 或者专用的通信模块上，集成有 RS-232C 或 RS-422 通信接口，可与 PLC、上位机、远程 I/O 设备、监视器、编程器等外部设备相连，实现 PLC 与上述设备之间的数据及信息的交换，组成局域网络或“集中管理、分散控制”的多级分布式控制系统。

（4）编程器接口：编程器接口用于连接编程器，PLC 本体通常是不带编程器的。为了能对 PLC 编程和监控，PLC 上专门设置有编程器接口。通过这个接口，可以接各种形式的编程装置，还可以利用此接口做通信、监控工作。

（5）存储器接口：存储器接口是为了扩展存储器而设置的。用于扩展用户程序存储器和数据存储器，可以根据使用的需要扩展存储器。

其他外部设备接口：包括条码读写器的接口、打印机接口等。

5. 外部设备

PLC 的外部设备种类很多，总体来说，可以概括为四大类：编程设备、监控设备、存储设备、输入 / 输出设备。

（1）编程设备。简易的编程器体积很小，也叫手持式编程器，用通信电缆与 CPU 的编程接口相连，可对 PLC 在线编程和修改程序，通常只接收语句表形式的编程语言。另有一些编程器可使用梯形图语言，并能脱机编程，待将程序编好后再联机下载给 PLC，这种编程器称为智能型编程器。编程器除了用于编程，还可对系统做一些设定，以确定 PLC 的工作方式。编程器还可监控 PLC 及 PLC 所控制系统的工作状况，以进行 PLC 用户程序的调试。目前，采用个人计算机作为 PLC 控制系统的开发工具是常用的方式，各厂家均提供可安装在个人计算机上的专用编程软件，用户可直接在个人计算机上以联机或脱机的方式编写程序，可使用多种编程语言，开发功能非常强大，具备监控能力和通信能力，还可对用户程序进行仿真。

（2）监控设备。PLC 将现场数据实时上传给监控设备，监控设备则将这些数据动态实时显示出来，以便操作人员随时掌握系统运行的情况，操作人员能够通过监控设备向

PLC 发送操控指令，通常把具有这种功能的设备称为人机界面设备。PLC 厂家通常都提供专用的人机界面设备，目前使用较多的有操作屏和触摸屏等。这两种设备均采用液晶显示屏，通过专用的开发软件可设计用户工艺流程图，与 PLC 联机后能够实现现场数据的实时显示。操作屏同时还提供多个可定义功能的按键，而触摸屏则可以将控制键直接定义在用户工艺流程图的画面中，使得控制操作更加直观。

（3）存储设备。存储设备用于保存用户数据，避免用户程序丢失。有存储卡、存储磁带、软磁盘或光盘等多种形式，配合这些存储载体，有相应的读写设备和接口部件。

（4）输入 / 输出设备。输入 / 输出设备用于接收信号和输出信号的专用设备，如条码读写器、打印机等。

3.2.2　可编程控制器的工作原理

从 PLC 的定义不难看出，PLC 是一套服务于工业控制的装置。而从 PLC 产生的背景可知，PLC 是代替继电器 – 接触器控制系统用于工业控制的一套系统。如图 3–2 所示，一个继电器 – 接触器控制系统必然包含输入设备、逻辑电路、输出设备这三部分。输入设备主要包括各类按钮、转换开关、行程开关、接近开关、光电开关、传感器等；输出部分则是各种电磁阀线圈、接触器、信号指示灯等执行元件。将输入与输出联系起来的就是逻辑电路，一般由继电器、计数器、定时器等的触点、线圈按照对应的逻辑关系连接而成，能够根据一定的输入状态输出所要求的控制动作。

PLC 控制系统同样也包含这 3 部分，唯一的区别是，PLC 的逻辑电路部分用软件来实现，用户所编制的控制程序体现了特定的输入 / 输出逻辑关系，如图 3–3 所示。

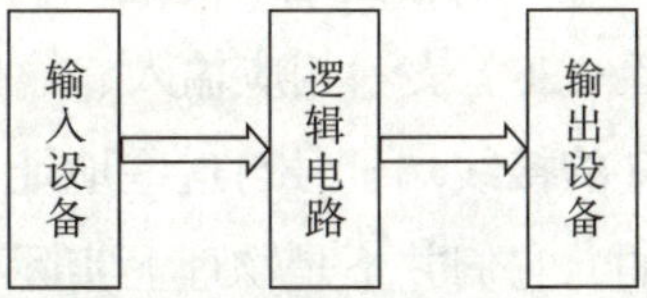

图 3–2　继电器 – 接触器控制系统组成图

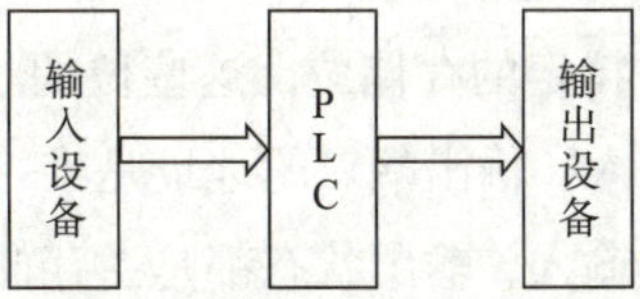

图 3–3　PLC 控制系统组成图

1. 可编程控制器等效电路

图 3–4 为一个典型的启动、停止控制电路，由继电器组成。电路中有两个输入，分别为启动按钮（SB1）、停止按钮（SB2）；一个输出，为接触器 KM。图 3–4 中的输入 / 输出逻辑关系由硬件连线实现。

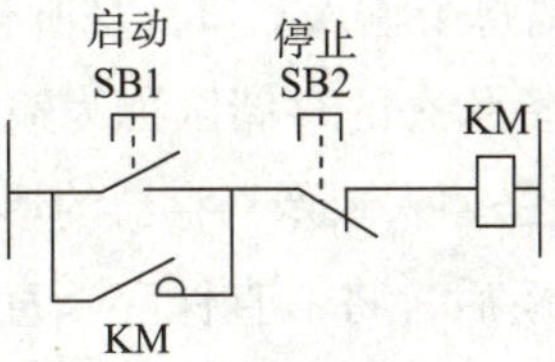

图 3–4　启动、停止控制电路

当用 PLC 来完成这个控制任务时，可将输入设备接入 PLC，而用 PLC 的输出接口连接驱动输出设备（接触器 KM 线圈），它们之间要满足的逻辑关系由用户编写程序实现。与图 3-4 等效的可编程控制器控制电路，如图 3-5 所示。两个输入按钮信号经过 PLC 的接线端子进入输入接口电路，PLC 的输出经过输出接口、输出端子驱动接触器 KM；用户程序所采用的编程语言为梯形图语言。两个输入分别接入 X403 和 X407 端口，输出所用端口为 Y432，图中各画出 8 个输入端口和 8 个输出端口，实际使用时可任意选用。输入映像对应的是 PLC 内部的数据存储器，而非实际的继电器线圈。

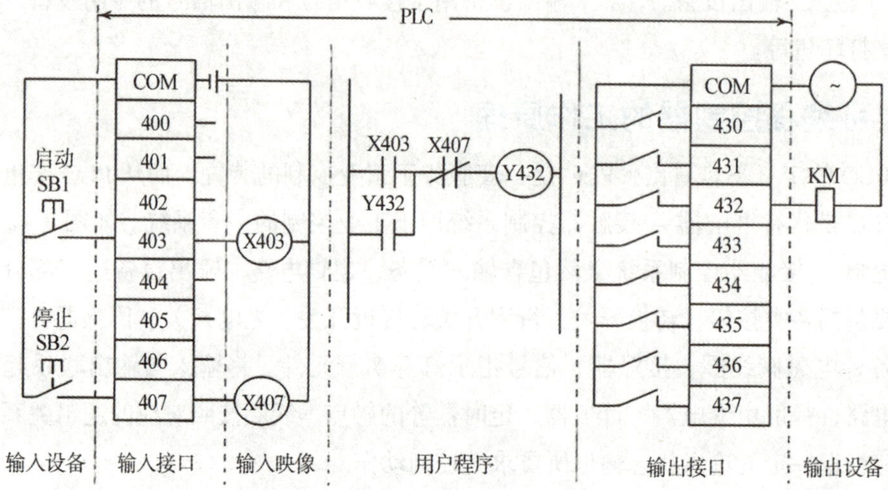

图 3-5　可编程控制器控制电路

图 3-5 中的 X400 ~ X407、Y430 ~ Y437 分别表示输入、输出端口的地址，也对应着存储器空间中特定的存储位，这些位的状态（ON 或者 OFF）表示相应输入、输出端口的状态。每个输入、输出端口的地址是唯一固定的，PLC 的接线端子号与这些地址一一对应。由于所有的输入、输出状态都是由存储器位来表示的，它们并不是物理上实际存在的继电器线圈，因此常称它们为“软元件”，它们的常开、常闭触点可以在程序中无限次使用。

2. 可编程控制器工作过程

PLC 的工作过程以循环扫描的方式进行。当 PLC 处于运行状态时，它的运行周期可以划分为三个基本阶段：输入采样阶段、程序执行阶段、输出刷新阶段。

（1）输入采样阶段

输入采样阶段，PLC 逐个扫描每个输入端口，将所有输入设备的当前状态保存到相应的存储区，把专用于存储输入设备状态的存储区称为输入映像寄存器。图 3-5 中以线圈形式标出的 X403、X407，实际上是输入映像寄存器的形象比喻。

输入映像寄存器的状态被刷新后，将一直保存，直至下一个循环才会被重新刷新，所以当输入采样阶段结束后，如果输入设备的状态发生变化，则只能在下一个周期才能被

PLC 接收到。

（2）程序执行阶段

PLC 将所有的输入状态采集完毕后，进入用户程序的执行阶段。所谓用户程序的执行，并非是系统将 CPU 的工作交由用户程序来管理，CPU 所执行的指令仍然是系统程序中的指令。在系统程序的指示下，CPU 从用户程序存储区逐条读取用户指令，经解释后执行相应动作，产生相应结果，刷新相应的输出映像寄存器，这期间需要用到输入映像寄存器、输出映像寄存器的相应状态。

当 CPU 在系统程序的管理下扫描用户程序时，按照先上而下、先左后右的顺序依次读取梯形图中的指令。以图 3-5 中的用户程序为例，CPU 首先读到的是常开触点 X403，然后在输入映像寄存器中找到 X403 的当前状态，接着从输出映像寄存器中得到 Y432 的当前状态，两者的当前状态进行“或”逻辑运算，结果暂存；CPU 读到的下一条梯形图指令是 X407 的常闭触点，同样从输入映像寄存器中得到 X407 的状态，将 X407 常闭触点的当前状态与上一步的暂存结果进行逻辑“与”运算，最后根据运算结果得到输出线圈 Y432 的状态（ON 或 OFF），并将其保存到输出映像寄存器中，也就是对输出映像寄存器进行了刷新。注意：在程序执行过程中用到了 Y432 的状态，这个状态是上一个周期执行的结果。

当用户程序被完全扫描一遍后，所有的输出映像寄存器都被依次刷新，系统进入下一个阶段——输出刷新阶段。

（3）输出刷新阶段

输出刷新阶段，系统程序将输出映像寄存器中的内容传送到输出锁存器中，经过输出接口、输出端子输出，驱动外部负载。输出锁存器一直将状态保持到下一个循环周期，而输出映像寄存器的状态在程序执行阶段是动态的。

（4）PLC 工作过程特点

PLC 工作过程的特点总结如下。

① PLC 采用集中采样、集中输出的工作方式，这种方式减少了外界干扰的影响。

② PLC 的工作过程是循环扫描的过程，循环扫描时间的长短取决于指令执行速度、用户程序的长度等因素。

③ 输出对输入的响应有滞后现象。PLC 采用集中采样、集中输出的工作方式，当采样阶段结束后，输入状态的变化将要等到下一个循环周期才能被接收，因此这个滞后时间的长短又主要取决于循环周期的长短。此外，影响滞后时间的因素还有输入电路滤波时间、输出电路的滞后时间等。

④ 输出映像寄存器的内容取决于用户程序扫描执行的结果。

⑤ 输出锁存器的内容由上一次输出刷新期间输出映像寄存器中的内容决定。

⑥ PLC 当前实际的输出状态由输出锁存器的内容决定。

除了上面总结的六条外，需要补充说明的是，当系统规模较大、I/O 点数众多、用户程序比较长时，单纯采用上面的循环扫描工作方式会使系统的响应速度明显降低，甚至会丢失、错漏高频输入信号，因此大多数大中型 PLC 在尽量提高程序指令执行速度的同时，也采取了一些其他措施来加快系统的响应速度。例如，采用定周期输入采样、输出刷新，直接输入采样、直接输出刷新，中断输入、输出，或者开发本身带有 CPU 的智能 I/O 模块，与主机的 CPU 并行工作，分担一部分任务，从而加快整个系统的执行速度。

3.3 可编程控制器的硬件基础

I/O 单元是组成 PLC 控制系统的重要环节，本节以介绍 I/O 单元的硬件电路为主，在此基础上简单介绍 PLC 控制系统的硬件配置。在具体实现方案上，不同厂家的 PLC 总是有区别的。本节重要介绍的是一般性的原理，而非某一具体型号 PLC 的结构特征。

3.3.1 可编程控制器的 I/O 单元

PLC 的输入 / 输出单元，按照其提供的信号是数字信号还是模拟信号，可以分为数字量 I/O（digital input/digital output，DI/DO）和模拟量 I/O（analog input/analog output，AI/AO）两大类。

1. 数字量 I/O（DI/DO）

PLC 一般总是将输入、输出分成若干组，每组公用一个输入、输出公共端（COM），下面分别介绍数字量输入、输出单元的具体形式。

（1）数字量输入单元

数字量输入单元有多种形式，能分别适用于直流和交流的数字输入量。而在直流数字量的输入单元中，根据具体的电路形式又有源型和漏型之分。图 3-6 为漏型数字量输入单元示意图。

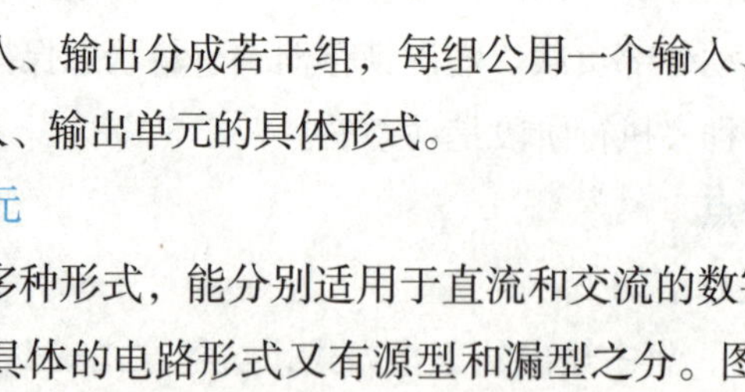

图 3-6 漏型数字量输入单元示意图

在图 3-6 中，若干个输入端口组成一组，公用一个公共端 COM。每个输入端口都构成一个回路，图中只画出了一路。回路的电流流向是从输入端口流入 PLC，从公共端流出。图中的电阻 R_1 和电容 C 构成 RC 滤波电路，光电耦合器将现场信号与 PLC 内部电路隔离，并且将现场信号的电平（图中为 DC 24 V）转换为 PLC 内部电路可以接收的电平。发光二极管（LED）用来指示当前数字量输入信号的高、低电平状态。

源型数字量输入单元的形式与图 3－6 基本相似，不同之处在于光电耦合器、发光二极管、DC 24 V 电源均反向，电流流向是从公共端 COM 流入 PLC，从信号输入端口流出。

目前很多 PLC 采用双向光电耦合器，并且使用两个反向并联的发光二极管，这样一来，DC 24 V 电源的极性可以任意连接，电流的流向也可以是任意的，这种形式的电路可参考 PLC 手册或其他相关资料。

交流数字量输入单元也有多种形式，有些采用桥式整流电路将交流信号转换成直流信号，然后经过光电耦合器隔离输入内部电路；而有些 PLC 则直接使用双向光电耦合器和双向发光二极管，从而省去了桥式整流电路。图 3－7 为带整流桥的交流数字量输入单元示意图。

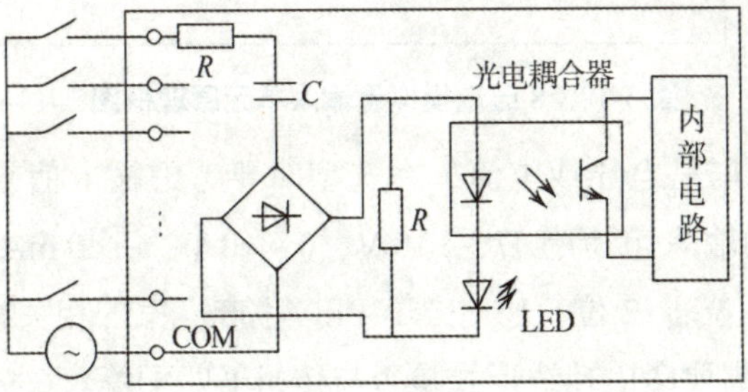

图 3－7　带整流桥的交流数字量输入单元示意图

（2）数字量输出单元

PLC 的数字量输出有三种形式：继电器模式、晶体管模式、晶闸管模式，分别用于驱动不同形式的负载。图 3－8 为继电器输出模式的示意图，图中的 KA 为输出继电器，它的线圈由光电耦合器驱动，而光电耦合器的状态取决于 PLC 内部电路中的输出锁存器。继电器输出模式可以带交流、直流两种负载。

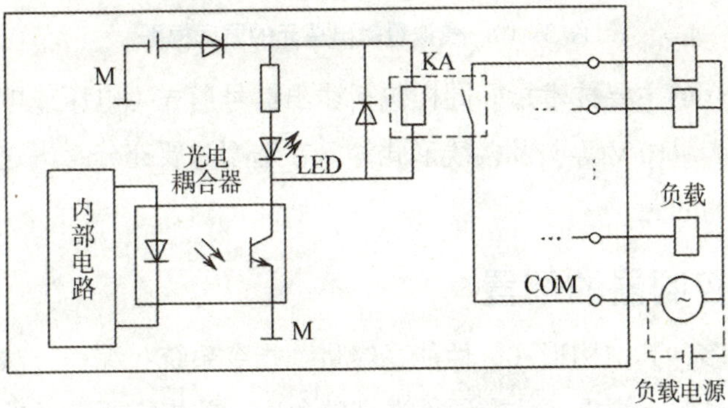

图 3－8　继电器输出模式的示意图

2. 模拟量 I/O（AI/AO）

PLC 的模拟量输入、输出单元用于处理连续变化的电压或电流信号，在过程控制领域、数据采集及监控系统中用途极广。

（1）模拟量输入单元

传感器将被控对象中连续变化的物理量（如温度、压力、流量、速度等）转换成对应的连续电量（电压或电流）并送给 PLC，PLC 的模拟量输入单元将其转换成数字量后，CPU 可对数字量进行运算处理。因此，模拟量输入单元的核心部件是 A/D 转换器。对于多路输入的模块，需要配合使用多路开关。图 3-9 为具有 8 个输入通道的模拟量输入单元原理框图。

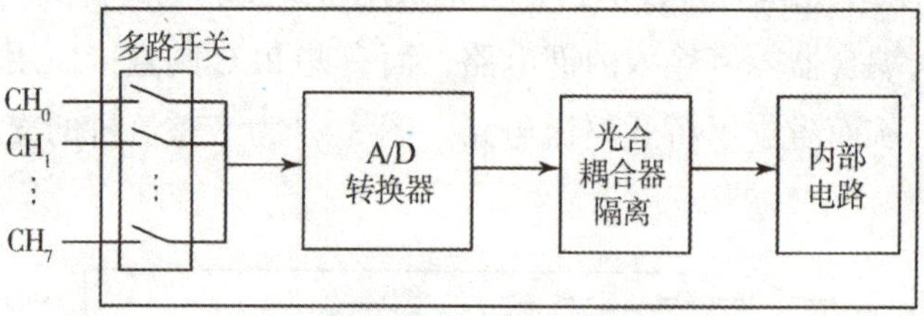

图 3-9　8 通道模拟量输入单元原理框图

模拟量输入信号可以是电压或电流，在选型时要考虑输入信号的范围及系统要求的 A/D 转换精度。常见的输入范围有 DC ± 10 V、0 ~ 10 V、± 20 mA、4 ~ 20 mA 等，转换精度有 8 位、10 位、11 位、12 位、16 位等，PLC 生产厂家的相关技术手册都会提供这些参数。此外，选型时还需要考虑接线形式是否与传感器匹配等。

（2）模拟量输出单元

模拟量输出的过程与输入正好相反，它将 PLC 运算处理过的二进制数字转换成相应的电量（如 4 ~ 20 mA、0 ~ 10 V 等），输出至现场的执行机构。模拟量输出单元的核心部件是 D/A 转换器，图 3-10 为模拟量输出单元的原理框图。

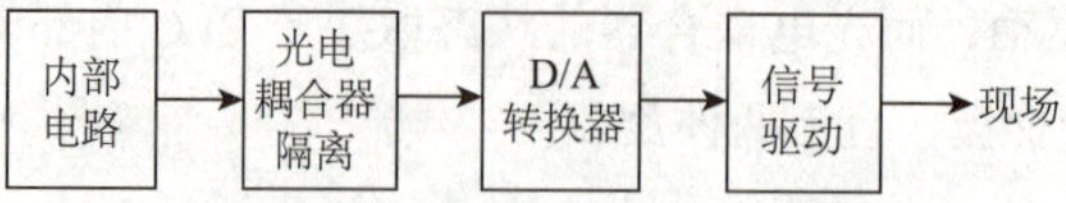

图 3-10　模拟量输出单元的原理框图

模拟量输出单元的主要技术指标同样包括输出信号形式（电压或电流）、输出信号范围（如 4 ~ 20 mA、0 ~ 10 V 等）及接线形式等，在选型时要充分考虑这些因素与工业现场执行元件相互结合的问题。

3.3.2　可编程控制器的配置

PLC 的品种繁多，其结构形式、性能、容量、指令系统、编程方法、价格等各有自己的特点，适用场合也各有侧重。站在硬件选型的角度，首先需要考虑的是设备容量和性能是否与任务相适应；其次要看 PLC 的运行速度是否能够满足实时控制的要求。

1. 设备容量

所谓设备容量，主要是指系统 I/O 点数的多少及扩充的能力。对于纯开关量控制的应用系统，如果对控制速度的要求不高，比如单台机械的自动控制，则可选用小型一体化 PLC，如三菱公司的 FX_{2N} 系列 PLC。这一类型的 PLC，体积小，安装方便，主机加扩展单元基本能够满足小规模系统的要求，可以采用简易编程器在线编程。

对于以开关量控制为主，带有部分模拟量控制的应用系统，如工业中常遇到的温度、压力、流量、液位等，应配备模拟量 I/O（AI/AO），并且选择运算功能较强的 PLC，如西门子公司的 S7－1200 系列 PLC。

2. 性能

对于比较复杂、控制功能要求较高的系统，如需要 PID 调节、位置控制、高速计数、通信联网等功能时，应当选用中、大型 PLC，这一类 PLC 多为模块式结构，除基本的模块外，还提供专用的特殊功能模块。当系统的各个部分分布在不同的地域时，可以利用远程 I/O 接口组成分布式控制系统。

此外，PLC 的输出控制相对于输入的变化总是有滞后的，最大可至 2～3 个循环周期，这对于一般的工业控制是允许的。但有些系统的实时性要求较高，不允许有较大的滞后时间，在这种要求比较高的场合，必须格外重视 PLC 的指令执行速度指标，选择高性能、模块式结构的 PLC 较为理想。例如，西门子公司的 S7－300/400PLC，浮点运算指令的执行时间可以达到微秒级。另一个好处是可以配备专用的智能模块，这些模块都自带 CPU 独立完成操作，可大大提高控制系统的实时性。

3. 电源负载能力

一体化 PLC 将电源部件集成在主机内，只需从电网引入外界电源即可，扩展单元的用电通过扩展电缆馈送。模块式 PLC 通常需要专用的电源模块，在选择电源模块时要考虑功率问题，可以通过查阅模块技术手册得到各个模块的功耗，其总和加上裕量就是选择电源模块的依据。注意：有些情况下需要 PLC 电源通过 I/O 单元驱动传感器和负载，这一部分功耗也需考虑在内。

3.4　可编程控制器的软件基础

PLC 是一种通用的、商业化的工业控制计算机，与个人计算机相仿，用户程序必须在系统程序的管理下才能运行。本节首先介绍 PLC 控制系统监控程序的运行情况，然后再介绍用户指令系统的相关内容。

3.4.1 系统监控程序

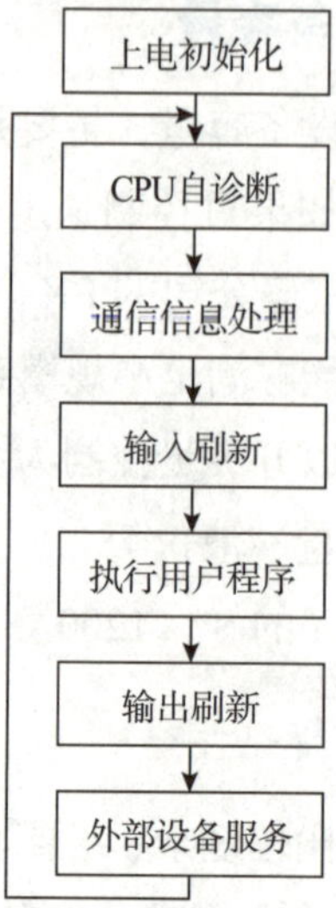

图 3－11 系统监控程序执行过程的框图

系统监控程序的运行从设备上电开始，经过初始化程序后进入循环执行阶段。在循环执行阶段要完成的操作有四大类：以故障诊断、通信处理为主的公共操作，联系工业现场的数据输入、输出操作，执行用户程序的操作，以及服务于外部设备的操作。图 3－11 为系统监控程序执行过程的框图。

1. 上电初始化

上电初始化的作用是清零各个标志寄存器，清零输入、输出映像寄存器，清零各计数器，复位定时器等，为 PLC 开始正常工作“清理现场”。

2. CPU 自诊断

CPU 自诊断主要包括检查电源电压是否正常、I/O 单元的连接是否正常、用户程序是否存在语法错误、对监控定时器定期复位等。监控定时器又常被称为“看门狗”（watch dog timer，WDT），其定时时间略长于整个程序的循环周期，系统程序总在某一固定阶段对它重新装入定时初值，所以只要系统工作正常，监控定时器就永远不会申请定时到中断。反过来说，如果监控定时器申请定时时间到中断，就一定意味着系统的某处出现问题，系统会响应其中断，并在中断处理程序中对故障信息做相应处理。

3. 通信信息处理

通信信息处理阶段 PLC 要完成与网络及总线上其他设备的通信任务，包括与 PLC、计算机、智能模块、数字处理器（data processing unit，DPU）等设备之间的信息交换。

4. 外部设备服务

PLC 在外部设备服务阶段与外部设备交换信息，包括编程器、图形监视器（监控设备）、打印机等。PLC 允许在线编程，能够与人机界面实时交换信息，所以要在每个循环周期内执行此项操作。

3.4.2 用户应用程序

用户应用程序是由用户编写的，能够完成系统控制任务的指令序列。不同厂家的 PLC 会提供不同的指令集，但基本的编程元件和编程形式有许多共同之处。

1. PLC 的编程元件

PLC 的编程元件也称为逻辑部件，是 PLC 指令系统中的基本要素。PLC 指令系统通常都提供以下逻辑部件。

（1）继电器

输入、输出映像寄存器里的每一位在指令系统中都对应一个固定的编号，在图形编程语言（如梯形图语言）中形象地用继电器线圈来表示，因此也常称之为输入继电器、输出继电器。同时为了满足对复杂逻辑关系的编程要求，还提供大量的中间辅助继电器，它们也对应存储器中的某一固定区域。这些继电器都是所谓的“软元件”，它们的状态用一个二进制位就可以表示，1 对应 ON 状态、0 对应 OFF 状态，在用户应用程序中可以无限次使用它们的常开、常闭触点。

（2）定时器

类似于继电器 - 接触器电路中的时间继电器，有延时接通、延时断开、脉冲定时等多种形式，可以组成复杂的时间顺序逻辑。定时器指令一般由线圈、定时时间设定值和当前计时值组成，PLC 专门在存储器中开辟出一个区域，用以保存各个定时器线圈当前的状态（ON 或 OFF）以及时间的设定值和当前值。定时器的常开、常闭触点可以在用户应用程序中无限次使用。

（3）计数器

用软件实现的计数器指令，用于实现脉冲计数功能，有递减计数、递增计数等形式，不同的 PLC 在计数器数量、计数长度等方面都有所区别。计数器指令一般包含计数器线圈、计数值设定、计数器复位、计数信号输入、当前计数值等。计数器的常开、常闭触点可以在用户应用程序中无限次使用。

（4）触发器

触发器用于对状态位的置 1 和清零，状态位即为触发器线圈，它的 ON 状态一旦触发可以自保持，直至复位条件满足才变为 OFF 状态。触发器的常开、常闭触点同样可以无限次使用。

（5）其他元件及指令

除上述四种逻辑部件外，PLC 指令系统一般还提供移位寄存器、数据寄存器、边沿检测、比较、运算、ASCII 码处理及数制转换等。

2. PLC 常用的编程语目

PLC 常用的编程语言有梯形图语言、语句表语言和功能块图语言等。

（1）梯形图语言

梯形图语言（ladderlogic programming language，LAD）是一种使用最广泛的语言，与继电器 - 接触器电路图非常相似，具有直观易懂的优点。前面介绍的编程元件以及它们的线圈、触点等，都是基于梯形图语言而言的。下面通过一个简单的继电器 - 接触器电路和与之对应的梯形图语言程序的对比，来说明梯形图语言的应用。

如图 3－12 所示，梯形图语言的形式与继电器 - 接触器电路图的形式很接近，其逻辑关系也是自上而下、自左而右展开的，左右两条竖线也称为母线。从左母线开始，按照控制要求依次连接各个触点，最后以输出线圈结束，称为一个逻辑行，或一个“梯级”，完整的用户应用程序就是由若干逻辑行构成的。

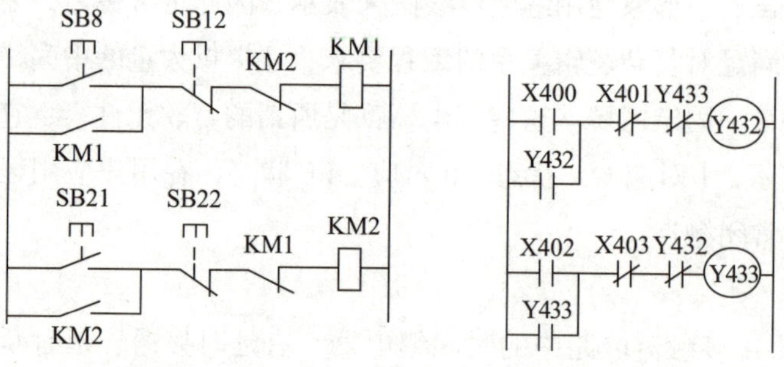

（a）继电器 – 接触器电路　　（b）梯形图语言程序

图 3–12　继电器 – 接触器电路及对应的梯形图语言程序（三菱 PLC）

在阅读梯形图语言程序时，可按照继电器 – 接触器电路图纸的阅读习惯，对每一个逻辑行来说，假设能量的流动由左母线向右流动，如果各触点的逻辑状态使得“能流”可以达到最右边的线圈，则该线圈的输出状态为 ON，否则为 OFF。

在编写梯形图程序时，有一些原则是被普遍遵守的，它们也都是出自继电器 – 接触器电路的设计原则，例如，在一个逻辑行中不应串联两个线圈、同一个线圈不应出现在不同逻辑行中等。

（2）语句表语言

语句表语言（standard template library，STL）类似于微机中汇编语言的助记符，由多条语句组成一个程序段，适合于经验丰富的编程人员使用，可以实现某些用梯形图语言难以实现的功能。在使用简易编程器编程时，常常需要将梯形图语言转换为语句表语言才能输入 PLC。例如，将图 3–12（b）的梯形图语言程序转换成语句表语言程序后如表 3–1 所示。

表 3–1　语句表语言

步	指令	软器件号	步	指令	软器件号	步	指令	软器件号	步	指令	软器件号
0	LD	X400	1	OR	Y432	2	ANI	X401	3	ANI	Y433
4	OUT	Y432	5	LD	X402	6	OR	Y433	7	ANI	X403
8	ANI	Y432	9	OUT	Y433						

表 3–1 中的内容采用的是三菱 FX 系列 PLC 的语句表语言，各厂家的语句表语言不尽相同，具体使用时要参看相应的软件手册。注意：S7–1200 PLC 不支持语句表语言编程。

（3）功能块图语言

功能块图（function block diagram，FBD）语言是一种类似于数字逻辑电路结构的编程语言，使用布尔代数的图形逻辑符号来表示控制逻辑，一些复杂的功能用指令框表示，适合于有数字电路基础的编程人员使用。功能块图用类似于与门、或门的框图来表示逻辑运算关系，方框的左侧为逻辑运算的输入变量，右侧为输出变量，输入端、输出端的小圆圈表示“非”运算，方框用“导线”连在一起，信号自左向右，如图 3-13 所示。

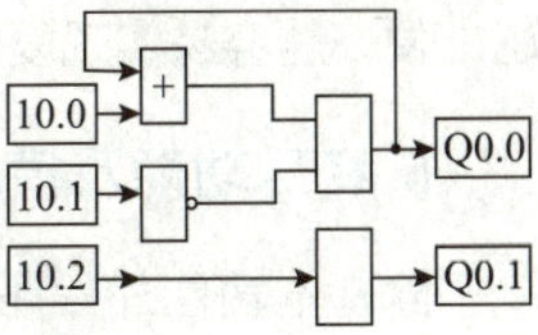

图 3-13　FBD 程序示例

PLC 的编程语言种类是很丰富的，除上述三种外，还有顺序功能图（sequential function chart，SFC）、结构化控制语言（structured control language，SCL）等，限于篇幅这里不予介绍。

3.5　可编程控制器的性能指标及分类

3.5.1　可编程控制器的性能指标

各厂家的 PLC 产品虽然各有特色，但从总体来讲，均可用以下几项指标来衡量其性能。

1. I/O 点数

从狭义上来讲，所谓 I/O 点数，对于 PLC 来说即为其允许连接的输入设备、输出设备的个数。I/O 点数是评价一个系列的 PLC 可适用于何等规模的系统的重要参数，通常厂家的技术手册都会给出相应 PLC 的最大数字量 I/O 点数及最大模拟量 I/O 点数，以反映该系列 PLC 的最大输入、输出规模。

2. 存储器容量

厂家提供的存储容量指标一般均指用户程序存储器容量，体现了用户应用程序可以达到的规模。一般以 KB（千字节）、MB（百万字节）表示，有些 PLC 的用户程序存储器需要另购外插的存储器卡，或者用存储卡扩充。

3. 扫描速度

扫描速度体现了 PLC 指令执行速度的快慢，是对控制系统实时性能的评价指标。一般用 ms/k 单位来表示，即执行 1 k 步所需的时间（ms）。

4. 内部寄存器

内部寄存器用于存放中间结果、中间变量、定时 / 计数等数据，其数量的多少及容量的大小直接关系到编程的方便灵活与否。

5. 指令系统

指令种类的多少是衡量 PLC 软件系统功能强弱的重要指标，指令越丰富，用户编程越方便，越容易实现复杂功能，从而说明 PLC 的软件系统功能越强。

6. 特殊功能及模块

除基本功能外，评价 PLC 技术水平的指标还可以看一些特殊功能，如自诊断功能、通信联网功能、远程 I/O 扩展能力等，以及 PLC 所能提供的特殊功能模块，如高速计数模块、位置控制模块、闭环控制模块等。

7. 工作环境

PLC 对工作环境有一定的要求，应尽量避免安装在有大量粉尘和金属屑、有腐蚀性气体和易燃气体的场所，避免阳光直射，尽量避免连续的震动和冲击；PLC 适宜的温度范围通常在 0 ℃~ 55 ℃，对湿度的要求是小于 85%RH（无结露）。

3.5.2 可编程控制器的分类

可编程控制器的品种很多，发展也很快，在分类上并没有严格统一的标准，目前较为通行的分类方法有两种：按结构分类和按规模分类。

在组成结构上，PLC 具有一体化结构和模块式结构两种模式。一体化结构的 PLC 追求功能的完善和性能的提高，体积越来越小，有利于安装。而模块式结构，则是利用单一功能的各种模块拼装成一台完整的 PLC，用户在设计自己的 PLC 控制系统时拥有极大的灵活性，并使设备的性价比达到最优。同时，模块式结构也有利于系统的维护、换代和升级，并使系统的扩展能力大大加强。

在控制规模上，PLC 向小型化和大型化两个方向发展。大型 PLC 是基于满足大规模、高性能控制系统的要求而设计的，在规模上，可带的 I/O 点数（通道数量）达到数千点乃至上万点。小型化 PLC 的发展方向是体积减小、成本下降、功能齐全、性能提高、简单易用。其针对目标是取代广泛分布在企业和民用领域的小规模继电器 – 接触器控制系统，以及需要采用逻辑顺序控制的小规模场合。其特点是安装方便、可靠性高、开发和改造周期短。

1. 按结构分类

在组成结构上，PLC 具有一体化式结构和模块式结构两种模式。

一体化式结构的 PLC 追求功能的完善和性能的提高，体积越来越小，有利于安装。一体化式 PLC 将 CPU、存储器单元、I/O 单元、电源单元都集中安装在一个箱体内，是不可分的，称为主机。主机上通常有编程接口和扩展接口，前者用于连接编程器，后者用于连接扩展单元。一体化式 PLC 又称整体式 PLC、箱体式 PLC 等。

而模块式结构，则是将各个功能单元制作成独立的模块，如 CPU 模块、数字量输入模块、数字量输出模块、模拟量输入模块、模拟量输出模块、电源模块及其他特殊功能模块和智能模块，用户根据控制需要选择相应的单一功能的各种模块拼装成一台完整的 PLC，用户在设计自己的 PLC 控制系统时拥有极大的灵活性，并使设备的性价比达到最优。同时，模块式结构也有利于系统的维护、换代和升级，并使系统的扩展能力大大加强。模块之间的数据传递和信息交换是通过内部总线完成的，因此每个模块都有总线接口，总线的连接形式多种多样，涉及 PLC 的安装形式，具体要参看相关厂家的技术手册。

2. 按控制规模分类

控制规模是 PLC 性能指标之一，习惯上总是用数字量 I/O 点数的多少来衡量 PLC 控制系统规模的大小。目前关于控制规模的划分方式并不统一，较为细致的划分可以将 PLC 归为微型机（数十点）、小型机（500 点以下）、中型机（500 点至上千点）、大型机（数千点）、超大型机（上万点）等多种级别。也有粗略地划分为小型机（256 点以下）、中型机（256 至 2 048 点之间）、大型机（2 048 点以上）等级别的。

另外，根据 PLC 是否为专门针对某类控制系统而设计，可以把 PLC 分为通用型 PLC 和专用型 PLC。

上述标准主要是基于习惯，但是 PLC 的发展趋势总是在不断地突破人们的习惯，所以上述的划分并不严格，只是大致的，其目的是便于用户在选型时有一个数量级别的概念，从而便于选择，尽量使控制系统的性价比达到最优。

本章小结

可编程控制器在工业自动化领域扮演着至关重要的角色。首先介绍了可编程控制器的起源、定义和特点，包括其灵活性、易编程性和适应性等方面的优势；其次介绍了可编程控制器的组成结构和工作原理，理解了其硬件和软件方面的要素，从而能够更好地应用于自动化控制任务中；最后介绍了可编程控制器的性能指标和分类方式。通过本章的学习，帮助读者对可编程控制器的深入了解为工业自动化项目的设计和实施提供了重要参考和指导。

思考练习

一、填空题

1. 按照存储器的性质不同，存储器单元可分为 ______ 和 ______ 两种。

2. 接口单元包括输入 / 输出接口、______、______、______ 和存储器接口等。

3. PLC 常用的编程语言有 ______、______ 和 ______ 等。

4. 在组成结构上，PLC 具有 ______ 和 ______ 两种模式。

二、名词解释

1. 中央处理单元。

2. 设备容量。

3. 梯形图语言（LAD）。

4. CPU 自诊断。

第 4 章　电气控制系统设计

本章导读

电气控制系统一般称为电气设备二次控制回路，不同的设备有不同的控制回路，而且高压电气设备与低压电气设备的控制方式也不相同。具体地来说，电气控制系统是指由若干电气原件组合，用于实现对某个或某些对象的控制，从而保证被控设备安全、可靠地运行。本章包含了电气控制系统设计的基本内容、任务、步骤、原则以及设计方法。

学习目标

◎知识目标

1. 理解电气控制系统设计的基本内容，包括方案设计、电气元件选型、电气接线图设计等。

2. 掌握电气控制系统设计的任务，如确定功能需求、进行元件选型和布置、设计接线图和逻辑图等。

3. 理解电气控制系统设计的步骤，包括确定需求和功能、选型布置、设计图表、编制软件程序、系统仿真调试、编写文档等。

◎能力目标

1. 能够根据工程需要，进行电气控制系统的方案设计。

2. 能够独立进行电气元件的选型和布置。

3. 能够设计电气接线图和控制逻辑图。

4. 能够编制控制系统的软件程序。

5. 能够进行系统的仿真和调试。

◎素质目标

1. 培养学生系统设计的综合能力，包括需求分析、方案设计、图表设计、软件编制等方面。

2. 培养学生工程实践能力，能够将理论知识应用于实际工程中。

3. 培养学生团队合作能力，能够与其他工程师和技术人员协作完成项目。

4. 培养学生解决问题的能力，能够针对电气控制系统设计中的各种问题提出解决方案。

◎思政目标

1. 鼓励学生在遵循设计规范的基础上，勇于创新，结合实际需求提出并实现新的设计思路，增强解决复杂工程问题的能力。

2. 通过电气控制系统设计的学习，使学生深刻认识到设计工作的社会责任感，特别是在安全设计方面，强调预防为主，确保人与环境的安全。

3. 教育学生尊重知识产权，遵守行业规范，诚实守信，树立正确的专业伦理观，为成为有道德、有担当的工程师奠定基础。

4.1 电气控制系统设计的任务

4.1.1 电气控制系统设计的基本内容

电气控制系统的设计包含两个基本内容：一个是原理设计，即要满足生产机械和加工工艺的各种控制要求；另一个是工艺设计，即要满足电气控制装置本身的制造、使用以及维修的需要。原理设计决定着生产机械设备的合理性与先进性，工艺设计决定了电气控制设备的生产可行性、经济性、造型美观和使用维护方便等。

4.1.2 电气控制系统设计的任务

电气控制系统设计的任务是完成原理设计和工艺设计，即根据控制要求，编制出设备制造和使用维修过程中必需的图样、资料等。图样包括电气原理图、电器布置图、电气安装接线图，以及电气系统的组件划分图、电气箱图、控制面板图、电气元件安装底板图和非标准件加工图等，另外还要编制外购件目录、单台材料消耗清单、设备说明书等文字资料。

1. 原理设计内容

（1）拟定电气控制系统设计任务书。

（2）确定电力拖动方案，选择电动机。

（3）设计电气控制原理图，计算主要技术参数。

（4）选择电器元器件，制定元器件明细表。

（5）编写设计说明书。

2. 工艺设计内容

（1）设计电气总布置图、总安装图与总接线图。

（2）设计组件布置图、安装图和接线图。

（3）设计电气箱、操作台及非标准件。

（4）列出全部元件清单。

（5）编写使用维护说明书。

4.2 电气控制系统设计的步骤与原则

4.2.1 电气控制系统设计的步骤

电气控制系统设计一般按以下步骤进行。

1. 拟定电气设计任务书

电气设计任务书是整个系统设计的依据。制定电气设计任务书，要根据所设计的机械设备的总体技术要求，有条件时应聚集电气、机械工艺、机械结构三方面的设计人员，共同讨论。在电气设计任务书中，要说明所设计的机械设备型号、用途、工艺过程、技术性能、传动要求、工作条件、使用环境等。除此之外，还应说明以下技术指标及要求。

电气控制系统设计的步骤与原则

（1）控制精度和生产效率要求。

（2）有关电力拖动的基本特性的要求。电动机的数量、用途、负载特性、工艺过程、动作要求、控制方式、调速范围及对反向、起动和制动的要求等。

（3）有关电气控制的特性。自动控制的电气保护、联锁条件、控制精度、生产效率、自动化程度、动作程序、稳定性及抗干扰要求等。

（4）其他要求。主要电气设备的布置草图、安装、照明、信号指示、显示和报警方式、电源种类、电压等级、频率及容量等要求。

（5）目标成本及经费限额。

（6）验收标准及方式等。

2. 选择电力拖动方案与控制方式

电力拖动方案与控制方式的确定是设计的先决条件。电力拖动方案包括生产工艺要求、运动要求、调速要求及生产机械的结构、负载性质、投资额等条件，确定电动机的类型、数量、拖动方式，并拟制定电动机起动、运行、调速、转向和制动等要求，可作为电气控制原理图设计及电气元件选择的依据。

3. 电动机的选择

根据选择的拖动方案，确定电动机的类型、数量、结构形式、容量、额定电压和额定转速等。

4. 电气控制方案的确定

5. 设计电气控制原理图

设计电气控制原理图并合理选择元器件，编制元器件目录清单。

6. 设计电气设备的施工图

设计电气设备制造、安装、调试所必需的各种施工图样并以此为根据编制各种材料定额清单。

7. 编写说明书

4.2.2 电气控制系统设计的原则

电气控制系统设计一般应遵循以下原则。

1. 满足生产机械和工艺过程的要求

电气控制系统设计应最大限度地满足生产机械和工艺过程对电气控制电路的要求。在设计前，首先要做好需求分析，全面细致地了解生产要求。例如，一般控制电路只要求满足起动、反向和制动，有些则要求在一定范围内平滑调速和按规定的规律改变转速，出现事故时需要有必要的保护、信号预报，各部分运动要求有一定的配合和联锁关系等。

2. 控制电路应简单、经济

在满足生产要求的前提下，控制电路应力求简单、经济。

（1）选用标准的器件

① 选择电源时，尽量减少控制电路中电源的种类，控制电压等级应符合标准等级。控制电路比较简单的情况下，通常采用交流 220 V 和 380 V 供电，可以省去控制变压器。在控制系统电路比较复杂的情况下，应采用控制变压器降低控制电压，或用直流低电压控制。对于微机控制系统，还要注意弱电与强电电源之间的隔离，一般情况下不要共用中性线，避免电磁干扰。对照明、显示及报警电路，要采用安全电压。

交流标准控制电压等级为：380 V、220 V、127 V、110 V、48 V、36 V、24 V、6.3 V。

直流标准控制电压等级为：220 V、110 V、48 V、24 V、12 V。

② 尽量选用标准电气元件，尽可能减少电气元件的品种、数量，同一用途的器件尽量选用相同型号，以减少备件的种类和数量。

（2）控制电路应标准

尽量选用标准、常用或经过实践考验的典型环节或基本电气控制电路。

（3）控制电路应简短

尽量缩减连接导线的数量和长度。设计控制电路时，应考虑各个元件之间的实际接线，走线尽可能简化。

（4）尽量减少不必要的触点

所用的电器、触点越少越经济，出故障的机会也越少。

（5）尽量减少通电电器的数量

在正常工作的过程中，除必要的电气元件外，其余电器应尽量减少通电时间。以 Y- △减压起动控制电路为例，如图 4-1 所示，两个电路均可实现 Y- △减压起动功能，但经过比较，图 4-1（b）在正常工作时，只有接触器 KM1 和 KM2 的线圈得电，比图 4-1（a）更合理。

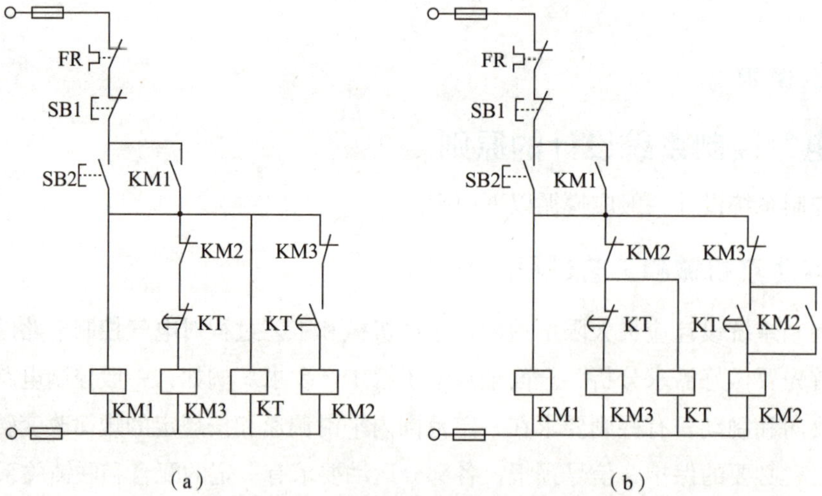

图 4-1　Y- △减压起动控制电路

3. 保证控制电路工作的可靠和安全

（1）电气元件的选择

保证电气控制电路工作的可靠性，最主要的是选择可靠的电气元件。在选择的时候尽可能选用机械和电气寿命长、动作可靠、抗干扰性能好的电器，使控制电路在技术指标、稳定性、可靠性等方面得到进一步提高。

（2）正确连接电器的线圈

① 在交流控制电路中，电器的线圈不允许串联连接，如图 4-2（a）所示。如果将两个接触器的线圈进行串联，由于它们的阻抗不相同，即使外加电压是两个线圈额定电压之和，两个电器的动作有先后，也不可能同时动作，这就使得两个线圈分配的电压就不可能

相等。当衔铁未吸合时，其气隙较大，电感很小，因而吸合电流很大。当有一个接触器先动作，其阻抗值增加很多，电路中电流下降很快，使另一个线圈不能吸合，严重时可将线圈烧毁。如果需要两个电器同时动作，线圈应并联连接，按图 4-2（b）所示连接。

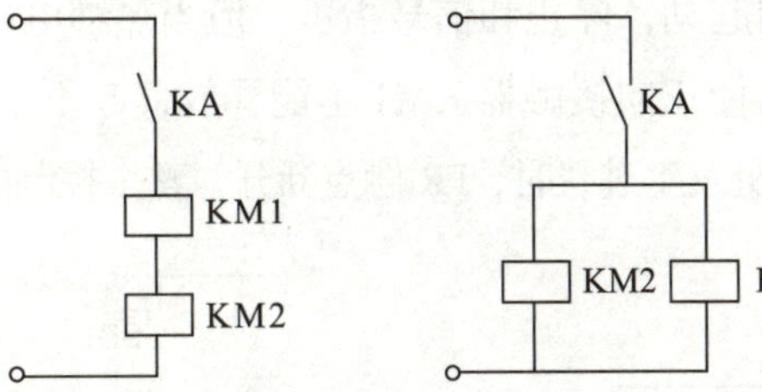

（a）不正确　　（b）正确

图 4-2　交流线圈的连接

② 对于直流电磁线圈，当两电感量相差悬殊时不能直接并联，以免控制电路产生误动作，如图 4-3（a）所示。直流电磁铁 YA 线圈与直流继电器 KA 线圈并联，当接触器 KM 常开触点断开时，KA 很快释放。由于 YA 线圈的电感很大，存储的磁能经 KA 线圈释放，从而使 KA 有可能重新吸合，过一段时间 KA 又释放，这种情况显然是不允许的。因此应在 KA 的线圈电路中单独加一个 KM 的常开触点，如图 4-3（b）所示。

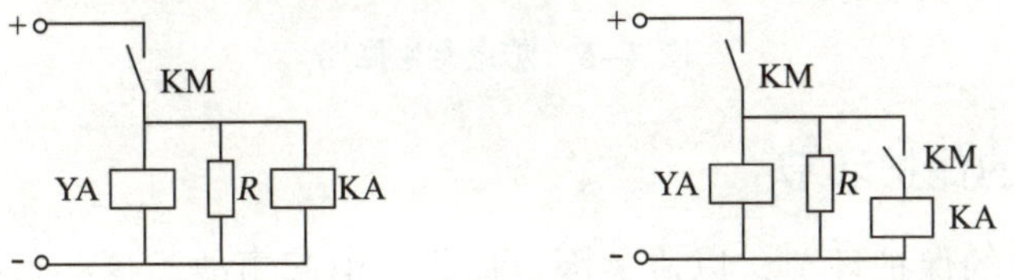

（a）不正确　　（b）正确

图 4-3　直流线圈的连接

（3）正确连接电器的触点

如果同一电气元件的常开触点和常闭触点靠得很近，当分别接在电源的不同相上时，如图 4-4（a）所示的行程开关 SQ 的常开触点和常闭触点，常开触点接在电源的一相，常闭触点接在电源的另一相上，当触点断开时，可能在两触点间形成电弧造成电源短路。如果改成图 4-4（b）的形式，由于两触点间的电位相同，就不会造成电源短路。所以在设计控制电路时，应使分布在电路不同位置的同一电器触点尽量接到同一电位点，可避免在电器触点上引起的短路。

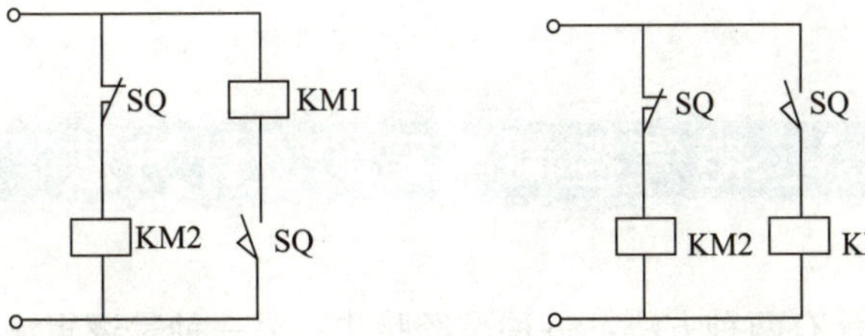

（a）不正确　　（b）正确

图 4-4　电器触点的连接

（4）避免出现寄生电路

在电气控制电路的动作过程中，如果出现不是由于误操作而产生意外接通的电路称为寄生电路。图 4-5（a）为一个具有指示灯显示和过载保护的电动机正、反向运行控制电路。正常工作情况下能完成正、反向起动，停止和信号指示。但当热继电器 FR 动作时，产生寄生电路，电流流向如虚线所示，使正向接触器 KM1 不能释放，起不了保护作用。如果改为图 4-5（b）所示电路，则当电动机发生过载时，FR 触点断开，整个控制电路断电，电动机停转。

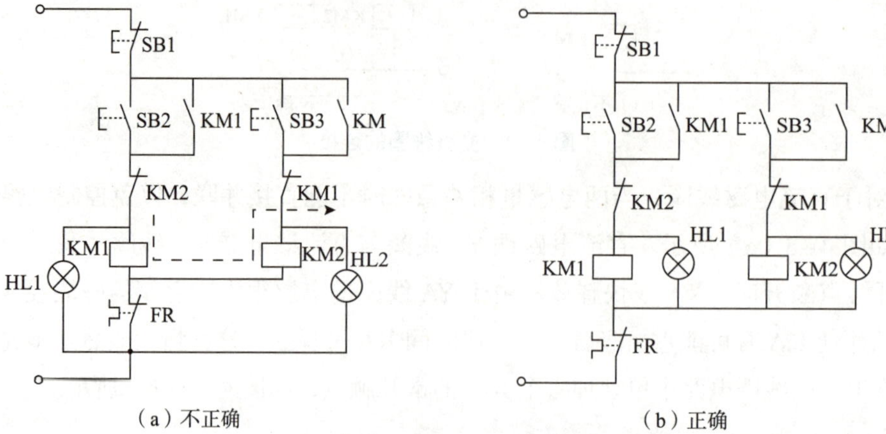

图 4-5　防止寄生回路

4. 设置完善的保护环节

必须设有完善的保护环节，以避免因误操作而引起事故。这些保护环节包括短路保护、过载保护、失电压保护、欠电压保护、过电压保护、欠电流保护、极限保护、弱磁保护等，有时还应设有合闸、断开、事故、安全等必要的指示信号。

5. 操作、使用、调试与维修方便

电路设计要考虑操作、使用、调试与维修的方便。例如，设置必要的显示，以便随时反映系统的运行状态与参数；考虑到运动机构的调整和修理，设置必要的单机点动、必要的易损触头及电气元件的备用等。

课堂讨论

在设计电气控制系统的步骤中，最容易被忽视的环节是什么？

4.3　电气控制电路的设计方法

电气控制电路的设计有两种方法：一种是经验法；另一种是逻辑法，本节重点介绍经验法。

经验法根据生产机械工艺要求和工作过程，利用各种典型环节，加以适当补充和修改，综合成所需电路。它的特点是无固定的设计程序和设计模式，灵活性很大，主要靠经验进行。要求设计人员必须熟悉大量的控制电路基本环节，同时具有丰富的设计经验。在设计过程中通常要经过多次反复修改、试验，才能使电路符合设计要求。即使如此，设计出来的电路也可能不是最简的，使用的电器及触点也不一定最少，所得出的方案也不一定是最佳的。

一般不太复杂的继电接触器控制系统都可以按照这种方法进行设计，这种方法易于掌握，便于推广，但设计速度慢，设计方案需要反复修改，必要时要对整个电气控制电路进行模拟实验。

4.3.1　电气控制电路的设计步骤

生产机械电气控制电路设计包含主电路、控制电路和辅助电路设计。

（1）主电路设计

主电路设计主要考虑电动机的起动、点动、正反转、调速和制动。

（2）控制电路设计

控制电路设计包括基本控制电路和控制电路特殊部分的设计，以及选择控制参量和确定控制原则。主要考虑如何满足电动机的各种运转功能和生产工艺要求。

（3）连接各单元环节

连接各单元环节主要构成满足整机生产工艺要求，实现生产过程自动、半自动及调整的控制电路。

（4）联锁保护环节设计

联锁保护环节设计主要考虑完善整个控制电路的设计，包含各种联锁环节以及短路、过载、过流、失电压等保护环节。

（5）辅助电路设计

辅助电路设计主要包括照明、声光指示、报警等电路的设计。

（6）电路的综合审查

电路的综合审查是指反复审查所设计的控制电路是否满足设计原则和生产工艺要求。在条件允许的情况下，进行模拟实验，逐步完善整个电气控制电路的设计，直到满足生产工艺要求。

4.3.2　应用经验法的设计实例

应用经验法的两个设计实例如下。

1. 设计三条传送带运输机构成的散料运输线控制电路

如图 4-6 所示，传送带运输机是一种连续平移运输机械，常用于粮库、矿山等的生产流水线，将粮食、矿石等从一个地方运到另一个地方，一般由多条传送带机组成，可以改变运输的方向和斜度。

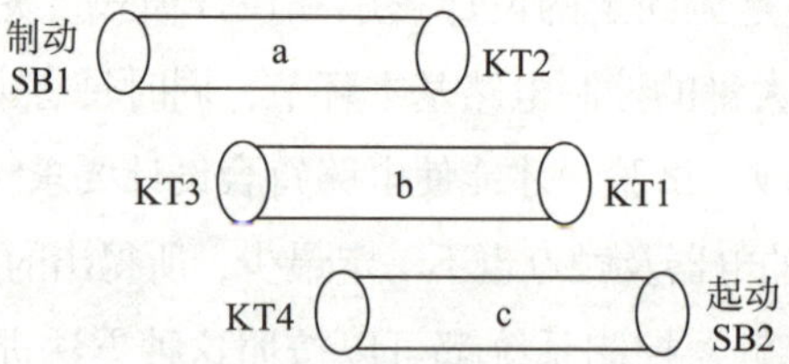

图 4-6　传送带运输机工作示意图

传送带运输机长期工作.，不需要调速，没有特殊要求也不需反转。因此，其拖动电机多采用笼型异步电动机。若考虑事故情况下可能有重载起动，需要的起动转矩大，可以用双笼型异步电动机或绕线转子异步电动机拖动，也有的是二者配合使用。

（1）控制要求

① 起动顺序为 c、b、a，并要有一定时间间隔，以免货物在传送带上堆积。

② 停车顺序为 a、b、c，也要有一定时间间隔，保证停车后传送带上不残存货物。

③ 无论 b 和 c 哪一个出故障，a 必须停车，以免继续进料，造成货物堆积。

④ 必要的保护。

（2）主电路设计

三条传送带运输机由三台电动机拖动，均采用笼型异步电动机。由于电网容量相对于电动机容量足够大，而且三台电动机不同时起动，所以不会对电网产生大的冲击，因此采用直接起动。由于传送带运输机不经常起动、制动，对于制动时间和停车准确度也没有特殊要求，因此停止时采用自由停车。三台电动机都用熔断器作短路保护，用热继电器作过载保护。由此，设计的主电路如图 4-7 所示。

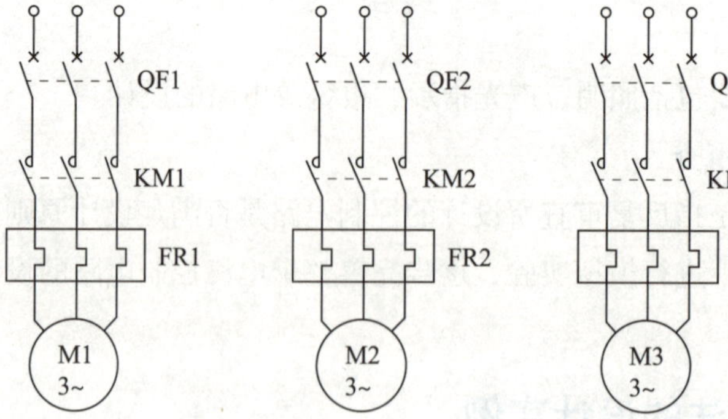

图 4-7　传送带运输机主电路图

（3）基本控制电路设计

三台电动机由三个接触器控制其起动、停止。起动时，顺序为 c、b、a，可用 c 接触器的常开触点控制 b 接触器的线圈，用 b 接触器的常开触点控制 a 接触器的线圈。停车时，顺序为 a、b、c，用 a 接触器的常开触点与控制 b 接触器的常闭按钮并联，用 b 接触器的常开触点与控制 c 接触器的常闭按钮并联。其基本控制电路如图 4–8 所示。由图可见，只有 KM3 动作后按下 SB4，KM2 线圈才能通电动作，然后按下 SB2，KM1 线圈通电动作，从而实现了电动机的顺序起动。同理，只有 KM1 断电释放，按下 SB3，KM2 线圈才能断电，然后按下 SB5，KM3 线圈断电，从而实现了电动机的顺序停车。

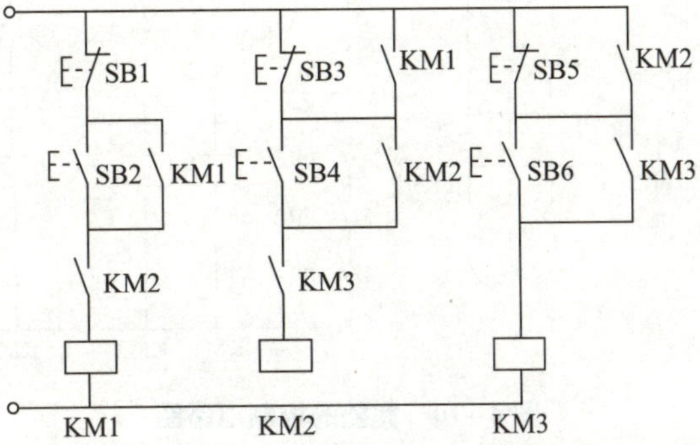

图 4–8　控制电路的基本部分

（4）控制电路特殊部分的设计

如图 4–8 所示的控制电路显然是手动控制，为了实现自动控制，传送带运输机的起动和停车过程可以用行程信号或时间信号加以控制。由于传送带是回转运动，检测行程比较困难，而用时间信号比较方便，利用时间继电器作为输出器件的控制信号。以通电延时的常开触点作为起动信号，经断电延时的常开触点作为停车信号。为使三条传送带自动地按顺序工作，采用中间继电器 KA，其电路如图 4–9 所示。

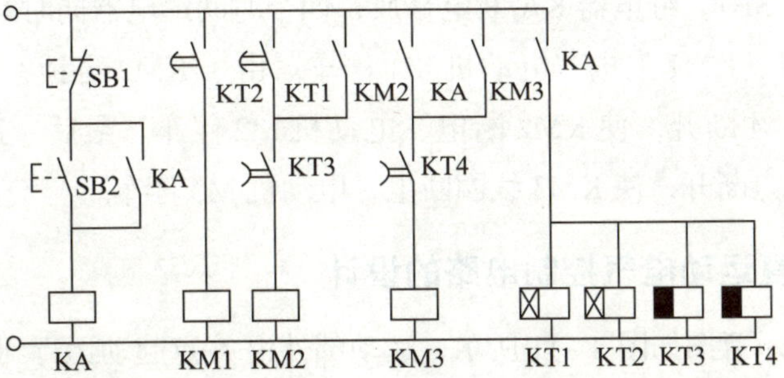

图 4–9　控制电路的联锁部分

（5）设计联锁保护环节

按下 SB1 发出停车指令时，KT1、KT2、KA 同时断电，KA 常开触点瞬时断开，接触器 KM2、KM3 若不加自锁，则 KT3、KT4 的延时将不起作用，KM2、KM3 线圈将瞬时断电，电动机不能按顺序停车，所以需加自锁环节。三个热继电器的保护触点均串联在 KA 的线圈电路中，则无论哪一个传送带运输机发生过载，都能按 a、b、c 顺序停车。电路的失电压保护由 KA 实现。

（6）电路综合审查

完整的控制电路图，如图 4–10 所示。

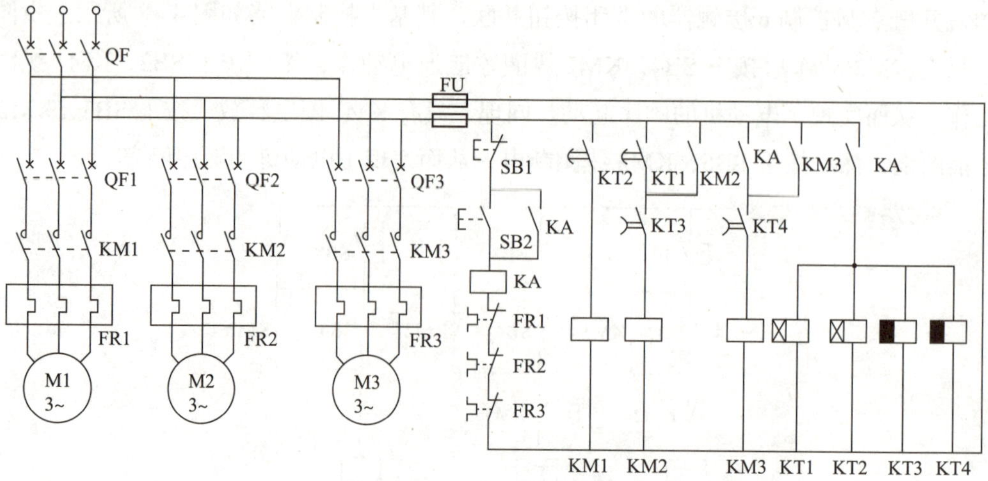

图 4-10　完整的控制电路图

电路工作过程：按下起动按钮 SB2，继电器 KA 通电吸合并自锁，KA 的一个常开触点闭合，接通时间继电器 KT1～KT4，其中 KT1、KT2 为通电延时型时间继电器，KT3、KT4 为断电延时型时间继电器，所以 KT3、KT4 的常开触点立即闭合，为接触器 KM2 和 KM3 的线圈通电准备条件。KA 的另一个常开触点闭合，与 KT4 一起接通接触器 KM3，使电动机 M3 首先起动，经一段时间，达到 KT1 的整定时间，则时间继电器 KT1 的常开触头闭合，使 KM2 通电吸合，电动机 M2 起动，再经一段时间，达到 KT2 的整定时间，则时间继电器 KT2 的常开触点闭合，使 KM1 通电吸合，电动机 M1 起动。

按下停止按钮 SB1，继电器 KA 断电释放，四个时间继电器同时断电，KT1、KT2 的常开触点立即断开，KM1 失电，电动机 M1 停车。由于 KM2 自锁，所以只有达到 KT3 的整定时间，KT3 才断开，使 KM2 断电、电动机 M2 停车。最后，达到 KT4 的整定时间，KT4 的常开触点断开，使 KM3 线圈断电，电动机 M3 停车。

2. 工作台往复运动电气控制电路的设计

生产机械工作示意图如图 4-11 所示，运动部件由 A 点起动运行到 B 点，撞上行程开关 SQ2 后停止；2 min 后自动返回到 A 点，撞上 SQ1 后停止，2 min 后自动运行到 B 点，停留 2 min 后又返回 A 点，实现往复运动。要求电路具有短路保护、过载保护和欠电压保护等功能。

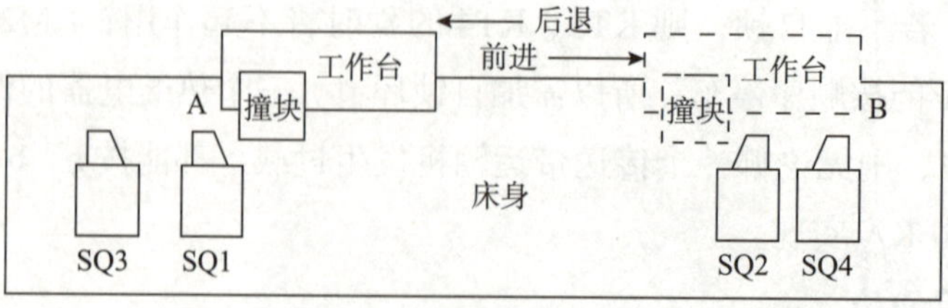

图 4-11　生产机械工作示意图

（1）主电路的设计

由于要实现往复运动，所以主电路应具备正、反转功能。

（2）控制电路的设计

接触器控制电路的设备由 A 点起动，电动机正转，KM1 线圈得电。把 SQ2 的常闭触点串入 KM1 接触器线圈回路中，撞上 SQ2 后停止，同时串入 KM2 的互锁点，在 SB2 两端并联 KM1 的常开辅助触点用于自锁。当撞上 SQ2 后，时间继电器 KT1 得电，在 SQ2 常开触点后面接入 KT2，延时 2 min 后 KT2 通电延时闭合触点闭合，KM2 得电，电动机反转，根据功能可得到如图 4-12 所示的电路。

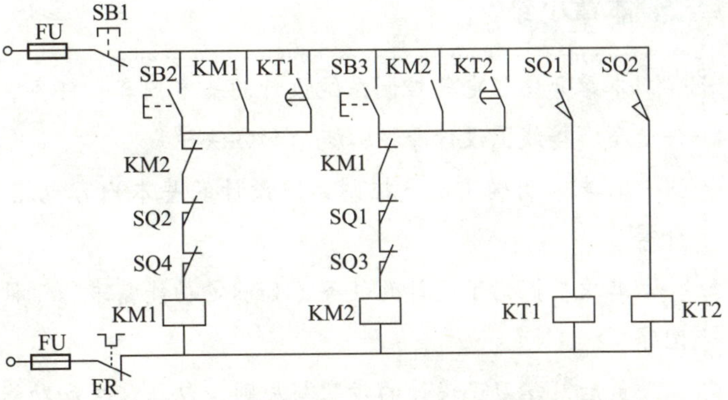

图 4-12　自动往返控制电路

（3）完善设计方案

上述方案在控制功能上已达到设计要求，但仔细分析可以发现：当运动部件运行到 B 点时撞上 SQ2 或到 A 点撞上 SQ1 时停电，当操作人员又未拉下电源开关时，恢复供电后该生产机械会自动起动。因为当 SQ2 或 SQ1 受压时，KT2 或 KT1 的线圈通过 FU、SB1 和 FR 构成回路，延时一段时间后，KM1 或 KM2 线圈得电，这会造成设备的自行起动，这是不允许的，因此必须对上述电路加以完善和改正，如图 4-13 所示。

这个电路是在原电路的基础上增加了一个中间继电器 KA。由于 KA 具有失电压保护功能，当断电恢复供电后设备必须重新人工起动，从而提高了系统的安全性。

当然，上述这种现象出现的机会不多，但作为一名电气电路的设计人员要尽量考虑周全，做到万无一失。

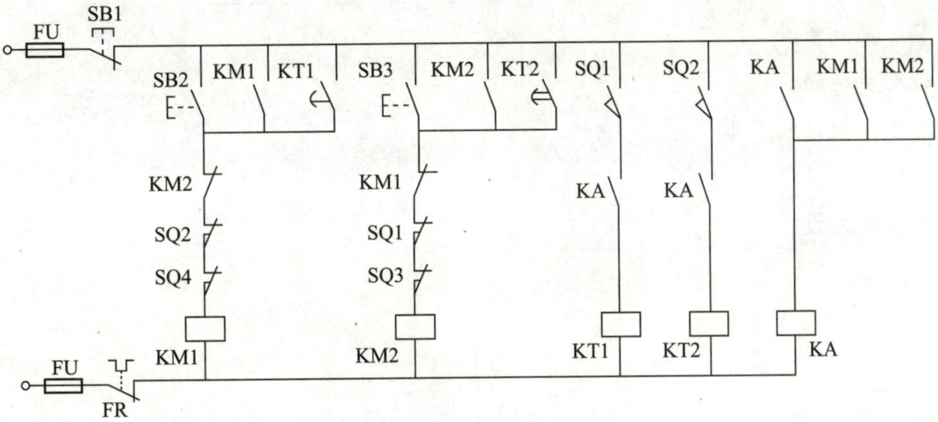

图 4-13　改进的自动往返控制电路

（4）校核电气原理图

设计完成后必须认真进行校核，看其是否满足生产工艺要求，电路是否合理，有无需要进一步简化之处，是否存在寄生电路，电路工作是否安全可靠等。

本章小结

本章介绍了电气控制系统设计的基本内容、任务、步骤与原则，包括方案设计、元件选型、接线图设计等核心概念和方法论。

首先，明确了电气控制系统设计的基本内容包括方案设计、元件选型和接线图设计等。

其次，探讨了设计的任务，如确定功能需求、元件选型和布置、设计接线图和逻辑图等。

最后，学习了设计的步骤与原则，包括需求和功能确定、元件选型和布置、图表设计、软件编制、系统仿真调试和文档编写等。原则方面，强调系统可靠性和灵活性，确保设计稳定可靠且具备灵活性。

通过本章的学习，帮助读者掌握了电气控制系统设计的理论知识和工程实践能力，培养团队合作能力，为未来工作打下坚实基础，应对各种工程项目和挑战。

思考练习

一、填空题

1. 电气控制系统的设计包含两个基本内容：一个是 ______；另一个是 ______。
2. 电气控制电路的设计有两种方法：一种是 ______；另一种是 ______。
3. 保证电气控制电路工作的可靠性，最主要的是选择 ______。
4. 生产机械电气控制电路设计包含 ______、______ 和 ______。

二、名词解释

1. 寄生电路。
2. 电气设计任务书。
3. 经验法。
4. 主电路设计。

第 5 章　PLC 及其工作原理

本章导读

可编程逻辑控制器（PLC）是种专门为在工业环境下应用而设计的数字运算操作电子系统。它采用一种可编程的存储器，在其内部存储执行逻辑运算、顺序控制、定时、计数和算术运算等操作的指令，通过数字式或模拟式的输入输出来控制各种类型的机械设备或生产过程。本章旨在全面探讨可编程逻辑控制器（PLC）及其工作原理，涵盖了PLC 的概述、硬件与软件系统、工作原理以及与其他控制系统的比较。

学习目标

◎知识目标

1. 理解可编程逻辑控制器（PLC）的起源、发展历程和基本定义。
2. 掌握 PLC 硬件系统的组成部分，包括 CPU、存储器、输入输出接口和电源等。
3. 理解 PLC 软件系统的构成，包括编程语言和用户程序结构。
4. 理解 PLC 的工作原理，包括控制系统的组成、循环扫描工作方式和扫描周期等。
5. 能够对比 PLC 与其他控制系统，包括继电器控制系统、IPC 控制系统、单片机控制系统以及 DCS、FCS 控制系统的区别。

◎能力目标

1. 能够独立分析和描述 PLC 的硬件和软件系统。
2. 能够编写基本的 PLC 程序并理解其运行原理。

3. 能够解释 PLC 的工作原理，并能够应用于实际工程控制中。

4. 能够比较和评价 PLC 与其他控制系统的优缺点，并能够根据实际需求选择合适的控制方案。

◎素质目标

1. 提高学生学习能力和自主学习能力，能够主动获取和吸收相关领域的知识。

2. 培养学生解决问题的能力，能够应对工程控制领域的实际挑战。

3. 提高学生团队合作能力，能够与工程团队合作，共同完成 PLC 控制系统的设计和实施。

4. 增强学生创新意识，能够提出新颖的 PLC 应用方案，并能够在实践中不断改进和优化。

◎思政目标

1. 培养学生对自动化技术的前瞻视野，认识到 PLC 在现代化生产中的核心作用，激发学生对智能控制技术的兴趣和创新意识。

2. 理解 PLC 实时控制特性，培养学生对时间敏感性，分析问题和解决问题能力，强化学生工程实践中的责任与故障排查意识。

3. 拓宽学生视野，认识到技术进步与发展的趋势，培养学生批判性思维，理解技术选择的合理性，强化学生在技术变革中的适应力。

5.1 PLC 概 述

5.1.1 PLC 的诞生及发展

传统的生产过程中存在着大量的开关量（也叫数字量、离散量等）顺序控制，依据逻辑条件进行顺序动作，并按照逻辑关系进行连锁保护动作的控制，另外还有大量离散量的数据采集，这些功能是通过继电接触器控制系统来实现的。20 世纪 60 年代，汽车生产流水线自动控制系统就是继电接触器控制的典型代表。当时汽车的每一次改型都直接导致继电接触器控制装置的重新设计和安装调试。随着生产的发展，汽车型号更新的周期越来越短，导致继电接触器控制装置需要频繁地重新设计、安装与调试，十分费时、费工、费料，甚至阻碍了产品更新周期的缩短。为了改变这一状况，美国通用汽车公司公开招标，要求用新的控制装置取代继电接触器控制装置，并提出了以下十项招标指标。

PLC 的定义

（1）编程方便，现场可修改程序。

（2）维修方便，采用模块化结构。

（3）可靠性高于继电接触器控制装置。

（4）体积小于继电接触器控制装置。

（5）数据可直接送入管理计算机。

（6）成本可与继电接触器控制装置竞争。

（7）输入可以是交流 115 V 电压。

（8）输出为交流 115 V、2 A 以上，能直接驱动电磁阀、接触器等。

（9）在扩展时，原系统只要很小变更。

（10）用户程序存储器容量至少能扩展到 4 KB。

1969 年，美国数字设备公司（DEC）研制出第一台 PLC，在美国通用汽车自动装配线上试用，获得了成功。它基于集成电路和电子技术，首次采用程序化的手段应用于电气控制，是第一代的 PLC。这种新型的工业控制装置以其简单易懂、操作方便、可靠性高、通用灵活、体积小、使用寿命长等一系列优点，很快在美国其他工业领域推广应用，到 1971 年，已经成功地应用于食品、饮料、冶金、造纸等工业领域。

早期的 PLC（20 世纪 60 年代末~ 20 世纪 70 年代中期）可以看作是继电接触器控制装置的替代物，其主要功能只是执行原来用继电接触器完成的顺序控制、定时控制等。它在硬件上以准计算机的形式出现，在 I/O 接口电路上做了改进以适应工业控制现场的要求。装置中的器件主要采用分立元件和中小规模集成电路，存储器采用磁芯存储器。另外还采取了一些措施，以提高其抗干扰能力。在软件编程上，采用广大电气工程技术人员熟悉的继电接触器控制电路的方式——梯形图。早期 PLC 的性能就优于继电接触器控制装置，其优点是简单易懂、便于安装、体积小、能耗低、有故障指示、能重复使用等，其中 PLC 特有的编程语言——梯形图一直沿用至今。

中期的 PLC（20 世纪 70 年代中期~ 20 世纪 80 年代中后期）由于微处理器的出现而发生了巨大变化。美国、日本、德国等一些厂家先后开始采用微处理器作为 PLC 的中央处理单元（CPU），使 PLC 的功能大大增强。在软件方面，除了保持其原有的逻辑运算、定时、计数等功能以外，还增加了算术运算、数据处理和传送、通信、自诊断等功能。在硬件方面，除了保持其原有的数字量模块以外，增加了模拟量模块、远程 I/O 模块、各种特殊功能模块，并扩大了存储器的容量，使各种逻辑线圈的数量增加，还提供了一定数量的数据寄存器，使 PLC 的应用范围得以扩大。

近期（20 世纪 80 年代中后期 ~ 21 世纪 10 年代中后期）由于超大规模集成电路技术的迅速发展，微处理器的市场价格大幅度下跌，各种类型 PLC 所采用的微处理器档次普遍提高。为了进一步提高 PLC 的处理速度，各制造厂商还研制开发了专用逻辑处理芯片，使得 PLC 软硬件功能发生了巨大变化。PLC 的网络通信功能和工艺控制功能进一步增强。

当前（21 世纪 10 年代中后期至今），随着超大规模集成电路等微电子技术的发展，PLC 已发展到以 16 位和 32 位微处理器构成的微机化平台，而且实现了多处理器的多通道处理，同时融合远程 I/O 和通信网络、复杂数据处理以及图像显示技术等。PLC 产品结构和规模不断改进，一方面推出速度更快、性价比更高的小型和超小型 PLC 以适应单机及小型自动控制的需要，另一方面高速度、大容量、技术完善的大型 PLC 推陈出新。编程软件功能更加强大，集成程度更高。通信协议、编程语言和编程工具等技术日益规范化和标准化。

5.1.2　PLC 的定义

IEC 于 1982 年 11 月（第一版）和 1985 年（修订版）对 PLC 做了定义，其中修订版的定义为：PC（即 PLC）是一种数字运算操作的电子系统，专为在工业环境下应用而设计。它采用可编程序的存储器，用来在其内部存储执行逻辑运算、顺序控制、定时、计数和算术运算等操作指令，并通过数字式或模拟式的输入与输出，控制各种类型的机械或生产过程。PLC 及其有关外部设备，都按易于与工业控制系统联成一个整体，易于扩充其功能的原则设计。

PLC 自诞生起就直接应用于工业环境，具有很强的抗干扰能力、广泛的适应能力和应用范围，目前已广泛应用于冶金、化工、矿业、机械、轻工、电力和通信等领域，成为现代工业自动化控制的重要支柱之一。

课堂讨论

在控制系统中，为什么 PLC 逐渐取代了传统的继电器控制系统？请详细比较它们的优缺点，并分析 PLC 在工业控制中的应用优势。

5.2　PLC 的硬件系统

5.2.1　PLC 的硬件组成

PLC 实质上是一种用于工业控制的专用计算机，其硬件组成与普通计算机大致相同，由 CPU、存储器、输入输出单元、通信接口、扩展接口和电源等部分组成，如图 5-1 所示。但为了便于接线、扩展、操作与维护，提高抗干扰能力和可靠性，其结构又与普通计算机有所区别。

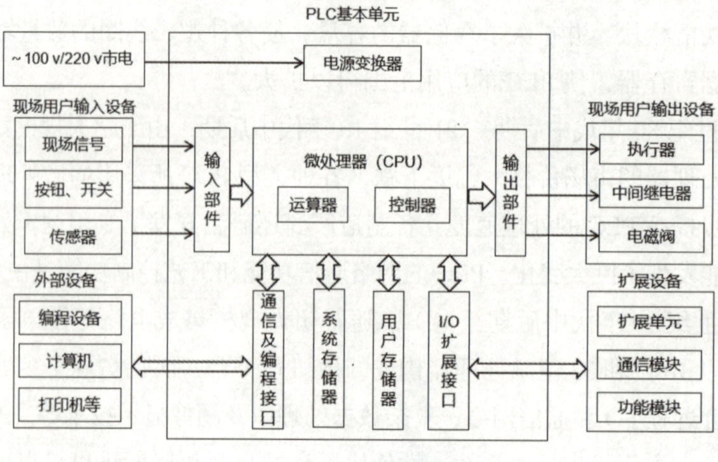

图 5-1　PLC 硬件组成

5.2.2　CPU（中央处理器）

与通用计算机一样，CPU 是 PLC 的核心部件，它完成 PLC 所进行的逻辑运算、数值计算及信号变换等任务，并发出管理、协调 PLC 各部分工作的控制信号。

CPU 主要作用如下。

（1）程序、数据：用户程序和数据的接受与存储。

（2）输入采样：用扫描方式通过输入接口采样现场信号，并存入输入映像寄存器。

（3）系统诊断：监测和诊断电源、PLC 内部电路的工作状态和用户编程过程中的语法错误等。

（4）程序执行：从存储器逐条读取用户指令，完成各种数据的运算、传送和存储等功能。

（5）输出刷新：根据数据处理的结果，刷新有关标志位的状态和输出映像寄存器的内容，再经由输出接口电路实现控制。

PLC 中所采用的 CPU 随机型不同而异，通常有三种：通用微处理器（如 8086、80286、80386 等）、单片机和位片式微处理器。小型 PLC 大多采用 8 位、16 位微处理器或单片机做 CPU，价格低、通用性好。中型 PLC 大多采用 16 位、32 位微处理器或单片机作为 CPU，如 8086、96 系列单片机，集成度高、运算速度快、可靠性高。大型 PLC 大多采用高速位片式微处理器，灵活性强、速度快、效率高。

5.2.3　存储器

PLC 运行所需的程序分为系统程序及用户程序，存储器也分为系统存储器和用户存储器两部分。PLC 存储器结构如图 5–2 所示。

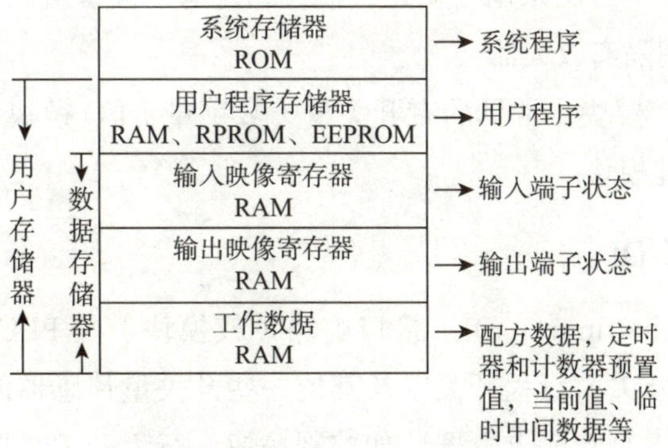

图 5–2　PLC 存储器结构

（1）系统存储器

系统存储器用来存放 PLC 生产厂家编写的系统程序，并固化在只读存储器 ROM 内，用户不能更改。

（2）用户存储器

用户存储器包括用户程序存储区和数据存储区两部分。用户程序存储区存放针对具体控制任务，用规定的 PLC 编程语言编写的控制程序。用户程序存储区的内容可以由用户任意修改或增删。用户程序存储器的容量一般代表 PLC 的标称容量，通常小型 PLC 的标称容量小于 8 KB，中型 PLC 的标称容量小于 64 KB，大型 PLC 的标称容量在 64 KB 以上。用户数据存储区用于存放 PLC 在运行过程中所用到的和生成的各种工作数据。用户数据存储区包括输入数据映像区、输出数据映像区、定时器、计数器的预置值和当前值的数据区以及存放中间结果的缓冲区等。这些数据是不断变化的，并不需要长久保存，因此采用随机读写存储器 RAM。当供电电源关掉后，RAM 的内容会丢失，因此在实际使用中通常为其配备掉电保护电路。当正常电源关掉后，由备用电池为它供电，保护其存储的内容不丢失。

5.2.4 输入输出接口电路

输入输出（I/O）接口电路是 PLC 与工业控制现场各类信号连接的通道，起着 PLC 与被控对象间传递输入输出信息的作用。PLC 的 I/O 接口电路有两个基本要求：信号匹配的标准化和良好的抗干扰能力。

（1）信号匹配的标准化。工业现场情况复杂，实际生产过程中的信号也多种多样，如电平高低、电压电流类型、信号范围等可能不同，若要 PLC 采集、处理、控制这些信号，就要求 PLC 的 I/O 接口电路的信号标准化，如采用交流 220 V、直流 24 V、0 ~ 10 V、4 ~ 20 mA 等标准化信号。尽可能降低信号转换所带来的经济成本和故障率，提高可靠性。

（2）良好的抗干扰能力。为了提高抗干扰能力，一般的 I/O 模块都有光电隔离装置。在数字量 I/O 模块中广泛采用由发光二极管和光电三极管组成的光电耦合器，在模拟量 I/O 模块中通常采用隔离放大器。

PLC 具有多种 I/O 模块，常见的有开关量（数字量）I/O 模块和模拟量 I/O 模块，以及具有特殊功能的智能模块。

1. 开关量输入（DI）

开关量输入（digital input，DI）接口电路（或模块）是 PLC 接受控制现场开关量信号（如按钮、选择开关、行程开关以及其他一些开关量传感器的信号）的通道。产生开关量信号的电器可以是有触点电器，如控制按钮、行程开关、压力继电器、温度继电器等，也可以是无触点电器，如接近开关、光电开关等；可以是有源触点，如开关量传感器等，也可以是无源的。如果是无触点电器和有源触点，要注意电流方向和信号匹配问题。

为了提高抗干扰能力，PLC 开关量输入电路一般都有滤波和隔离电路，广泛采用的是光电耦合器。PLC 开关量输入电路每个通道均会有一个发光二极管指示灯，当有信号输入时发光二极管点亮，便于观察和维修。

为了匹配现场信号，PLC 开关量输入接口一般有直流、交流和交 / 直流输入三种类型可供选择，如图 5-3 所示。使用最多的是直流信号输入，输入电源可由外部提供，如西门子公司的 S7-1200，也有 PLC 内部供电的，如三菱公司的 FX0N。

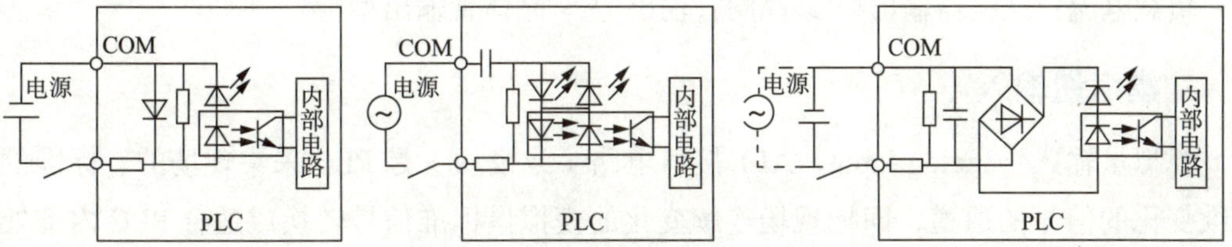

（a）直流输入　　（b）交流输入　　（c）交流 / 直流输入

图 5-3　PLC 开关量输入接口电路原理图

2. 开关量输出（DO）

开关量输出（digital output，DO）接口电路（或模块）是 PLC 根据用户程序运算结果控制现场开关量负载（如接触器线圈、电磁阀、电磁铁、指示灯等）的通道。PLC 产生的输出开关量控制信号正是经过开关量输出电路驱动负载，如电动机的启停和正反转、阀门的开闭、设备的进退、升降等。

开关量输出接口通常有三种类型：继电器输出型、晶体管输出型和晶闸管输出型如图 5-4 所示。输出电路一般都采用电气隔离技术，电源由外部提供，输出电流在 0.5～2 A 之间，可以直接驱动常用的接触器线圈或电磁阀。每一路开关量输入通道有一个发光二极管指示输出状态。

（1）继电器输出型。逻辑控制的项目中最常见，输出电源可以是交流，也可以是直流，输出频率不高，负载电流可达 2 A。

（2）晶体管输出型。通断频率高，适合于运动控制系统，如伺服电机、步进电机的高频脉冲输出等场合，输出电路电源只能是直流，负载电流最小，一般为 0.5 A。

（3）晶闸管输出型。适合于通断频率要求较高的场合，电源可以是交流，现在这种电路使用较少。

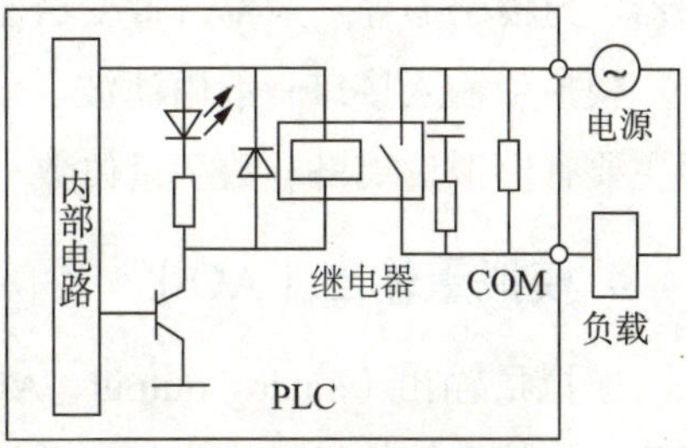

（a）继电器输出型

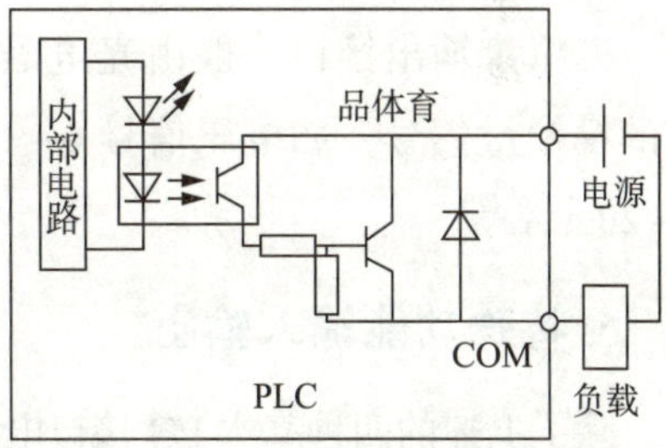

（b）晶体管输出型

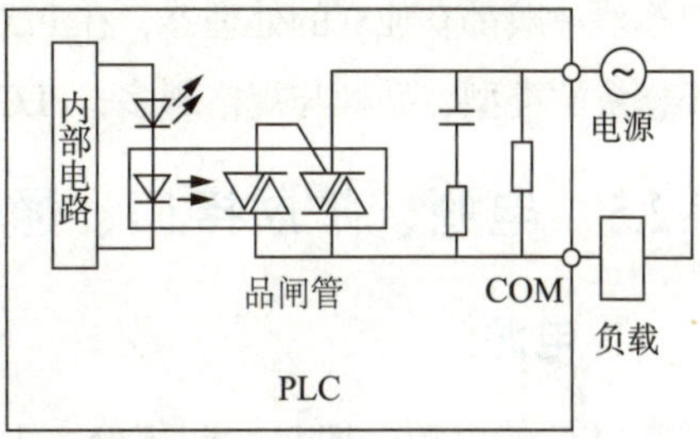

（c）晶闸管输出型

图 5-4　PLC 开关量输出接口电路原理图

具体选用哪种输出类型的接口电路要根据被控负载的容量、通断频率、电源类型等因素而定。

通断频率：晶体管输出型 > 晶闸管输出型 > 继电器输出型

负载电流：继电器输出型 > 晶闸管输出型 > 晶体管输出型

3. 模拟量输入（AI）

模拟量输入（analog input，AI）接口电路（或模块）是 PLC 采集现场的、标准的、连续变化的信号的通道，即把现场连续变化的模拟量标准信号转换成适合 PLC 内部处理的由若干位二进制数字表示的信号。

模拟量输入接口一般接受标准的模拟量信号，如 0 ~ 10 V、0 ~ 5 V、−10 ~ +10 V 等电压信号，4 ~ 20 mA、0 ~ 20 mA 等电流信号，有些 PLC 还直接接受模拟量非标准信号模块，如热电阻、热电偶模块等。现在的现场传感器，如压力传感器、温度传感器、流量传感器、力传感器等一般都自带变送器，直接输出可供 PLC 接受的标准模拟量信号。

模拟量输入接口一般由滤波、隔离、多路分选、A/D 转换和存储等环节组成。性能指标主要有模拟量规格、数字量位数、转换路数、转换时间等。

4. 模拟量输出（AO）

模拟量输出（analog output，AO）接口电路（或模块）是 PLC 根据用户程序运算结果将多位数字量信号转换为相应的标准模拟量信号输出，控制现场模拟量对象，如阀门的开度、变频器频率给定等。

模拟量输出接口一般由光电隔离、D/A 转换和信号驱动等环节组成。输出信号为标准的模拟量信号，如电压信号 0 ~ 10 V、0 ~ 5 V、−10 ~ +10 V 等，电流信号 4 ~ 20 mA、0 ~ 20 mA 等。

5. 特殊功能输入输出

除了上述的四种基本 I/O 接口电路外，现在的 PLC 还有一些具有特殊功能的接口模块，如高速计数模块、通信接口模块、温度控制模块、PID 控制模块和位置控制模块等。这类接口模块一般都有独立的处理器，在 PLC 的 CPU 协调控制下相对独立工作，实现特定功能。这类模块的类型、品种与规格越多，PLC 系统的灵活性越好，实现越简单，调试更容易。

5.2.5 电源、扩展接口、通信接口

1. 电源

PLC 的电源一般包括两部分：工作电源和后备电池。

（1）工作电源

PLC 一般使用 220 V 的交流电源或 24 V 直流电源，内部的开关电源为 PLC 的中央

处理器、存储器等电路提供 5 V、± 12 V、24 V 等直流电源，整体式的小型 PLC 还提供定容量的直流 24 V 电源，供外部有源传感器（如接近开关）使用。PLC 的电源部件有很好的稳压措施，因此对外部电源稳定性要求不高，允许电源输入电压范围宽（DC 如 20.4 ~ 28.8 V 或 DC 85 ~ 264 V），PLC 电源还有体积小、效率高、抗干扰能力强的特点。

对于整体式 PLC，电源部件通常封装到机壳内，模块式 PLC 则多采用电源模块的形式。

（2）后备电池

为了防止在工作电源故障或外部电源停电的情况下，PLC 内部程序和数据等重要信息丢失，PLC 一般用锂电池做停电时的后备电源。

2. 扩展接口

对于整体式 PLC，扩展接口用于将扩展单元或功能模块与基本单元相连，使 PLC 的配置更加灵活，以满足不同控制系统的需要。

3. 通信接口

PLC 通过通信接口可以与显示设定单元、触摸屏、编程器相连，提供方便的人机交互途径；也可以与其他的 PLC、计算机以及现场总线网络相连，组成多机系统或工业网络控制系统。

5.3　PLC 的软件系统

5.3.1　PLC 的软件系统构成

PLC 的软件系统包括系统程序和用户程序两部分（图 5-5）。

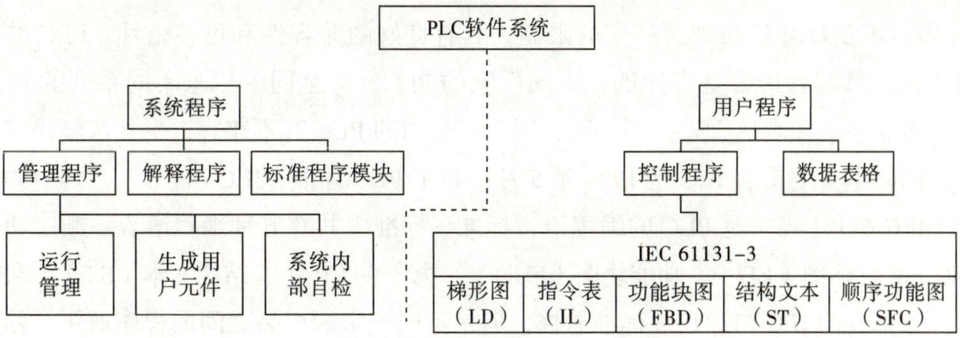

图 5-5　PLC 的软件系统构成

1. PLC 的系统程序

PLC 的系统程序是由 PLC 生产厂家编写的，并固化在 ROM 内，用户不能更改。它使 PLC 具有基本的功能，能够完成 PLC 设计者规定的各项工作。系统程序的内容主要包括三部分：系统管理程序、用户指令解释程序和标准程序模块。

（1）系统管理程序用以完成 PLC 运行相关时间分配、存储空间分配（生成用户元件）管理和系统自检等工作。

（2）用户指令的解释程序用以完成用户指令变换为机器码的工作。

（3）标准程序模块是 PLC 厂家编写的具有特定功能的标准程序，封装成功能块或指令盒的形式，用户在程序中可灵活调用，如 PID 程序功能块、运动控制功能块等。因为标准程序模块功能的不断优化和完善，大大地拓宽了 PLC 的应用范围，增强了 PLC 的编程灵活性，降低了对程序员编程能力的要求，同时使程序设计更加优化和方便。标准程序模块的种类和数量也是衡量 PLC 性能的一项指标。

2. PLC 的用户程序

用户程序又称为应用软件、用户软件，是由用户根据控制要求，采用 PLC 专用的程序语言编写的具有特定控制功能的程序。用户程序是可以改变的，可方便地上传、下载、编辑、修改、在线监视等操作。只有加载了用户程序的 PLC 才具有控制功能。

编辑、修改、监视用户程序的设备有专用编程器和个人计算机（内装编程软件）等。专用编程器只能编程某一个 PLC 生产厂家的 PLC，使用范围有限，寿命短、功能弱，价格较高，使用越来越少了。

现在的趋势是以个人计算机作为编程系统的硬件平台，内装由 PLC 厂家提供的编程软件，功能强大、直观易学，尤其是在复杂的程序的编辑和调试中这种编程系统是不二的选择。

5.3.2 PLC 的编程语言

个人计算机的通用编程语言，如 BASIC、C、FORTRAN 以及 Visual C++、Visual Basic 等，不受计算机品牌、厂家的限制，具有良好的兼容性和可移植性。PLC 的情况有所不同，其编程语言是专用的，不同厂家的 PLC，甚至同一厂家不同系列的 PLC 的具体的指令系统和表达方式并不一致，因此各公司的 PLC 互不兼容，也无法轻松移植。因此，国际电工委员会 IEC 于 1994 年 5 月公布了 PLC 标准（IEC 61131），其中的第三部分（IEC 61131-3）是 PLC 的编程语言标准。标准中共有五种编程语言：顺序功能图（SFC）、梯形图（LD）、功能块图（FBD）、指令表（IL）、结构文本（ST）。目前，PLC 厂家都在向 IEC 61131-3 标准靠拢，但是不同厂家的产品之间的程序通用、移植还没有做到，这是 PLC 控制系统最被人们诟病的原因之一。

1. 梯形图（LD）

梯形图（ladder diagram，LD）是最早使用的一种 PLC 的编程语言，它是从继电器控制系统原理图演变而来，继承了继电器接触器控制系统中的基本工作原理和电气逻辑关系的表示方法。梯形图与继电器控制系统原理图的基本思想是一致的，只是在使用符号和表达方式上有一定区别。它的最大特点就是直观、清晰、简单易学，特别适合熟悉继电器电路图的电气工程技术人员，在逻辑、顺序控制系统中得到了广泛的使用，其优势是其他编程语言无法比拟的，被称为 PLC 第一编程语言。图 5-6 为继电器控制电路图和 PLC 梯形图程序比较。

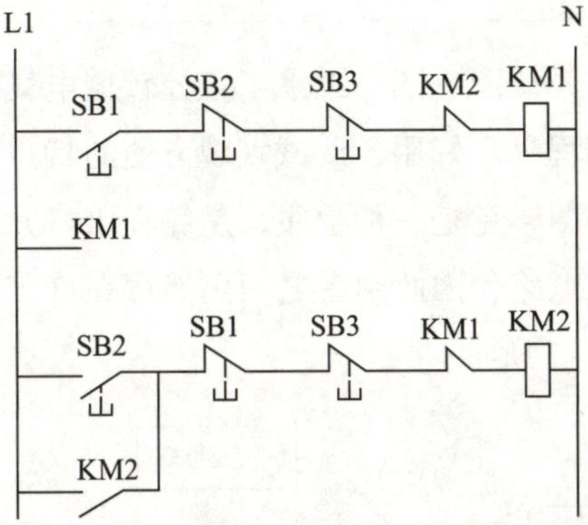

（a）继电器控制电路

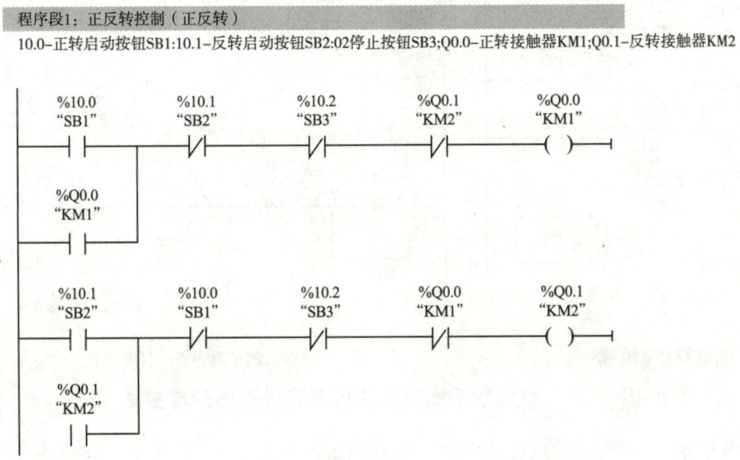

（b）PLC 程序（梯形图）

图 5-6　继电器控制电路图和 PLC 梯形图程序比较

从图 5-6 中可见，梯形图和继电器控制系统原理图非常相似，程序结构酷似阶梯而得名。根据编程标准规定，梯形图的语言元素有母线、触点、线圈或功能块，以及逻辑连线，如表 5-1 所示。

表 5-1　继电器控制系统原理图和 PLC 梯形图对应表

名称	继电器控制系统原理图	梯形图
常开触点	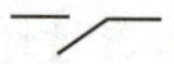	─┤├─
常闭触点		─┤/├─
线圈	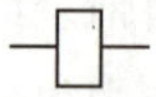	─( )─ 或 ─○─
文字符号	SB、SQ、KA、KM 等	I0.0、M2.1、Q3.5 等
	电源线	母线
	电流	能流

梯形图源于继电器控制系统原理图，继承了工控领域电气工程师的知识体系和理解习惯，具有逻辑顺序控制中编程易学好用、调试直观方便的特点。虽然表达形式上和继电器控制系统酷似，但是，梯形图毕竟是一种程序，是编程语言元素和结构的逻辑组合的一种图形化表达方式，并非现实电路，因此两者之间仍然存在许多差异。继电器控制系统原理图和梯形图组成要素如图 5-7 所示。

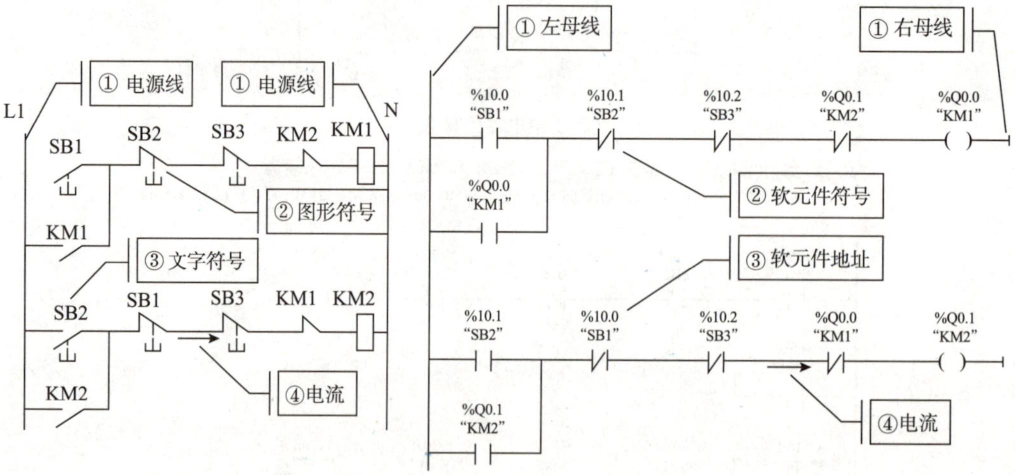

（a）继电器控制电路　　（b）PLC 程序（梯形图）

图 5-7　继电器控制系统原理图和梯形图组成要素

（1）软元件

不同于继电器控制系统电路中的物理电器，梯形图中的语言元素（触点、线圈等）并不是现实物理触点和线圈，而是 PLC 内部具有一定功能的存储器单元，称之为“软元件”。

① 触点。梯形图中的触点不是现场物理开关的触点，它们对应输入映像寄存器、输出映像寄存器或数据寄存器中的相应位的状态。

· 取位操作。梯形图中的触点是对寄存器中的相应位的读取操作，并和与之相连的其他触点逻辑组合，为其后的线圈、功能块的执行建立逻辑条件。常开触点是取位操作，常闭触点应理解为位取反操作。当位状态为 TRUE（1）时，触点保持原始状态；当位状态为 FALSE（0）时，触点处于反转（动作）状态，如表 5-2 所示。

表 5-2　位状态与程序触点状态的关系

位状态	程序触点	通断状态	能流能否通过
0	常开触点	断开	不能
	常闭触点	闭合	能
1	常开触点	闭合	能
	常闭触点	断开	不能

· 数量不限。既然触点是对寄存器的位状态的读取操作，那么可以无数次读取而不影响相应位的状态，体现在梯形图中就是同一触点无数次使用，这与物理电器触点有限的情况不同。

② 线圈。梯形图中的输出线圈也不是物理线圈，不能用它直接驱动现场执行机构。输出线圈的状态对应映像寄存器相应位的状态而不是现场电磁开关的实际状态。

· 赋值（写位）操作。梯形图中触点是对寄存器中的相应位的赋值（写）操作。如果能流通过输出线圈（理解为线圈得电），则输出位赋值为 TRUE（1）。如果没有能流通过输出线圈（理解为线圈失电），则输出位赋值为 FALSE（0）。

· 线圈唯一。既然线圈是对寄存器的位的赋值操作，那么程序中会出现两次或两次以上的同一线圈，这种现象称为“双线圈”，就意味着同一扫描周期中对该位多次赋值，后面的赋值会覆盖前面的内容，因此程序中同一个线圈只能出现一次。

（2）母线

梯形图中的母线对应继电器控制系统原理图中的电源线，垂直分列于梯形图的两侧，左右母线之间是触点的逻辑组合和线圈输出。梯形图是程序而非电路，其工作不需要电压，其中也没有电流，因此母线的存在纯粹就是继承了继电器控制系统原理图的历史习惯，为了便于理解，有些编程软件中没有了右母线。

（3）能流

能流或能量流是为了便于分析和调试梯形图程序而引入的一个概念，类似于实际电路中的电流，可以理解为虚拟的电流。梯形图中的能流只能从左到右、自上而下流动，不允许倒流。触点闭合则能流可以通过，触点断开则能流被阻断；对于线圈，能流到达线圈，线圈得电，相应存储器位被赋值为 TRUE（1）；没有能流到达线圈，线圈失电，则相应存储器位被赋值为 FALSE（0）。

2. 指令表（IL）

指令表（instruction list，IL）又称语句表，与计算机汇编语 S 相似，常被计算机专业的技术人员使用。指令表程序中的一条指令一般由助记符和操作数组成，也有些指令没有操作数。图 5-8 为西门子 S7-200 PLC 的语句表程序。

①助记符　②操作数

```
NETWORK1
LD   10.0
O    10.3
LD   10.1
O    10.4
ALD
AN   10.2
=    Q0.0
```

图 5-8　西门子 57-200PLC 的语句表程序

指令表语言编程方法在繁杂的计算、数据处理、跳转和循环等程序控制中有一定的优势，在逻辑控制中不直观的缺陷比较突出，而且不同的 PLC 的语句表语言差别很大，通用性不如梯形图。目前大多 PLC 编程软件中梯形图和语句表可直接转换，还可以混合使用，取长补短。

3. 功能块图（FBD）

功能块图（function block diagram，FBD）是一种类似于数字逻辑门电路的编程语言，有数字电路基础的人很容易掌握。该编程语言用类似于门或门的方框来表示逻辑运算关系，方框的左侧为逻辑运算的输入变量，右侧为逻辑运算的输出变量，输入、输出端的小圆圈表示“非”运算，方框被“导线”连接在一起，信号从左向右流动，图 5-9 为功能块图的实例。个别微型 PLC 模块（如西门子公司的“LOGO!”逻辑模块）使用功能块图编程语言，除此之外，很少有用户使用功能块图编程语言。

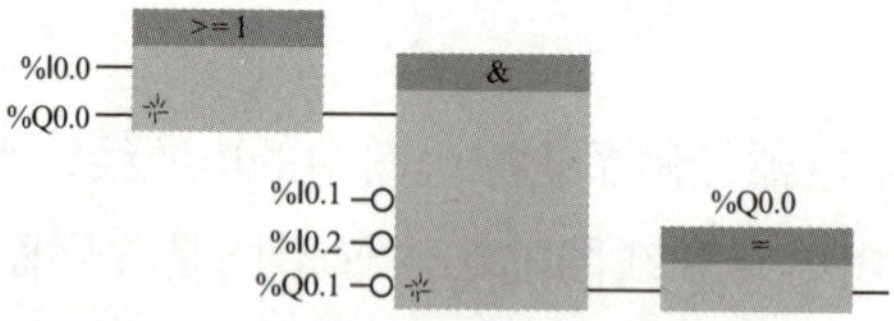

图 5-9　功能块图程序实例

4. 顺序功能图（SFC）

顺序功能图（sequential function chart，SFC）一种描述顺序控制系统的图解表示方法，是专为工业顺序控制程序设计的一种功能说明性语言。它能完整地描述控制系统的工作过程、功能和特性，是分析、设计电气控制系统控制程序的重要工具。

顺序功能图体现了一种编程思想，在顺序控制的编程中有很重要的意义。顺序功能图的组成要素：步、有向连线（转移方向）、转移、转移条件、步动作。

根据工艺过程，将一个工作周期划分为若干顺序相连的步。分析每步完成的动作以及向下一步转移的条件和方向，用有向连线按顺序将各步连起来，以表达整个流程，如图 5-10 所示。

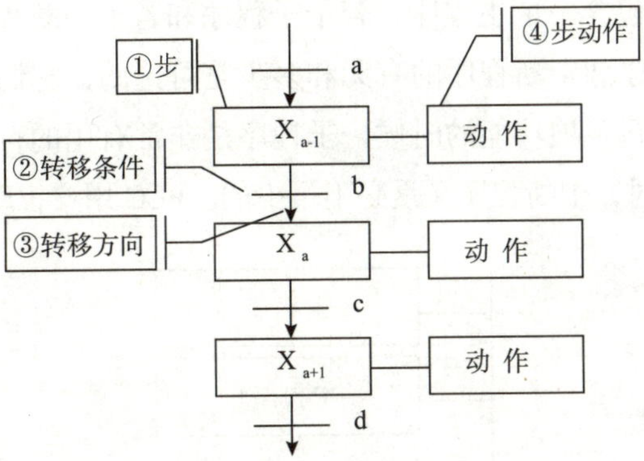

图 5-10　顺序功能图

5. 结构文本（ST）

结构文本（structured text，ST）是一种类似于计算机高级语言的编程方式，它的语法规范接近计算机中的 PASCAL 语言。西门子的结构化控制语言（structured control language，SCL）实现了 IEC 61131-3 标准中定义的 ST 语言（结构化文本）的 PLC open 初级水平。

结构文本（ST）编程对工程设计人员要求较高，需要其具备一定的计算机高级语言的知识和编程技巧。

由于结构文本（ST）编程语言是高级语言，所以其非常适合以下任务。

（1）复杂运算功能。

（2）复杂数学函数。

（3）数据管理。

（4）过程优化。

由于结构文本（ST）具备的优势，其在编程中的应用越来越广泛，有的 PLC 厂家已经将结构化文本作为首推编程语言。

综上所述，梯形图（LD）在逻辑、顺序、开关量控制中的优势无可比拟，结构文本（ST）在复杂运算、数据管理、过程优化方面优势突出，顺序功能图（SFC）在顺序控制中易学好用、结构清晰，因此各种编程语言取长补短、混合使用应该是最好的结果，目前很多品牌的 PLC 编程中已经有混合编程的编程软件，如西门子博图软件。

5.3.3　用户程序结构

1. 用户程序

在一个控制系统中用户程序是必须有的，用户程序在存储器空间中也称作组织块，它处于最高层次，可以管理其他块，可以使用各种语言（如 STL、LAD 或 FBD 等）编写用户程序。不同机型的 CPU 其程序空间容量也不相同，即对用户程序的长短有规定，但程序存储器的容量对一般场合使用来说已足够了。

用户控制程序可以包含一个主程序、若干子程序和若干中断程序。主程序是必须的，而且只能有一个，子程序和中断程序的有无和多少是可选的，它们的使用要根据具体使用情况来决定。在重复执行某项功能的时候，子程序是非常有用的；当特定的情况发生需要及时执行某项控制任务时，中断程序又是必不可少的。PLC 用户程序结构如图 5-11 所示。

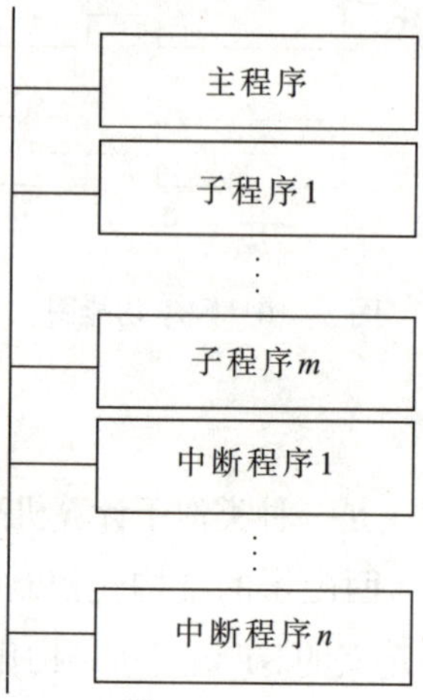

图 5-11　PLC 用户程序结构图

2. 数据块

数据块为可选部分，它主要存放控制程序运行所需的数据。数据块不一定在每个控制系统的程序设计中都使用，但使用数据块可以完成一些有特定数据处理功能的程序设计，比如为变量指定初始值。

3. 参数块

参数块存放的是 CPU 组态数据，如果在编程软件或其他编程工具上未进行 CPU 的组态，则系统以默认值进行自动配置。在有特殊需要时，用户可以对系统的参数块进行设定，比如有特殊要求的输入、输出设定、掉电保持设定等，但大部分情况下使用默认值。

5.4　PLC 的工作原理

5.4.1　PLC 控制系统组成

为了有助于初学者理解 PLC 控制系统的组成、工作方式及原理，下面以一个简单电动机起 - 保 - 停控制为例，通过和继电器控制系统相比较的形式来阐述。

1. 继电器控制系统

对于交流电动机的起 - 保 - 停控制，继电器控制系统主要由两部分组成：主电路和控制电路，如图 5-12（a）和图 5-12（b）所示。

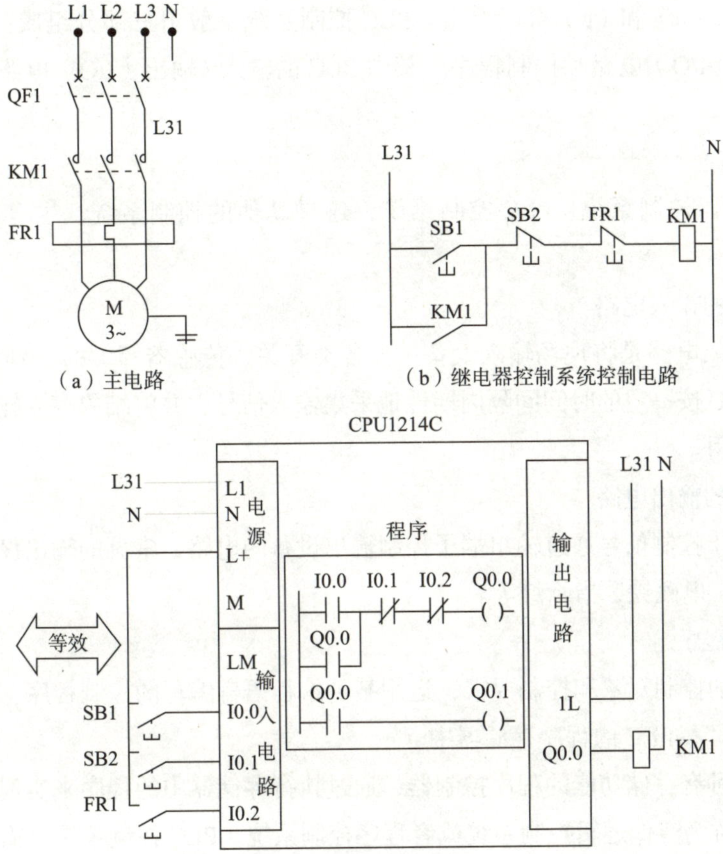

（a）主电路

（b）继电器控制系统控制电路

（c）PLC 控制系统

图 5-12　PLC 控制系统与继电器控制系统的比较

显然，继电器控制系统是一种“接线逻辑”系统，其控制电路的器件和接线决定了控制功能，一旦接线完成系统功能也随之确定，若要改变控制功能只能通过改变器件和改变接线实现，如图 5-13 所示。

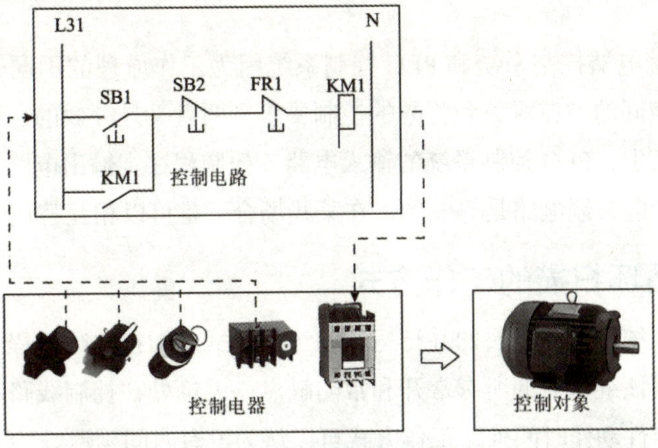

图 5-13　继电器控制系统控制电路

2. PLC 控制系统的组成

从图 5-12（a）和（c）可以看出，PLC 控制系统一般由三部分组成：主电路、PLC 的输入 / 输出（I/O）电路和控制程序。其中 PLC 的输入 / 输出（I/O）电路包括输入电路和输出电路。

（1）主电路

无论继电器控制系统、PLC 控制系统，还是其他的控制系统，主电路一般都是相同的。

（2）PLC 的输入电路

PLC 的输入电路是将现场输入设备（如各类开关、传感器等）的信号接到 PLC 的输入端子上，PLC 按一定的时间间隔周期性地采集输入信号，并将结果存入输入映像寄存器中，供程序使用。

（3）PLC 的输出电路

PLC 的输出控制信号通过输出端子控制输出设备的电路，常见的输出设备包括接触器线圈、电磁阀、电磁铁、指示灯等。

（4）用户程序

针对具体的控制对象和控制要求，运用某种编程语言编写的控制程序，通过编程器或其他编程设备写入 PLC 的程序存储器中。

PLC 是一种有存储功能的程序控制器，通过执行存储器中的程序来实现控制功能。这样的控制方式称为存储逻辑控制系统或者程序控制系统。PLC 控制系统也需要接线，这些接线大部分是 PLC 输入输出电路接线，因为 PLC 专门为工业现场的特殊设计，其输入输出电路接线简单、方便、规律。但是，需要强调的是，这些 PLC 输入输出电路接线只是 PLC 与被控系统的信号交互的通路，并不承担控制的功能，也不体现逻辑关系，这点是和继电器控制系统不同的，而真正承担控制任务的是用户程序。因此，在不改变 PLC 硬件和接线的情况下，改变用户程序即可改变控制功能，以适应不同控制任务的需要，通用性强，使用灵活。

综上所述，继电器控制系统和 PLC 控制系统因为工作原理的不同，系统组成也有所不同。但是对于相同的被控对象和相同的控制要求，两者又是等效的，可以相互替代。基于控制功能的角度上，PLC 控制系统的输入电路、控制程序、输出电路三者结合起来，和继电器控制系统中的控制电路是等效的，在某些场合下是可以相互替代的。

5.4.2 PLC 循环扫描的工作方式

继电器控制系统是接线逻辑的并行运行的工作方式，即在执行过程中，如果一个继电器的线圈通电，则该继电器的所有常开和常闭触点，无论处在控制线路的什么位置，都会立即动作，除了器件动作时间外，工作方式可以认为没有时间延迟。

微型计算机虽然也是存储逻辑系统，但是微型计算机运行程序时，一旦执行到 END 指令，程序就会运行结束，不会自动循环，除非使用循环指令。

PLC 的工作方式很特殊，它既不同于继电器控制系统，也不同于微型计算机的工作方式。PLC 采用的是集中输入、集中输出，周期性循环扫描的工作方式，即 CPU 是以分时操作方式来处理各项任务的，每一瞬间只能做一件事，所以 PLC 是按特定规则和顺序周期性循环运行的，属于串行工作方式。

如图 5-14 所示的流程图表达了 PLC 工作的全过程，整个过程可分为上电处理、循环扫描、出错处理三部分。

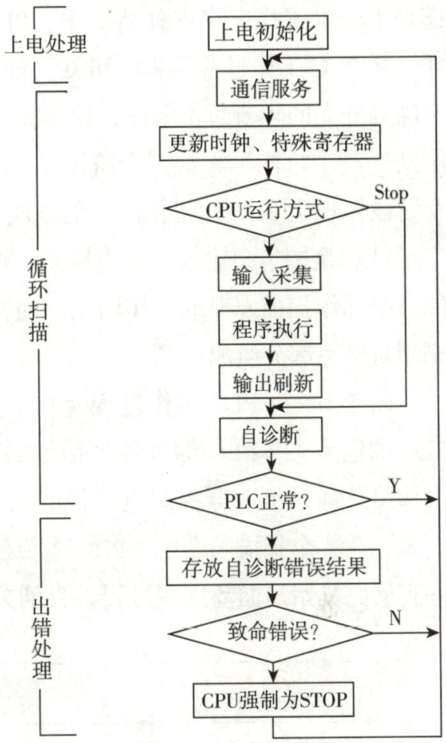

图 5-14　PLC 工作过程流程图

(1) 上电处理

上电后对 PLC 系统进行一次初始化，包括硬件初始化、I/O 模块配置检查、停电保持范围设定、系统通信参数配置及其他初始化处理等。

(2) 循环扫描

首先完成输入处理，其次完成与其他外设的通信处理，再次进行时钟、特殊寄存器更新。当 CPU 处于 STOP 方式时，转入执行自诊断检查。当 CPU 处于 RUN 方式时，还要完成用户程序的执行和输出处理，再转入执行自诊断检查。

从 PLC 工作过程流程图可以看出，当 PLC 上电后，处于正常运行时，它将不断重复图中的循环扫描过程，因此第二部分循环扫描过程是 PLC 工作过程的最核心部分。而在这个过程中，除了短暂的特殊时段（如上 / 下载程序、人为停止等）外，绝大多数情况下 PLC 是处于 RUN 运行模式，因此 RUN 模式下的循环扫描过程是 PLC 工作过程的核心中的核心，也是 PLC 工作原理的实质所在，更是初学者透彻理解 PLC 的关键。

(3) 出错处理

PLC 每扫描一次，执行一次自诊断检查，确定 PLC 自身的动作是否正常，如 CPU、电池电压、程序存储器、I/O 和通信等是否异常或出错。当检查出异常时，CPU 面板上的 LED 及异常继电器会接通，在特殊寄存器中会存入出错代码；当出现致命错误时，CPU 被强制为 STOP 方式，所有的扫描便停止。

5.4.3　扫描周期及中心内容

根据前面的介绍，PLC 上电后，除了发生故障外，绝大多数的时间内处于 RUN 运行模型下正常工作。在这种情况下，PLC 的工作过程就只在扫描过程阶段不断地周期性循环。从 PLC 工作过程流程图可知，如果对远程 I/O、特殊模块、更新时钟和通信服务、自诊断等分支的环节暂不考虑，这样扫描过程就只剩下“输入采样”“程序执行”和“输出刷新”三个阶段了。这三个阶段是 PLC 扫描过程或者工作过程的中心内容，也正是这三个阶段体现出 PLC 的工作原理的本质。

PLC 是按集中输入、集中输出，周期性循环扫描的方式进行工作的，每一次扫描所用的时间称作扫描周期或工作周期，而扫描周期主要由输入采样阶段、程序执行阶段和输出刷新阶段三部分组成。

图 5-15 为 PLC 工作过程及扫描周期的简单示意图，其输入信号（按钮等）连接到 PLC 的输入端，PLC 综合各个信号的状态，执行用户程序，计算出的逻辑结果由其输出端输出，通过接触器控制电动机的动作。图中形象地描述了 PLC 的周期性循环扫描工作方式，在一个扫描周期中，PLC 主要依次完成输入采样、程序执行、输出刷新工作，并且一直周而复始地循环这些过程，直到关机或者出现致命错误。

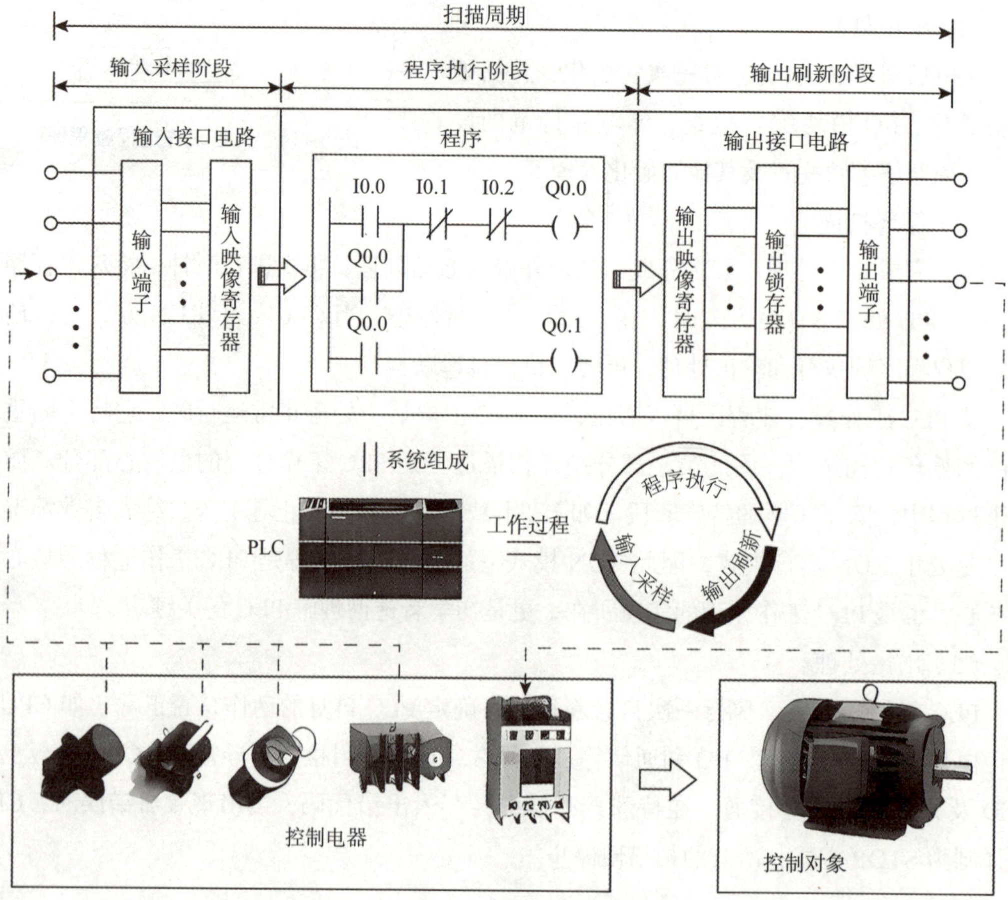

图 5-15　PLC 工作过程与扫描周期示意图

PLC 运行正常时，扫描周期的长短与 CPU 的运算速度、I/O 点的情况、用户应用程序的长短及编程情况等有关。不同指令其执行时间是不同的，从零点几微秒到上百微秒不等，故选用不同指令所用的扫描时间将会不同。若用于高速系统要缩短扫描周期时，可从软硬件上同时考虑。但是，考虑到现在的 CPU 速度高，所以像过去编程那样从用户软件使用指令上来精打细算地节省扫描时间已显得不重要了。

1. 输入采样阶段

PLC 在输入采样阶段，首先按顺序扫描所有输入端子，并将各输入状态存入相对应的输入映像寄存器中，此时输入映像寄存器被刷新，这个过程称作输入采样，或称集中输入。输入采样阶段结束后系统进入程序执行阶段，在此阶段和输出刷新阶段，输入映像寄存器与外界隔离，无论输入信号如何变化，其内容保持不变，直到下一个扫描周期的输入采样阶段，才重新写入输入端的新内容。所以，一般来说，输入信号的宽度要大于一个扫描周期，或者说输入信号的频率不能太高，否则很可能造成信号的丢失。

2. 程序执行阶段

PLC 完成了输入采样后进入到程序执行阶段。在此阶段，CPU 按顺序从 0 号地址开始的程序进行逐条扫描执行（执行顺序表现为从左到右、从上到下），并分别从输入映像寄存器、输出映像寄存器以及其他软元件映像寄存器中获得所需的数据进行运算处理。再将程序执行的结果写入输出映像寄存器和其他软元件映像寄存器中保存。但这个结果在全部程序未被执行完毕之前不会送到输出端子上，也就是物理输出是不会改变的。本阶段扫描时间取决于程序的长度、复杂程度和 CPU 的性能。

3. 输出刷新阶段

在执行到 END 指令，即执行完用户所有程序后，PLC 会将输出映像寄存器中的内容送到输出锁存器中，最后经过输出端子集中输出，驱动用户设备。在下一个输出刷新阶段开始之前，输出锁存器的状态不会改变，从而相应输出端子的状态也不会改变。本阶段扫描时间取决于输出模块的数量。

5.4.4　循环扫描工作方式的说明

1. PLC 对输入 / 输出的处理原则

根据上述工作特点，可以归纳出 PLC 在输入 / 输出处理方面必须遵守的一般原则。

（1）输入映像寄存器的数据取决于各输入点在输入采样阶段的接通和断开状态。就这点来说，输入映像寄存器的数据不能由程序改写，即程序中不可出现写输入软元件的指令。

（2）程序执行结果取决于用户程序和输入 / 输出映像寄存器的内容及其他软元件映像寄存器的内容。

（3）输出映像寄存器的数据取决于输出指令的计算结果。

（4）输出锁存器中的数据，由上一次输出刷新期间输出映像寄存器中的数据决定。

（5）输出端子的接通和断开状态，由输出锁存器决定。

2. PLC 响应延迟问题

PLC 是按集中输入、集中输出、周期性循环扫描的方式工作的，周期性重复着输入采样、程序执行、输出刷新三个阶段。即 CPU 是以分时操作方式来处理各项任务的，每一瞬间只能做一件事，属于串行工作方式。

由此可见，PLC 的输入端子信号的改变不能立刻引起输出端子的响应，必然要经历一段时间延迟。例如，一个按钮的输入信号的改变在输入采样阶段被读入，要经历程序执行阶段，直到输出刷新阶段才能在输出端子上输出响应，这是时间延迟最短的情况，也要延迟将近一个扫描周期。那么延迟更严重的情况，如一个按钮的输入信号的改变刚好在输入采样阶段之后，那么这个信号只有在下一个扫描周期才能被读入，同样要经过下个周期的程序执行阶段和程序刷新阶段，这样响应延迟达到几乎两个扫描周期。

显然，PLC 响应延迟时间取决于扫描周期，扫描周期通常由三个因素决定，一是 CPU 的时钟速度；二是 I/O 模块的数量；三是程序的长度和指令的使用。考虑到现在的 CPU 速度高，一般的 PLC 执行容量为 1 K 的程序需要的扫描时间是 1 ~ 10 ms。这么高的运行速度，PLC 的响应延迟问题就显得微不足道，绝大多数的场合是可以忽略的，比如现实中一个按动开关控制按钮可能要经历数十个甚至数百个扫描周期。

3. PLC 的立即输入、输出功能

一般的 PLC 都有立即输入和立即输出功能。

（1）立即输入功能

立即输入适用于要求对反应速度很严格的场合，例如，几毫秒的时间对于控制来说十分关键的情况下。立即输入时，PLC 立即挂起正在执行的程序，扫描输入模块；然后更新特定的输入状态到输入映像表；最后继续执行剩余的程序。立即输入的示意图，如图 5-16 所示。

（2）立即输出功能

立即输出功能就是输出模块在处理用户程序时，能立即被刷新。PLC 临时挂起（中断）正常运行的程序，将输出映像表中的信息输送到输出模块，立即进行输出刷新，然后再回到程序中继续运行，立即输出的示意图，如图 5-17 所示。注意，立即输出功能并不能立即刷新所有的输出模块。

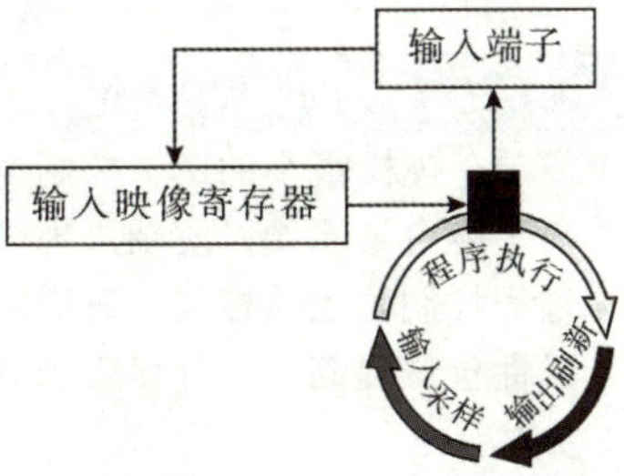

图 5-16　立即输入示意图

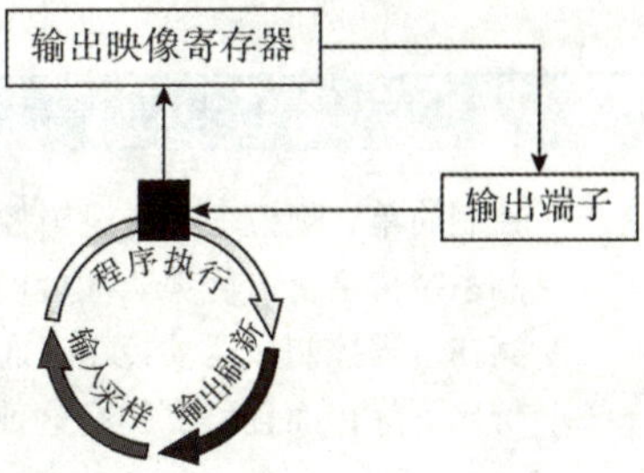

图 5-17　立即输出示意图

课堂讨论

PLC 控制系统是由哪些部分组成的？请简要描述一下 PLC 工作的全过程。

5.5　PLC 与其他控制系统的区别

5.5.1　与继电器控制系统的区别

PLC 诞生的初衷和设计理念都源于继电器控制系统，其信号的输入 / 输出形式及控制功能等方面有许多相同之处，尤其是 PLC 的梯形图与传统的电气原理图非常相似。但是，PLC 毕竟是一种特殊的计算机系统，因此在工作原理和运行机制等方面与继电器控制系统有着本质的不同，主要区别如表 5-3 所示。

表 5-3　PLC 控制系统与继电器控制系统的区别

	继电器控制系统	PLC 控制系统
控制逻辑	接线逻辑：其接线多而复杂、体积大、功耗大、故障率高，改动困难，灵活性和扩展性很差	存储逻辑：灵活性和扩展性都很好
工作方式	并行工作方式	集中输入、集中输出、周期性循环扫描的工作方式
可靠性和可维护性	机械触点多、连线也多，触点开闭时会受到电弧的损坏，并有机械磨损，寿命短，因此可靠性和可维护性差	PLC 由程序来实现控制逻辑，触点少、体积小、寿命长、可靠性高。有故障自检和动态监控功能，为现场调试和维护提供了方便
控制速度	逻辑依靠触点的机械动作实现控制，工作频率低，触点的开闭动作一般在几十毫秒数量级。另外，机械触点还会出现抖动问题	PLC 是由程序指令控制半导体无触点控制，速度极快，一般一条用户指令的执行时间在微秒数量级，且不会出现抖动
定时控制	时间继电器存在定时精度不高，定时范围窄，调整时间困难等问题	PLC 定时器精度高，定时范围几乎没有限制，程序中设置定时值，软件定时
设计与施工	设计、施工、调试必须依次进行，周期长，而且修改困难。工程越大，这一点就越突出	现场施工和控制程序的设计可以同时进行，周期短，且调试和修改都很方便

续表

	继电器控制系统	PLC 控制系统
性价比	控制简单、规模很小的逻辑控制场合继电器控制系统价格上占优势。大规模、复杂控制，尤其在过程控制、运动控制、通信网络等领域性价比下降，而且程度越高这种劣势越突出	简单、规模很小的逻辑控制场合价格高于继电器系统。复杂、规模大以及过程控制、运动控制、通信网络等领域性价比提高，而且程度越高这种优势越突出

5.5.2　与 IPC 控制系统的区别

20 世纪 90 年代初中期流行的 IPC（industrial PC）控制系统现在使用的不是很多了，但它在特定的时期内起到了非常重要的作用。过去 PLC 处理过程控制任务的性价比较低，而现场总线控制系统（fieldbus control system，FCS）又处于使用的初级阶段，在小型的过程控制系统中，使用 DCS 确实是大马拉小车，这使基于 IPC+ISA/PCI 总线 + Windows/NT 技术的控制系统得到了广泛的应用。今天嵌入式 IPC 已和原来的 IPC 有了天壤之别，它们已走入可编程自动化控制器（programmable automation controller，PAC）时代。基于现场总线技术、PLC 技术和开放式结构的 IPC 在今天也有一定的应用市场。

和传统的 IPC 控制系统相比，由于 PLC 的硬件系统和软件系统都采取了许多抗干扰措施，所以其抗干扰能力比 IPC 控制系统强，梯形图编程语言也远比 IPC 的高级语言和汇编语言简单，操作更简单和方便。

5.5.3　与单片机控制系统的区别

PLC 控制系统和单片机控制系统在不少方面有较大的区别，如表 5-4 所示。

表 5-4　PLC 控制系统与单片机控制系统的区别

区别	单片机控制系统	PLC 控制系统
本质区别	基于芯片级的系统，属于底层开发	基于板级或模块级的系统，厂家成品 PLC 及模块的选购和二次开发
使用场合	适合于在家电产品（冰箱、空调等）、智能化仪器仪表、玩具和批量生产的控制器产品等场合使用	适合在单机电气控制系统、工业控制领域的制造业自动化和过程控制中使用
使用过程	设计硬件系统，画硬件电路图，制作印刷电路板，购置元器件，焊接电路板，进行硬件调试,进行抗干扰设计和测试等大量的工作。汇编或高级编程语言设计程序，门槛较高，调试繁杂	设计硬件系统，购置 PLC 和相关模块，进行外围电气电路设计和连接，不必操心 PLC 内部电路及可靠性、抗干扰问题。硬件工作量不大。软件设计采用 IEC61131-3 编程语言，相对易学好用。编程软件功能强大，系统调试方便、迅捷、高效
使用成本	成本低：以底层开发做起，量越大成本越低	成本高：PLC 及模块选购，成本和数量关系不大

5.5.4　与 DCS、FCS 控制系统的区别

1. 三大系统的主要特点

PLC、DCS、FCS 是目前工业自动化领域所使用的三大控制系统。

（1）DCS 控制系统

集散控制系统，也称分布式控制系统（distributed control system，DCS）是集 4C（communication，computer，control，CRT，通信、计算机、控制、图像显示）技术于一身的监控系统。它主要用于大规模的连续过程控制系统中，如石化、电力等，在 20 世纪 70 年代到 90 年代末占据主导地位。

（2）PLC 控制系统

PLC 是为了取代传统的继电器控制系统而开发的，所以它最适合在以开关量为主的系统中使用。由于计算机技术和通信技术的飞速发展，使得大型 PLC 的功能极大地增强，以至于它后来能完成 DCS 的功能。另外加上它在价格上的优势，所以在许多过程控制系统中 PLC 也得到了广泛的应用。

（3）FCS 控制系统

FCS 基于现场总线技术，以其彻底的开放性、全数字化信号系统和高性能的通信系统给工业自动化领域带来了“革命性”的冲击，其核心是总线协议，基础是数字化智能现场设备，本质是信息处理现场化。

2. 目前 PLC、DCS 和 FCS 系统之间的融合

每种控制系统都有它的特色和长处，在一定时期内，它们相互融合的程度可能会大大超过相互排斥的程度。这三大控制系统也是这样，比如 PLC 在 FCS 系统中仍是主要角色，许多 PLC 都配置上了总线模块和接口，使得 PLC 不仅是 FCS 主站的主要选择对象，也是从站的主要装置。DCS 系统也不甘落后，现在的 DCS 系统把现场总线技术包容了进来，对过去的 DCS 系统的 I/O 控制站进行了彻底的改造。编程语言也采用标准化的 PLC 编程语言。第四代的 DCS 系统既保持了其可靠性高、高端信息处理功能强的特点，也使得底层真正实现了分散控制。目前在中小型项目中使用的控制系统比较单一和明确，但在大型工程项目中，使用的多半是 DCS、PLC 和 FCS 的混合系统。

本章小结

本章主要介绍了可编程逻辑控制器（PLC）及其工作原理，首先介绍了其诞生历程、定义和基本特点；然后介绍了 PLC 的硬件系统，包括 CPU、存储器、输入输出接口电路以及电源、扩展接口和通信接口等部分；最后介绍了 PLC 与其他控制系统的区别，

包括与传统继电器控制系统、IPC 控制系统、单片机控制系统以及 DCS、FCS 控制系统的区别，从灵活性、成本、实时性和应用范围等多个方面进行了详细分析。通过本章的学习，帮助读者全面了解 PLC 的原理和构成，同时对其与其他控制系统的比较有深入的理解，为工业自动化控制提供了重要的参考和指导。

思考练习

一、填空题

1. PLC 由 ______、存储器、______、通信接口、______ 和电源等部分组成。

2. PLC 中所采用的 CPU 随机型不同而异，通常有三种：______、______ 和 ______。

3. PLC 运行所需的程序分为 ______ 及 ______，存储器也分为 ______ 和 ______ 两部分。

4. PLC 工作的全过程可分为 ______、______、______ 三部分。

二、名词解释

1. PLC。

2. 开关量输出（DO）。

3. 数据块。

4. DCS 控制系统。

第6章 S7-1200 PLC 安装维护与开发环境

本章导读

S7-1200 PLC 的本质为一台计算机，负责系统程序的调度、管理、运行和 PLC 的自诊断，负担将用户程序作出编译解释处理以及调度用户目标程序运行的任务。在工业自动化和控制系统领域，S7-1200 PLC（可编程逻辑控制器）以其高效、灵活和易于使用的特点，受到了广泛的关注和应用。本章将深入介绍 S7-1200 PLC 的安装、维护以及开发环境，帮助读者全面理解并掌握该 PLC 的实际应用。

学习目标

◎知识目标

1. 理解 S7-1200 PLC 的基本概述，包括其特性、性能指标以及应用场景。

2. 掌握 S7-1200 PLC 的安装和拆卸步骤，包括 CPU、信号模块、通信模块等各部件的安装方法。

3. 熟悉 S7-1200 PLC 的接线方法，包括数字量输入输出、模拟量输入输出等各个方面的接线步骤。

4. 理解信号板、信号模块、通信板、通信模块等各部件的功能和应用，以及系统配置中的功率预算原理。

5. 理解编程软件的基本使用方法和 PLC 编程技巧，包括程序的调试、运行监控与故障诊断等方面的内容。

◎能力目标

1. 能够独立完成S7-1200 PLC的安装和拆卸，确保设备的稳定性和可靠性。

2. 能够独立进行S7-1200 PLC的接线工作，保证数字量输入输出、模拟量输入输出等功能的正常运行。

3. 能够运用所学知识，合理配置系统的电力预算，确保设备的安全运行。

4. 能够灵活运用编程软件，进行PLC程序的编写、调试和故障排除，保证控制系统的正常运行。

◎素质目标

1. 培养学生具备良好的团队合作意识，能够与团队成员共同协作，完成PLC系统的安装、调试等任务。

2. 培养学生具备细致耐心的工作态度，能够认真完成每一个步骤，确保设备的安全运行。

3. 培养学生具备自主学习和解决问题的能力，能够不断学习新知识，应对工作中遇到的各种挑战。

4. 培养学生具备良好的沟通能力，能够与客户和同事有效地交流，解决工作中的各种技术问题。

◎思政目标

1. 培养学生对工业自动化设备的先进制造技术的兴趣，理解智能制造对产业升级的意义，激发学生对专业技能学习的热情。

2. 提升学生实践操作能力，强调电气安全和规范，培养学生一丝不苟的工作习惯，确保电气安装的准确无误。

3. 提升学生解决实际问题的能力，培养学生灵活运用知识于实践的能力，增强创新和适应新技术的能力。

6.1 S7-1200 PLC概述

6.1.1 S7-1200 PLC简介

SIMATIC S7-1200是德国西门子公司生产的一款小型PLC，实现了模块化和紧凑型设计，功能强大、适合各种单机小型自动化系统、小型运动控制系统、过程控制系统。

S7-1200PLC

S7-1200PLC可扩展性强、灵活度高的设计，可实现最高标准工业通信的通信接口以及一整套强大的集成技术功能，使该控制器成为完整、全面的自动化解决方案的重要组成部分。

S7-1200 PLC 在 SIMATIC S7 家族中定位于 S7-200 PLC 和 S7-300 PLC 产品之间，如图 6-1 所示。S7-1200 PLC 具有集成 PROFINET 接口、强大的集成工艺功能和灵活的可扩展性等特点，为各种工艺任务提供了简单的通信和有效的解决方案。

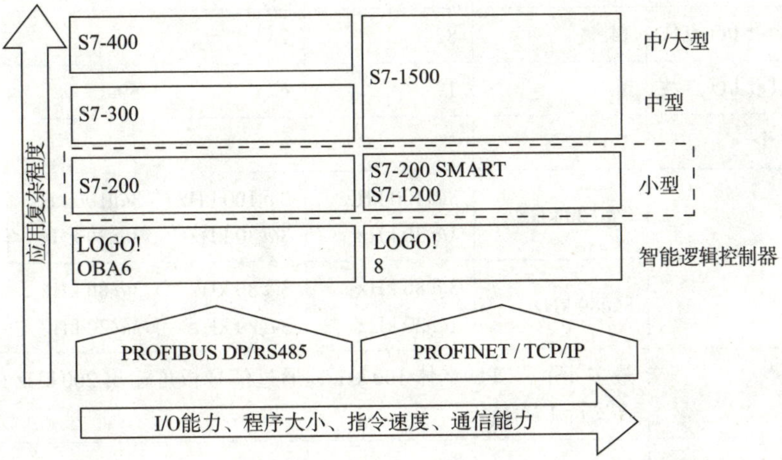

图 6-1　S7-1200 PLC 在 SIMATIC S7 家族中的定位

6.1.2　S7-1200PLC CPU 的性能指标

S7-1200PLC 是西门子公司 2009 年推出的面向离散自动化系统和独立自动化系统的紧凑型自动化产品，定位在原有的 SIMATICS7-200PLC 和 S7-300PLC 产品之间。S7-1200PLC 涵盖了 S7-200PLC 的原有功能并且新增了许多功能，可以满足更广泛领域的应用。目前 S7-1200PLC 不同型号 CPU 的性能指标如表 6-1 所示。

表 6-1　S7-1200PLC 不同型号 CPU 的性能指标

CPU 类型	CPU 1211C	CPU 1212C	CPU 1214C	CPU 1215C	CPU 1217C
CPU 类型	DC/DC/DC、AC/DC/RLY、DC/DC/RLY				DC/DC/DC
集成的工作存储区 /KB	50	75	100	125	150
集成的装载存储区 /MB	1	1	4	4	4
集成的保持存储区 /KB	10	10	10	10	10
存储卡	可选 SIMATIC 存储卡				
集成的数字量 I/O 点数	6 输入 /4 输出	8 输入 /6 输出	14 输入 /10 输出		
集成的模拟量 I/O 点数	2 输入			2 输入 /2 输出	
过程映像区大小	1 KB 输入 /1 KB 输出				
信号扩展板	最多 1 个				

续表

CPU 类型	CPU 1211C	CPU 1212C	CPU 1214C	CPU 1215C	CPU 1217C
CPU 类型	DC/DC/DC、AC/DC/RLY、DC/DC/RLY				DC/DC/DC
信号扩展模块	无	最多 2 个	最多 8 个		
最大本地数字量 I/O 点数	14	82	284		
最大本地模拟量 I/O 点数	3	19	67	69	
高速计数器 / 个	3	5	6		
单相	3@100 kHz	3@100 kHz 1@30 kHz	3@100 kHz 3@30 kHz	3@100 kHz 3@30 kHz	4@1 MHz 2@100 kHz
双相	3@80 kHz	3@80 kHz 1@20 kHz	3@80 kHz 3@20 kHz	3@80 kHz 3@20 kHz	3@1 MHz 3@100 kHz
脉冲输出 / 个	最多 4 个，CPU 本体 100 kHz，通过信号板可输出 200 kHz（CPU1217 最多支持 1 MHz）				
脉冲捕捉输入 / 个	6	8	14		
时间继电器 / 循环中断	共 4 个，精度为 1 ms				
边沿中断 / 个	6 上升沿 /6 下降沿（使用可选信号板时，各为 10 个）	8 上升沿 /8 下降沿（使用可选信号板时，各为 12 个）	12 上升沿 /12 下降沿（使用可选信号板时，各为 14 个）		
实时时钟精度	± 60 s/ 月				
实时时钟保持时间	40 ℃环境下，典型的 20 天 / 最小 12 天（免维护超级电容）				
布尔量运算执行速度	0.08 μs/ 指令				
动态字符运算速度	1.7 μs/ 指令				
实数数学运算速度	2.3 μs/ 指令				
端口数 / 个	1			2	
类型	以太网				
数据传输率 /（Mbit/s）	10/100				
扩展通信模块	最多 3 个				

注：1. 随着电子技术的发展和新产品的推出，部分指标可能有所变化。

2. 表中 @ 表示可测量的计数最高脉冲频率。

6.2　S7-1200 PLC 的安装和拆卸

S7-1200PLC 尺寸较小，易于安装，可以有效地利用空间。其安装时要注意以下几点。

（1）可以将 S7-1200PLC 安装在面板或标准导轨上，并且可以水平或垂直安装。

（2）S7-1200PLC 采用自然冷却方式，因此要确保其安装位置的上、下部分与邻近设备之间至少留出 25 mm 的空间，并且其与控制柜外壳之间的距离至少为 25 mm（安装空间）。

（3）当采用垂直安装方式时，其允许的最大环境温度要比水平安装方式降低 10 ℃，此时要确保 CPU 被安装在最下面。

6.2.1　安装和拆卸 CPU

通过导轨卡夹可以很方便地安装 CPU 到标准 DIN 导轨或面板上。首先要将全部通信模块连接到 CPU 上，然后将它们作为一个单元来安装。将 CPU 安装到 DIN 导轨上的步骤如下。

（1）安装 DIN 导轨，每隔 75 mm 将导轨固定到安装板上。

（2）将 CPU 挂到 DIN 导轨上方。

（3）拉出 CPU 下方的 DIN 导轨卡夹，以便能将 CPU 安装到导轨上。

（4）向下转动 CPU 使其在导轨上就位。

（5）推入卡夹将 CPU 锁定到导轨上。

若要准备拆卸 CPU，先断开 CPU 的电源及其 I/O 连接器、接线或电缆。将 CPU 和所有相连的通信模块作为一个完整单元拆卸。所有信号模块应保持安装状态。如果信号模块已连接到 CPU，则需要先缩回总线连接器。拆卸步骤如下。

（1）将螺钉旋具放到信号模块上方的小接头旁。

（2）向下按使连接器与 CPU 相分离。

（3）将小接头完全滑到右侧。

（4）拉出 DIN 导轨卡夹从导轨上松开 CPU。

（5）向上转动 CPU 使其脱离导轨，然后从系统中卸下 CPU。

6.2.2　安装和拆卸信号模块

在安装 CPU 之后安装信号模块，步骤如下。

（1）卸下 CPU 右侧的连接器盖。将螺钉旋具插入盖上方的插槽中，将其上方的盖轻轻撬出并卸下盖。收好以备再次使用。

（2）将信号模块挂到 DIN 导轨上方，拉出下方的 DIN 导轨卡夹以便将信号模块安装到导轨上。

（3）向下转动 CPU 旁的信号模块，使其就位并推入下方的卡夹将信号模块锁定到导轨上。

（4）伸出总线连接器，为信号模块建立了机械和电气连接。

可以在不卸下 CPU 或其他信号模块处于原位时卸下任何信号模块，步骤如下。

（1）使用螺钉旋具缩回总线连接器。

（2）拉出信号模块下方的 DIN 导轨卡夹，从导轨上松开信号模块，向上转动信号模块使其脱离导轨。

（3）盖上 CPU 的总线连接器。

若要拆卸信号模块，断开 CPU 的电源并卸下信号模块的 I/O 连接器和接线。

6.2.3 安装和拆卸通信模块

要安装通信模块，首先将通信模块连接到 CPU 上，然后再将整个组件作为一个单元安装到 DIN 导轨或面板上，步骤如下。

（1）卸下 CPU 左侧的总线盖。将螺钉旋具插入总线盖上方的插槽中，轻轻撬出上方的盖。

（2）使通信模块的总线连接器和接线柱与 CPU 上的孔对齐。

（3）用力将两个单元压在一起直到接线柱卡入到位。

（4）将该组合单元安装到 DIN 导轨或面板上即可。

拆卸时，将 CPU 和通信模块作为一个完整单元从 DIN 导轨或面板上卸下。

6.2.4 安装和拆卸信号板

给 CPU 安装信号板，要断开 CPU 的电源并卸下 CPU 上部和下部的端子板盖子，步骤如下。

（1）将螺钉旋具插入 CPU 上部接线盒盖背面的槽中。

（2）轻轻将盖撬起并从 CPU 上卸下。

（3）将信号板直接向下放入 CPU 上部的安装位置中。

（4）用力将信号板压入该位置直到卡入就位。

（5）重新装上端子板盖子。

从 CPU 上卸下信号板，要断开 CPU 的电源并卸下 CPU 上部和下部的端子板盖子，步骤如下。

（1）将螺钉旋具插入信号模块上部的槽中。

（2）轻轻将信号板撬起使其与 CPU 分离。

（3）将信号板直接从 CPU 上部的安装位置中取出。

（4）重新装上信号板盖。

（5）重新装上端子板盖子。

6.2.5 安装和拆卸端子板

安装端子板连接器步骤如下。

（1）断开 CPU 的电源并打开端子板的盖子，准备端子板安装的组件。

（2）使连接器与单元上的插针对齐。

（3）将连接器的接线边对准连接器座沿的内侧。

（4）用力按下并转动连接器直到卡入到位。

（5）仔细检查以确保连接器已正确对齐并完全啮合。

拆卸 S7-1200 PLC 端子板连接器先要断开 CPU 的电源，拆卸步骤如下。

（1）打开连接器上方的盖子。

（2）查看连接器的顶部并找到可插入螺钉旋具的槽。

（3）将螺钉旋具插入槽中。

（4）轻轻撬起连接器顶部使其与 CPU 分离，连接器从夹紧位置脱离。

（5）抓住连接器并将其从 CPU 上卸下。

课堂讨论

在安装 S7-1200 PLC 时，哪些因素是需要特别注意的，以确保设备的稳定性和可靠性？

6.3　S7-1200 PLC 的接线

6.3.1　安装现场的接线

在安装和移动 S7-1200 PLC 模块及其相关设备时，一定要切断所有的电源。S7-1200PLC 设计安装和现场接线的注意事项如下。

（1）使用正确的导线，采用 0.50 ~ 1.50 mm² 的导线。

（2）尽量使用短导线（最长 500 m 屏蔽线或 300 m 非屏蔽线），导线要尽量成对使用，用一根中性或公共导线与一根热线或信号线相配对。

（3）将交流线和高能量快速开关的直流线与低能量的信号线隔开。

（4）针对闪电式浪涌，安装合适的浪涌抑制设备。

（5）外部电源不要与 DC 输出点并联用作输出负载，这可能导致反向电流冲击输出，除非在安装时使用二极管或其他隔离栅。

6.3.2　隔离电路时的接地与电路参考点

使用隔离电路时的接地与电路参考点应遵循以下几点。

（1）为每一个安装电路选一个合适的参考点（0 V）。

（2）隔离元件用于防止安装中不期望的电流产生。应考虑到哪些地方有隔离元件，哪些地方没有，同时要考虑相关电源之间的隔离以及其他设备的隔离等。

（3）选择一个接地参考点。

（4）在现场接地时，一定要注意接地的安全性，并且要正确地操作隔离保护设备。

6.3.3 电源连接方式

S7－1200PLC 的供电电源可以是 110 V 或 220 V 交流电源，也可以是 24 V 直流电源，接线时有一定的区别及相应的注意事项。

1. 交流供电接线

图 6－2 为交流供电的 PLC 电源接线示意图，其注意事项如下。

（1）用一个刀开关将电源与 CPU、所有的输入电路和输出（负载）电路隔离开。

（2）用一台过电流保护设备保护 CPU 的电源、输出点以及输入点，也可以为每个输出点加上熔丝进行范围更广的保护。

（3）当使用 PLC DC 24 V 传感器电源时，可以取消输入点的外部过电流保护，因为该传感器电源具有短路保护功能。

（4）将 S7－1200 PLC 的所有地线端子同最近接地点相连接，以获得最好的抗干扰能力。建议所有的接地端子都使用 14 AWG 或 1.5 mm² 的电线连接到独立导电点上（也称一点接地）。

（5）本机单元的直流传感器电源可作为本机单元的输入。

（6）、（7）扩展 DC 输入和继电器线圈供电，这一传感器电源具有短路保护功能。

（8）在大部分的安装中，如果把传感器的供电 M 端子接地可以获得最佳的噪声抑制。

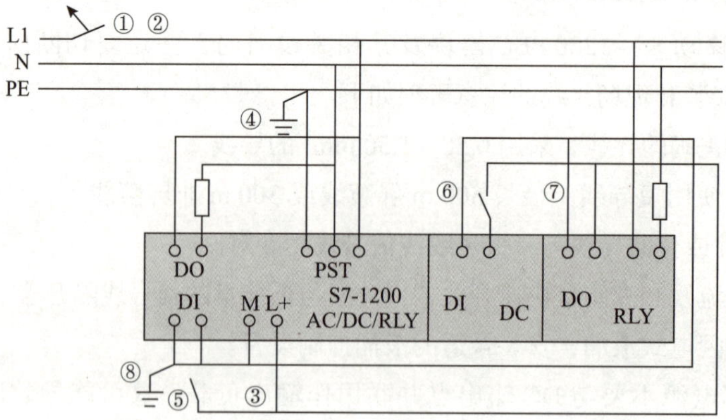

图 6－2　交流供电的 PLC 电源接线示意图

2. 直流供电接线

图 6－3 为直流供电的 PLC 电源接线示意图，其注意事项如下。

（1）用一个单刀开关将电源同 CPU、所有的输入电路和输出（负载）电路隔离开。

（2）用过电流保护设备保护 CPU 电源、输出点（3）和输入点（4）。也可以在每个输出点加熔丝进行过电流防护。当使用 DC 24 V 传感器电源时，可以取消输入点的外部过电流保护，因为传感器电源内部具有限流功能。

（5）确保 DC 电源有足够的抗冲击能力，以保证在负载突变时可以维持一个稳定的电压，这时需要一个外部电容。

（6）在大部分应用中，把所有的 DC 电源接地可以得到最佳的噪声抑制。在未接地 DC 电源的公共端与保护地之间并联电阻与电容（7）。电阻提供了静电释放通路，电容提供高频噪声通路，它们的典型值是 1 MΩ 和 4700 pF。

（7）将 S7－1200 PLC 所有的接地端子同最近接地点连接，以获得最好的抗干扰能力。建议所有的接地端子都使用 14 AWG 或 1.5 mm² 的电线连接到独立导电点上（也称一点接地）。

DC 24 V 电源回路与设备之间，以及 AC 120 V/230 V 电源与危险环境之间，必须提供安全电气隔离。

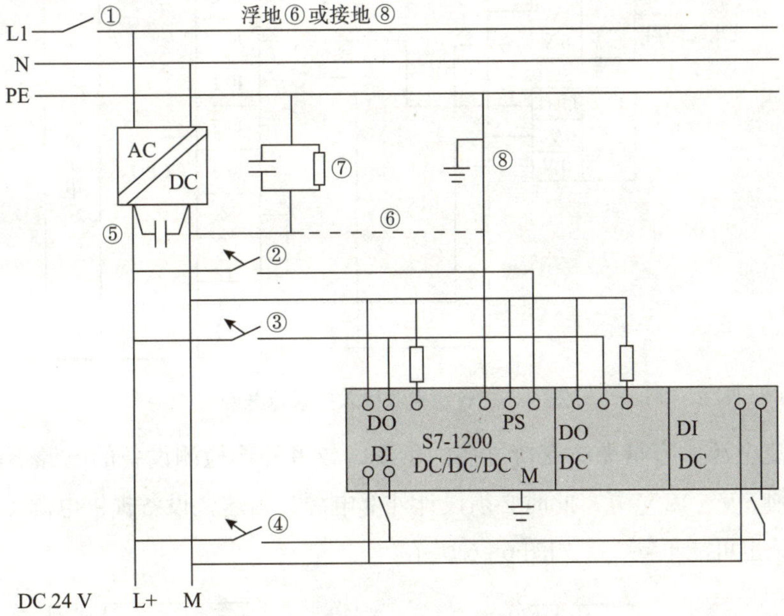

图 6－3　直流供电的 PLC 电源接线示意图

6.3.4　数字量输入接线

数字量输入类型有源型和漏型两种。S7－1200 PLC CPU 集成的输入点和信号模板的所有输入点都既支持漏型输入又支持源型输入，而信号板的输入点只支持其中一种。

DI 为无源触点（行程开关、接点温度计、压力计）时，其接线示意图，如图 6－4 所示。

直流有源输入信号电压一般是 5 V、12 V、24 V 等。而 PLC 输入模块输入点的最大电压为 30 V，但和其他无源开关量信号及其他来源的直流电压信号混合接入 PLC 输入点时一定注意电压的 0 V 点一定要连接，如图 6－5 所示。

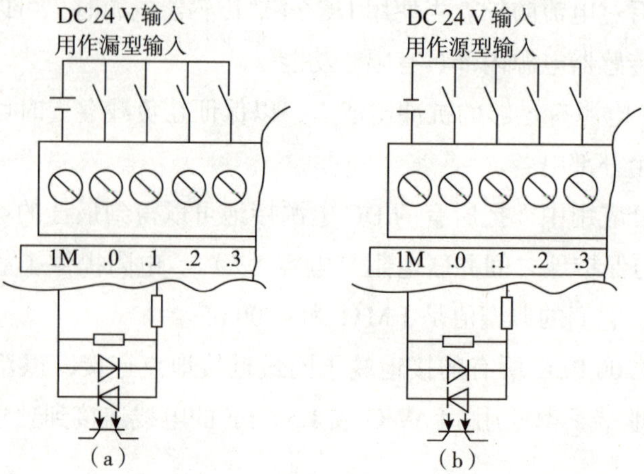

图 6-4　无源触点接线示意图

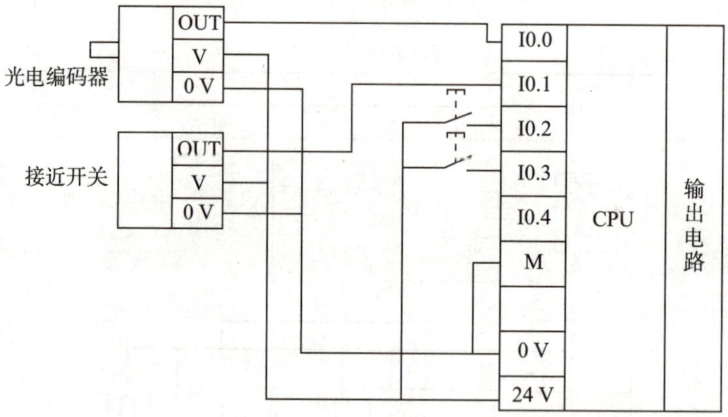

图 6-5　有源直流输入接线示意图

PLC 直流电源的容量无法支持过多的负载，或者外部检测设备的电源不能使用 24 V 电源，而必须 5 V、12 V 等，此时必须设计外部电源，为这些设备提供电源（这些设备输出的信号电压也可能不同），如图 6-6 所示。

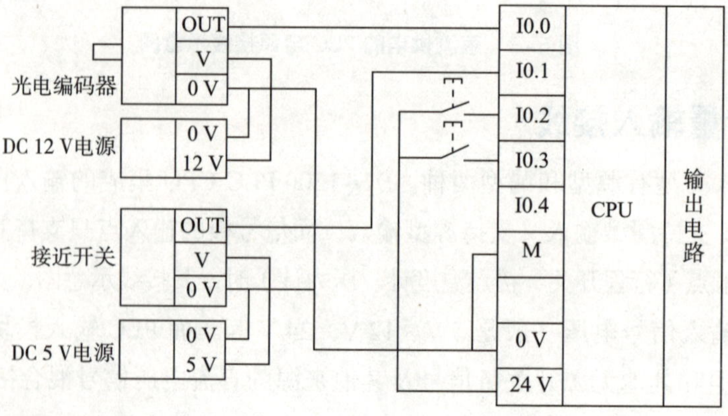

图 6-6　外部不同电源供电示意图

6.3.5　数字量输出接线

晶体管输出形式的 DO 负载能力较弱（能驱动小型的指示灯、小型继电器线圈等），响应相对较快，其接线示意图，如图 6-7 所示。

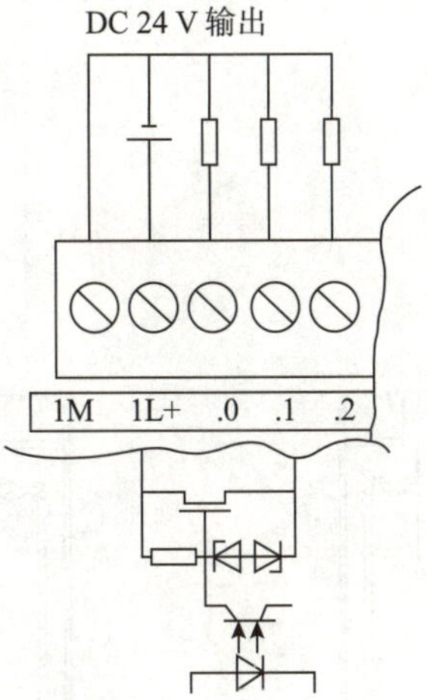

图 6-7　晶体管输出形式的 DO 接线示意图

继电器输出形式的 DO 负载能力较强（能驱动接触器等），响应相对较慢，其接线示意图，如图 6-8 所示。

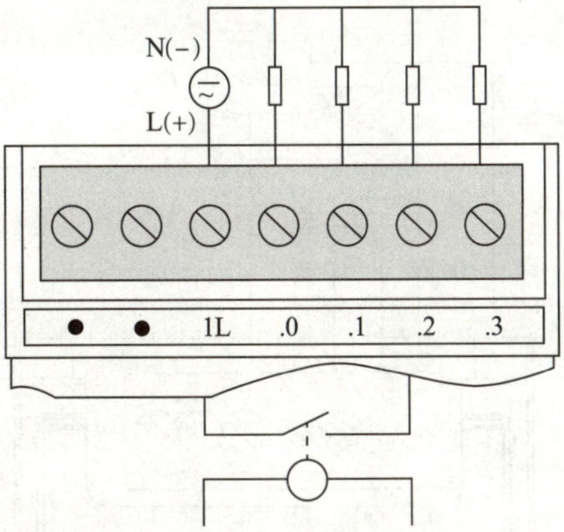

图 6-8　继电器输出形式的 DO 接线示意图

S7-1200 PLC 数字量的输出信号类型，只有 200 kHz 的信号板既支持漏型输出又支持源型输出，其他信号板、信号模块和 CPU 集成的晶体管输出都只支持源型输出。

6.3.6　模拟量输入 / 输出接线

S7-1200 PLC 模拟量模块的接线有下面三种接线方式。

（1）两线制：两根线既传输电源又传输信号，即传感器输出的负载和电源串联在一起，电源从外部引入，和负载串联在一起来驱动负载。

（2）三线制：三线制传感器就是电源正端和信号输出的正端分离，但它们共用一个 COM 端。

（3）四线制：电源两根线，信号两根线，电源和信号是分开工作的。

图 6－9 至图 6－11 分别为各种方式下的接线示意图。

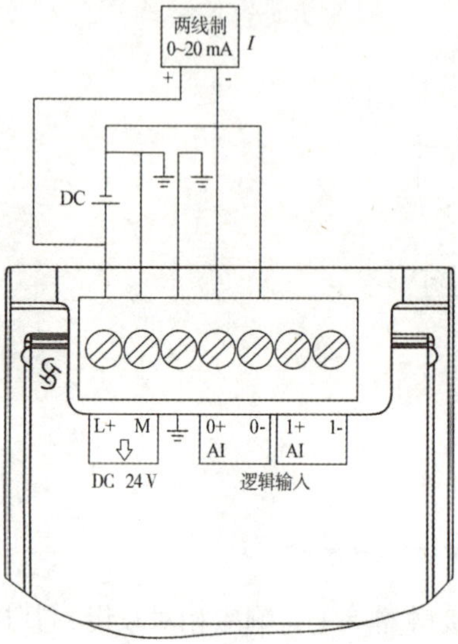

图 6－9　两线制接线示意图

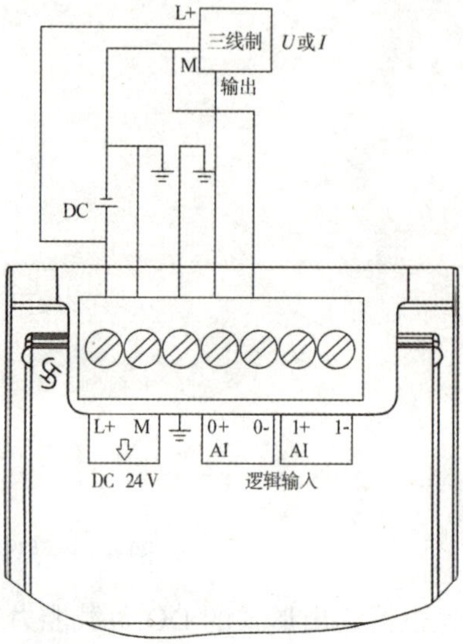

图 6－10　三线制接线示意图

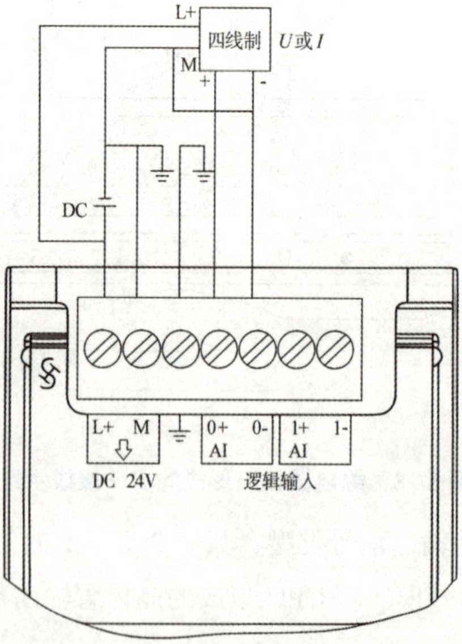

图 6－11　四线制接线示意图

6.3.7　外部电路抗干扰的其他措施

外部感性负载在断电时，将通过电磁干扰的方式释放出大量的能量，可能引起器件的损坏并影响系统的正常工作。为解决这个问题，需根据驱动电路的形式和电源的类型，采取不同的措施，图 6－12 至图 6－14 分别为直流感性负载和交流感性负载情况下的保护。

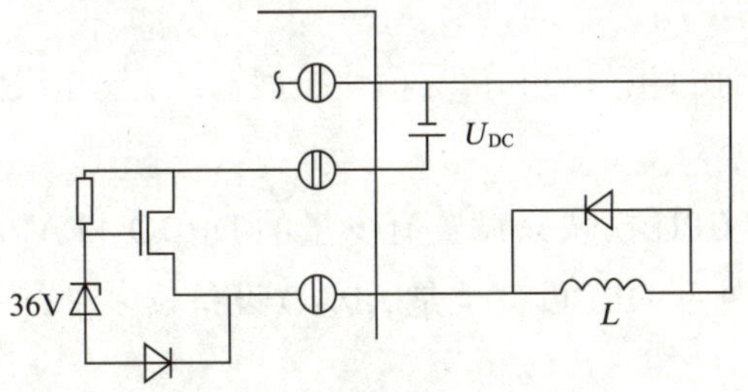

图 6－12　直流感性负载情况下对晶体管输出电路采用二极管旁路保护

感性负载在断开的瞬间，将产生极高的电压，要特别保护晶体管不被击穿。借助二极管正向导通的特性，在感性负载两端并联二极管，可有效地消除瞬间高压。在连接中要注意二极管的极性。

触点输出驱动的负载能量较大，既要正常工作又要消除高频电磁干扰，这是主要矛盾。

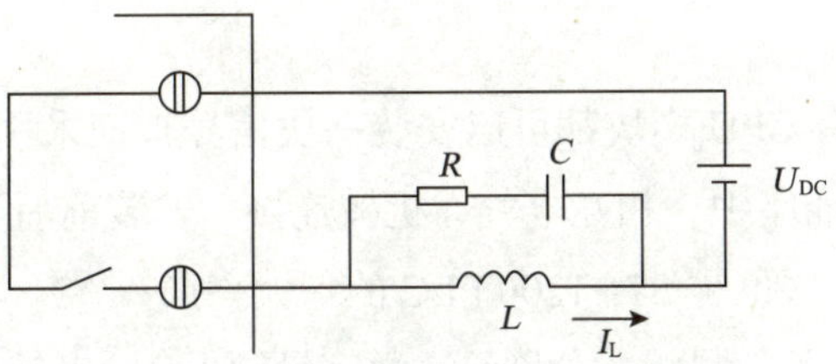

图 6－13　直流感性负载情况下对触点输出模块采用阻容电路旁路电磁能量

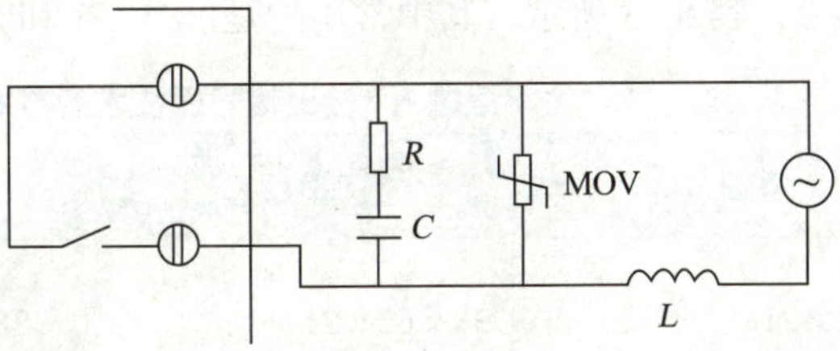

图 6－14　交流感性负载情况下采用触点并联阻容电路消除触点间的电火花

触点断开的瞬间，储存在负载中的能量将立即释放（以高频形式），在感性负载两端并联阻容电路，对高频能量提供一条泄放的通路，不致形成空间干扰。触点闭合时，这段阻容电路视同断路。

交流感性负载在断电的瞬间会在触点间产生电火花（高频干扰），触点并联阻容电路可提供高频泄放通路。

对于灯负载，接通时会产生较高的浪涌电流，因此灯负载对于继电器触点是有破坏性的。一个钨灯泡的起动浪涌电流将是稳定电流的 10～15 倍，对于灯负载建议使用可更换继电器或者浪涌限制器。

6.4 信号板、信号模块

S7-1200 PLC 允许通过信号板和信号模块扩展输入 / 输出设备，这使它具有强大的可扩展性和高度的灵活性。

S7-1200 PLC 的各 CPU 模块只设置有少量的 DI/DO 和 AI/AO 接口，当系统容量比较大、系统需要连接的外部 DI/DO 甚至是 AI/AO 设备较多时，可以通过信号板或信号模块进行扩展。

S7-1200 PLC 的各 CPU 模块都允许在正面连接一块信号板，用来扩展数字量或模拟量 I/O。也可以在 CPU 模块的右侧连接信号模块，以扩展数字量或模拟量 I/O。各 CPU 模块允许扩展的信号模块数量不同。

6.4.1 信号板

信号板（Signal Board，SB），是可以内插在 CPU 模块中、用于扩展少量 I/O 点数的一块小集成电路板。

S7-1200 PLC 的所有 CPU 模块都可以安装一块信号板，采用内嵌式安装，信号板直接插到 CPU 模块前面的插座中，相互电气、机械连接，安装前后不会增加 CPU 模块所需的空间，安装尺寸不变，这也是 S7-1200 PLC 的一大亮点。

S7-1200 PLC 共有五种信号板，分别是：数字量输入 / 输出信号板 SB1221、SB1222、SB1223，模拟量输入 / 输出信号板 SB1231、SB1232，这五种信号板适用于所有的 CPU 模块，技术规范概要如表 6-2、表 6-3 所示，其中常用的是 SB1223 和 SB1231。

表 6-2 S7-1200 PLC 数字量输入 / 输出信号板技术规范概要

型号		SB1221		SB1222		SB1223	
尺寸（$W \times H \times D$）/ mm × mm × mm		38 × 62 × 21		38 × 62 × 21		38 × 62 × 21	
额定电压		5 V	24 V	5 V	24 V	5 V	24 V
电流消耗	SM 总线	40 mA	40 mA	35 mA	35 mA	35 mA	35 mA
	5/24 V DC	15 mA/ 输入 +15 mA	7 mA/ 输入 +20 mA	15 mA	15 mA	15 mA/ 输入 +15 mA	7 mA/ 输入 +30 mA
功耗		1.0 W	1.5 W	0.5 W	0.5 W	0.5 W	1.0 W
DI 点数		4	4	—		2	2
DO 点数		—	—	4	4	2	2

表 6-3　S7-1200 PLC 模拟量输入 / 输出信号板技术规范概要

型号	SB1231		SB1232	
尺寸（$W \times H \times D$）/mm × mm × mm	38 × 62 × 21		38 × 62 × 21	
额定电压	5 V	24 V	5 V	24 V
功耗	1.5 W		1.5 W	
AI 点数	1 × 12 位		—	
AO 点数	—		1 × 12 位	

6.4.2　信号模块

除通过信号板进行少量 I/O 点数的扩展外，S7-1200 PLC 也提供了各种信号模块（signal module，SM）进行较多 I/O 点数的扩展。

信号模块连接在 CPU 模块的右侧。如表 6-3 所示，CPU 1212C 可以扩展两个信号模块，CPU 1214C、CPU 1215C、CPU 1217C 都可以接受八个信号模块的扩展。信号模块不能与 CPU 1211C 一起使用。

CPU 模块内部的工作电压一般为 DC 5 V，而 PLC 的外部输入 / 输出信号电压一般较高，如 DC 24 V 或 AC 220 V。从外部引入的尖峰电压和干扰噪声可能损坏 CPU 模块中的元器件，或使 PLC 不能正常工作。在信号模块中，用光电耦合器、光敏晶闸管、小型继电器等来隔离 PLC 的内部电路和外部的输入、输出电路。因此，信号模块除传递信号外，还有电平转换与隔离的作用。

信号板与信号模块的不同之处表现在以下三个方面。

（1）尺寸方面。安装信号板不影响 CPU 模块的安装尺寸，而信号模块装在 CPU 模块的外侧，则影响 CPU 模块的尺寸。

（2）适用性。信号板适用于所有的 CPU 模块，信号模块不适用于 CPU 1211C。

（3）扩展点数。信号板用于少量 I/O 点数的扩展，信号模块用于较多 I/O 点数、更灵活的扩展。

信号模块有 SM1221、SM1222、SM1223、SM1231、SM1232、SM1234 等，如表 6-4 所示。

表 6-4　信号模块

型号	DI	DO	AI	AO
SM1221，8DI，24 V DC（电流吸收 / 电流源）	8			
SM1221，16DI，24 V DC（电流吸收 / 电流源）	16			
SM1222 DQ8 × 24 V DC 输出（电流源）		8		
SM1222 DQ16 × 24 V DC 输出（电流源）		16		

续表

型号	DI	DO	AI	AO
SM1222 DQ8× 继电器输出		8		
SM1222 DQ8× 继电器输出（转换触点）		8		
SM1222 DQ16× 继电器输出		16		
SM1223 8×24 V DC 输入(电流吸收/电流源)/8×24 V DC 输出(电流源)	8	8		
SM1223 16×24 V DC 输入（电流吸收/电流源）/16×24 V DC 输出（电流源）	16	16		
SM1223 8×24 V DC 输入（电流吸收/电流源）/8× 继电器输出	8	8		
SM1223 16×24 V DC 输入（电流吸收/电流源）/16× 继电器输出	16	16		
SM1223 8×120/230 V AC 输入（电流吸收/电流源）/8× 继电器输出	8	8		
SM1231 4× 模拟量输入			4	
SM1231 8× 模拟量输入			8	
SM1232 2× 模拟量输出				2
SM1232 4× 模拟量输出				4
SM1234 4× 模拟量输入/2× 模拟量输出			4	2
SM1231 4× 模拟量输入，16 位			4	
SM1231 TC4×16 位			4	
SM1231 TC8×16 位			8	
SM1231 RTD4×16 位			4	
SM1231 RTD8×16 位			8	
SM1232 2×14 位模拟量输出				2
SM1232 4×14 位模拟量输出				4

通常 PLC 的输出可分为继电器输出、晶体管输出和晶闸管输出三种，其中继电器输出用于交、直流负载；晶体管输出用于直流负载，可高速输出脉冲信号，用于伺服电机驱动、脉冲信号给定等。晶体管输出又分为 NPN 型或 PNP 型，NPN 型是拉低有效，俗称负逻辑；PNP 型是置高有效，又称正逻辑。晶闸管输出用于交流负载，一般不常用。

继电器输出和晶体管输出的主要区别在于以下三点。

第一，继电器输出是有实实在在的物理继电器的，输出的是接点信号（NO 或 NC），而晶体管输出则无实际的接点，只是输出映像。

第二，因为继电器输出的是接点，只要在其 COM 端接上任何形式的电源（高压电除外），则其接点上就可以输出相应的电压。而晶体管输出的只有特定的电源，一般为 DC 0 V（相对于 DC 24 V）或者为 DC 24 V，执行元件的电源与其不符就要外接继电器。

第三，继电器输出的反应速度比晶体管输出的要慢得多，无法实现对高频信号的控制。

6.5　通信板、通信模块

S7－1200 PLC 的可扩展性强、灵活性高也体现在它的通信模块设计上。S7－1200 PLC 最多可以增加三个通信模块，安装在 CPU 模块的左侧。

S7－1200 PLC 可以通过通信板（communication board，CB）CB1241 和通信模块（communication module，CM）CM1241 进行串口通信。用户可以配置通信模块来完成多种通信任务，通信模块使 S7－1200 PLC 可以连接到现场设备、打印机、机器人控制、调制解调器、扫描仪、条码读写器、其他 SIMATIC S7 和 SIMATIC S5 PLC，以及许多其他制造商提供的系统。

西门子 S7－1200 PLC 系列的通信板和通信模块主要有 CB1241、CM1241、CM1242－5、CM1243－5、CM1243－2、CSM1277、CP1242－7 等，如表 6－5 所示。

表 6－5　通信板、通信模块

型号	功能
CB1241（RS－485）	用于串行通信，支持标准协议：ASCII、Modbus、USS 驱动协议
CM1241（RS－232/422/485）	用于串行通信，支持标准协议：ASCII、Modbus、USS 驱动协议
CSM1277（紧凑型交换机）	4 端口交换机，用于配置统一或混合网络
CP1242－7（通信处理器）	用于通过 GPRS 进行数据传输
CM1243－5（PROFIBUS DP 主站）	作为 S7－1200 PLC 的 PROFIBUS DP 主站
CM1242－5（PROFIBUS DP 从站）	作为 S7－1200 PLC 的 PROFIBUS DP 从站
CM1243－2（AS－Interface 主站）	作为 S7－1200 PLC 的 AS－Interface 主站

6.5.1　CB1241

CB1241 属于通信板，通过点到点连接，可进行快速、高性能的串行数据交换，执行的协议有 ASCII、通用串行通信接口（universal serial interface protocol，USS）驱动协议、Modbus RTU，随后可加载附加协议，使用 STEP 7 Basic 可实现简单的参数化过程，可直接插入CPU模块。

6.5.2 CM1241

CM1241属于通信模块，其接口都是隔离的，均由CPU模块进行供电，不需要提供外部电源，可以通过LED查看通信的发送和接收情况。根据电气接口的不同，CM1241分为三种：CM1241 RS-232，CM1241 RS422和CM1241 RS485，分别适用于不同的硬件接口和通信协议。

6.5.3 CM1243-5

作为1类主站运行，是S7-1200 PLC实现PROFIBUS-DP主站功能的模块，可以实现S7-1200 PLC与PROFIBUS现场总线系统的连接。支持以下通信。

（1）分布式I/O SIMATIC ET200。

（2）配备CM1242-5的S7-1200 CPU。

（3）带有PROFIBUS-DP模块EM277的S7-200 CPU。

（4）SINAMICS变频器。

（5）各厂家提供的驱动器、执行器和传感器。

（6）具有PROFIBUS接口的S7-300/400 CPU。

（7）配备PROFIBUS-DP的S7-300/400 CPU。

（8）配备PROFIBUS-DP的SIMATI CPC站。

CM1243-5必须由CPU模块的24 V DC传感器电源供电。

6.5.4 CM1242-5

作为从站运行，是S7-1200 PLC实现PROFIBUS-DP从站功能的模块，可以实现S7-1200 PLC与PROFIBUS现场总线系统的连接。它简化了S7-1200 PLC与PROFIBUS的连接，通过背板总线提供电源，无须使用额外电缆，支持以下通信。

（1）SIMATIC S7-1200、S7-300、S7400、S7-Modular Embedded Controller。

（2）DP主站模块和分布式I/O SIMATIC ET200。

（3）SIMATIC PC站。

（4）SIMATIC NET IE/PB Link PN IO。IE/PB Link PN IO是一个网络转换模块，可作为工业以太网和PROFIBUS的网关模块，IE/PB Link可作为独立组件通过实时通信在工业以太网和PROFIBUS之间形成平滑过渡，并将现有PROFIBUS设备连接到PROFIBUS应用中，I/O控制器处理所有DP从站的方法与处理带以太网接口的I/O设备方法相同，即IE/PB Link PN IO代表其位置。

（5）各厂家提供的可编程控制器。

CM1242-5通过背板总线供电，不需要单独的电源。

6.5.5　CM1243－2

西门子 CM1243－2 通信模块是 S7－1200 PLC 的 AS－Interface 主站，具有以下功能。

（1）连接最多 62 个 AS－Interface 从站。

（2）集成模拟量传输。由于集成了模拟值处理，因此可以在 S7－1200 PLC 的 AS－Interface 处获取模拟值（每个 CM 最多 31 个标准模拟从站，每个从站最多 4 个通道，或者每个 CM 最多 62 个 A/B 模拟从站，每个从站最多 2 个通道）。

（3）根据 AS－Interface 技术规范 V3.0，支持所有 AS－Interface 主站功能。

（4）通过前面板后面的 LED 显示工作模式、AS－Interface 电压故障、组态故障和外设故障。

（5）适用于 AS－i 电源 24 V。与可选的 DCM 1271 数据解耦模块相结合，可使用标准 24 V 电源装置。

（6）通过 TIAPortal 进行组态和诊断。

6.5.6　CP1242－7

CP1242－7 通信处理器用于将 S7－1200 PLC 连接到全球普遍采用的 GSM/GPRS 移动无线网络，它具有以下特性。

（1）在 S7－1200 CPU 之间或 S7－1200 CPU 与带有 Internet 连接的控制中心之间进行全球范围的无线数据交换。

（2）基于通用无线分组业务（general packet radio service，GPRS）、移动无线业务进行通信，数据传输速率高达 86 kbps（下行链路）和 43 kbps（上行链路）。

（3）带有固定 IP 地址和具有标准移动电话合约的动态 IP 地址的 GPRS 模式。

（4）基于网络时间协议（network time protocol，NTP）的时间同步。

（5）通过语音呼叫或文本消息建立按需连接。

（6）发送和接收文本消息。

（7）可使用 STEP 7 方便地组态，调试十分迅速。

6.5.7　CSM1277

CSM1277 是一个 4 端口非管理型交换机，可用于配置统一或者混合网络（采用线状、树状或星状拓扑结构）。CSM1277 允许 S7－1200 PLC 与最多三个额外的设备相连接。

综上所述，根据控制系统的不同要求，可以灵活地选用通信板或通信模块对系统通信功能进行扩展。其中，通信板 CB1241 与通信模块 CM1241 的不同之处在于：通信板 CB1241 仅支持 RS－485 通信，而通信模块 CM1241 可支持 RS－232、RS－422 和 RS－485 通信；安装通信板不影响 CPU 模块的尺寸，通信模块装在 CPU 模块的外侧，则影响 CPU 模块的尺寸；通信板只有 CB1241，而通信模块有各种功能类型可供选择。

6.6 S7-1200 PLC 系统配置——功率预算

在实际应用中，如果 CPU 模块自身的接口或功能不能满足实际控制系统的要求，则可以通过连接其他模块的方式进行扩展。S7-1200 主机带扩展模块进行扩展配置时会受到供电能力的限制。

每个 CPU 都提供了 5 V DC 和 24 V DC 电源，连接扩展模块时，CPU 模块会为这些扩展模块提供电源。如果扩展模块的 5 V DC 功率要求超出 CPU 模块的功率预算，则必须减少一些扩展模块，直到功率在功率预算范围之内。

24 V DC 的电源又称传感器电源，可以为本地输入点或扩展模块上的继电器线圈供电。如果使用 CPU 模块自带的 24 V DC 电源供电，则需要对电源进行功率检验。很多情况下，也可以由用户在外部提供一个 24 V DC 电源，此时需要用户手动将外部电源与输入点或继电器线圈进行连接。若超出 CPU 模块的功率预算，将导致无法连接 CPU 模块所允许的最大数量的模块。

传感器的内部电源和外部 24 V DC 电源不能并联，否则会因每个电源都试图建立自己首选的输出电压而导致冲突。该冲突可能使其中一个电源或两个电源的寿命缩短或立即出现故障，从而导致 PLC 控制系统运行不确定。运行不确定可能导致人身伤亡事故或财产损失等。

传感器电源和外部电源应分别给不同的位置供电，允许将多个公共端连接到一个位置。所有非隔离的相应公共接线端必须连接到同一个外部参考电位。

功率预算示例：假设某 PLC 控制系统，选用了 S7-1200 CPU 1214C AC/DC/ 继电器型，用到的信号板为 1 个 SB1223 2×24 V DC 输入 /2×24 V DC 输出，通信模块需要 1 个 CM1241、信号模块需要 3 个 SM1223 8 DC 输入 /8× 继电器输出以及 1 个 SM1221 8 DC 输入的组态。功率预算表如表 6-6 所示。

表 6-6 功率预算表

CPU 额定负载能力		
CPU 功率计算	5 V DC	24 V DC
CPU 1214C AC/DC/ 继电器型	1 600 mA	400 mA
系统实际功耗计算		
系统实际连接要求	5 V DC	24 V DC
CPU 1214C，14 点输入	—	14×4 mA=56 mA
1 个 SB1223 2×24 V DC 输入 /2×24 V DC 输出	50 mA	2×4 mA=8 mA

续表

系统实际功耗计算		
1 个 CM1241 RS～422/485，5 V 电源	220 mA	—
3 个 SM1223，5 V 电源	3 × 145 mA=435 mA	—
1 个 SM1221，5 V 电源	1 × 105 mA=105 mA	—
3 个 SM1223，各 8 点输入	—	3 × 8 × 4 mA=96 mA
3 个 SM1223，各 8 个继电器线圈	—	3 × 8 × 11 mA=264 mA
1 个 SM1221，各 8 点输入	—	8 × 4 mA=32 mA
累计	810 mA	456 mA
CPU 额定负载能力与系统实际连接要求的差额		
	5 V DC	24 V DC
总电流差额	790 mA	－56 mA

注：计算结果表明以下方面。

1. 5 V DC 电源的额定负载能力为 1 600 mA，远大于该项目实际需求的 810 mA。

2. 计算结果为输入和输出模块需要 24 V DC 提供 456 mA 的电流，而 CPU 模块只能提供 400 mA，那么实际应该额外增加一个至少能够提供 56 mA 电流的 24 V DC 电源，以运行所有应提供该电源电压的输入和输出模块。

6.7　编程软件

6.7.1　软件介绍

S7－1200 PLC 用户程序的编写，可以在 SIMATIC STEP 7 Basic 中进行。SIMATIC STEP 7 Basic 提供了标准编程语言，供用户开发、编辑用户程序和监视用户程序。SIMATIC STEP 7 Basic V10.5 是第一个投入中国市场的版本，后来被合并到 TIA Portal 软件中。

1. 软件组成

TIA Portal（简称“博途”）是西门子公司发布的一款全新的全集成自动化软件。它是业内首个采用统一的工程组态和软件项目环境的自动化软件，几乎适用于所有的自动化任务。借助该软件平台，用户能够快速、直观地开发和调试自动化系统，可对西门子公司全集成自动化中涉及的所有自动化和驱动产品进行组态、编程和调试。

博途软件有四个级别的版本：Basic、Comfort、Advanced、Professional。

专业版（Professional）的博途软件由四部分组成：用于硬件组态和编写 PLC 程序的 SIMATIC STEP 7；用于仿真调试的 SIMATIC S7-PLCSIM；用于组态可视化监控系统、支持触摸屏和 PC 工作站的 SIMATIC WinCC；用于设置和调试变频器的 SINAMICS Startdrive 和用于安全性 S7 系统的 STEP 7 Safety。

2. 软件安装要求

如果安装博途软件，为了保证软件流畅运行，则对计算机的硬件要求如下。

（1）处理器：四核以上。

（2）内存：不少于 4 GB，建议 8 GB。

（3）硬盘：300 GB 以上。

（4）显示器：不小于 15.6 英寸宽屏。

（5）图形分辨率：不低于 1 920 × 1 080 像素。

博途软件可安装的计算机操作系统是：Windows 7 Home Premium SP1（Basic 版），Windows 7 Professional SP1 或 Enterprise SP1 或 Ultimate SP1，Windows 8.1（Basic 版）、Windows 8.1 Pro 或 Enterprise、Microsoft Server 2012 R2 Standard、Windows Server 2008 R2 Standard Edition SP2，并且要求在管理员操作权限下进行安装和操作。

博途软件的兼容性也是有限的，具体说明如下。

（1）TIA Portal V14、STEP 7 V5.5、STEP 7 Micro/WIN V4.0 SP9 可以在同一台计算机上安装并使用。

（2）TIA Portal WinCC V14 和 WinCC flexible 2008 SP3 可以在同一台计算机上安装并使用。

（3）TIA Portal WinCC V14 和 WinCC V7.0 ~ V7.3 不能在同一台计算机上安装并使用。

3. 软件功能

（1）SIMATIC STEP 7 软件支持的编程语言有：LAD、FBD、SCL、STL、GRAPH。

（2）SIMATIC WinCC 支持对机器级控制和监视以及 SCADA 应用。

（3）SIMATIC STEP 7 Basic 只支持对 S7-1200 PLC 进行编程，专业版 SIMATIC STEP 7 支持对所有 PLC 进行编程和组态。

4. 用户程序开发步骤

S7-1200 PLC 的用户程序开发过程与普通可编程控制器的用户程序开发步骤基本相同，主要有如下步骤。

（1）新建项目。

（2）硬件组态。

（3）PLC 编程。

（4）编译下载。

（5）仿真调试。

课堂讨论

在 PLC 编程中，程序的调试、运行监控与故障诊断是非常重要的环节。有什么想法或技巧可以帮助提高调试效率和准确性？

6.7.2　软件基本使用方法

STEP 7 提供了一个友好的用户环境，供用户开发可编程控制器逻辑、组态 HMI 可视化和设置网络通信。为帮助用户提高效率，STEP 7 提供了两种不同的项目视图：项目中各元素组成的面向项目的视图（项目视图），如图 6－15 所示；根据工具功能组织的面向任务的 Portal 视图，如图 6－16 所示。用户只需通过单击，就可以切换 Portal 视图和项目视图。

项目视图的功能比 Portal 视图的功能强，操作内容更加丰富，因而大多数用户都选择在项目视图下进行硬件组态、编程、可视化监控画面系统设计、仿真调试、在线监控等操作。下面介绍项目视图各组成部分的功能。

1. 项目树

可以从项目树中添加新的设备，编辑已有的设备，打开处理项目数据的编辑器，以及访问所有的设备和项目数据。

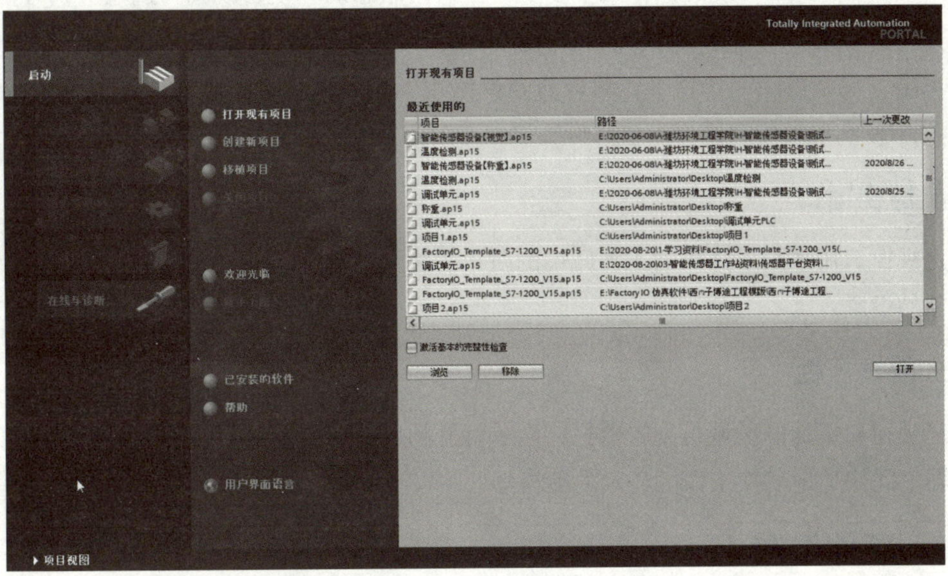

图 6－15　项目视图

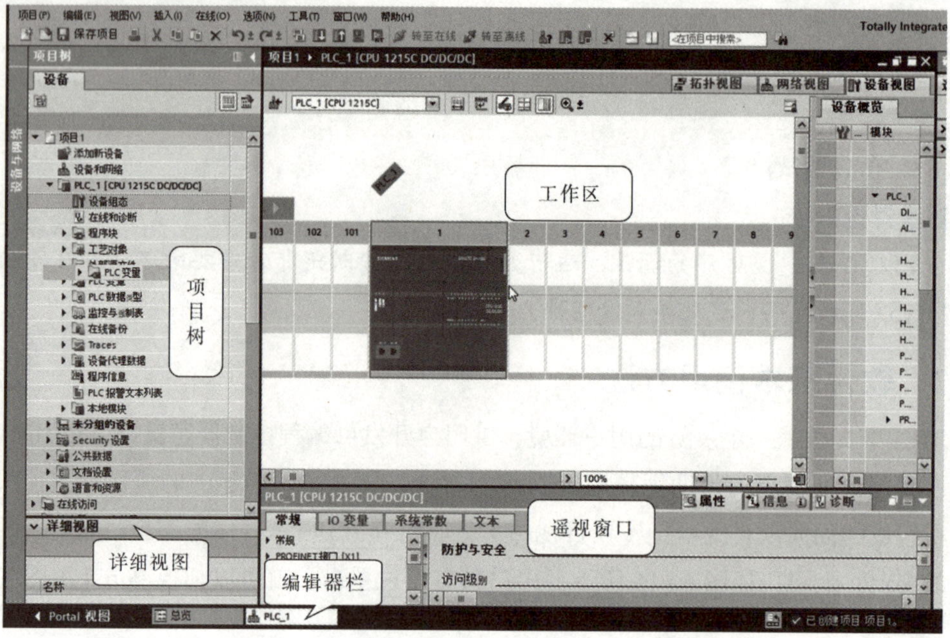

图 6-16　Portal 视图

2. 详细视图

详细视图显示项目树中被选中的对象的下一级的内容，可能包含文本列表和变量。

3. 工作区

为进行编辑而打开的对象将显示在工作区，但是一般只能在工作区同时显示一个当前打开的编辑器。图 6-16 的工作区中显示的是设备组态的“设备视图”选项卡，可执行以下任务：① 配置和分配设备参数；② 配置和分配模块参数。

单击“网络视图”选项卡，可以打开网络视图，可执行以下任务：① 配置和分配设备参数；② 实现设备互连。

4. 巡视窗口

巡视窗口用来显示选中的工作区中的对象的附加信息，可在“属性”选项卡中编辑所选对象的设置。

5. 编辑器栏

巡视窗口下面的区域是编辑器栏，显示打开的所有编辑器，可以用编辑器栏在打开的编辑器之间快速地切换工作区显示的编辑器。

6.7.3　硬件组态

硬件组态的大致步骤如下：①添加设备；②设备组态；③组态网络：组态网络之前，

不能分配 I/O 设备的 I/O 地址；④设置网络参数。编译检查没有错误后，就可以保存以上信息。

常用的硬件组态包括以下几种。

1. CPU 与编程设备

CPU 与编程设备通信时，第一，需要进行硬件配置，如果是一对一通信，则不需要以太网交换机；第二，需要为 CPU 或编程设备分配 IP 地址。在 PROFINET 网络中，每个设备必须具有一个 MAC 地址和 Internet 协议（IP）地址。

2. CPU 与 HMI

CPU 与 HMI 组态通信时的步骤如下。

（1）建立硬件通信连接。通过 PROFINET 接口建立 HMI 和 CPU 之间的物理连接。由于 CPU 内置了自动跨接功能，因此对该接口既可以使用标准以太网电缆，又可以使用跨接以太网电缆，连接一个 HMI 和一个 CPU 不需要以太网交换机。

（2）配置设备。

（3）组态 HMI 与 CPU 之间的逻辑网络连接。可使用“网络视图”创建项目中各设备之间的网络连接。具体步骤：首先单击“连接”选项卡，其次单击右侧的下拉框，选择连接类型。例如，创建 PROFINET 连接，单击 CTU 上的绿色（PROFINET）框，最后拖出一条线，连接到第二个设备上的 PROFINET 框，松开鼠标，即可创建 PROFINET 连接。

（4）在项目中组态 IP 地址。

（5）测试 PROFINET 网络。完成组态后，下载项目到 CPU 中，下载项目时会组态所有 IP 地址。可以手动配置，也可以在线配置。但 S7-1200 CPU 不具有预组态的 IP 地址，必须手动为其分配。

在线配置 CPU 的 IP 地址的方法是，在“项目树”中，使用如下菜单选项检查是否还没有给 CPU 分配任何 IP 地址：设备——在线访问——设备所在网络的适配器卡——更新可访问的设备。如果显示的是 MAC 地址，而不是 IP 地址，则表示尚未给 CPU 分配 IP 地址。

3. CPU 与 CPU

硬件配置后，组态两个 CPU 之间的通信：建立硬件通信连接、配置设备、组态两个 CPU 之间的逻辑网络连接、在项目中组态两个 CPU 的 IP 地址、组态传送参数和接收参数、测试 PROFINET 网络。通过使用 TSEND_C 和 TRCV_C 指令，一个 CPU 可与网络中的另一个 CPU 进行通信。

6.7.4 PLC 编程

1. 程序块

项目中默认的只有一个用户程序块。要添加程序块，需要在项目树的程序块中双击“添加新块”，然后选择块的名称、类型、编号和编程语言。可供选择的块类型有四种：组织块（organization block，OB）、函数块（function block，FB）、函数（functional calculus，FC）、数据块（data block，DB）。

OB、FC 可供选择的编程语言有四种：LAD、FBD、STL 和 SCL。FB 可供选择的编程语言有 5 种：LAD、FBD、STL、SCL 和 GRAPH。

2. 指令

系统提供的指令可以在指令目录和库目录窗口中选择。其中，指令目录包含基本指令模块、扩展指令模块、工艺执行模块和通信指令模块四大类。

双击项目树中要编辑的程序块，就可以打开程序编辑器。

双击项目树中的 PLC 变量的“显示所有变量”项目，进入符号编辑器。在编写 PLC 程序之前先创建变量，有利于程序的阅读、分析和修改。

有效的 PLC 变量名允许使用字母、数字、特殊字符，但不允许使用引号。

PLC 变量的名称在 CPU 范围内具有唯一性，即使变量位于 CPU 的不同变量表中。块已经使用的名称、CPU 内其他 PLC 变量或常量的名称，不能用于新的 PLC 变量的命名。变量名的唯一性检查不区分大小写字母。如果输入了一个已经存在的变量名，则系统自动为第二次输入的名称后加上序号（1）。

3. 用户程序来源

用户程序是在 SIMATIC STEP 7 软件环境中，由用户编写的、用于实现特殊控制任务和功能的程序。

为了方便用户高效地开发控制程序，SIMATIC STEP 7 提供了五种标准编程语言。

（1）LAD（梯形图）：一种图形编程语言，使用基于电路图的表示法。

（2）FBD（函数块图）：基于布尔代数中使用的图形逻辑符号的编程语言。

（3）SCL（结构化控制语言）：一种基于文本的高级编程语言。

（4）STL（语句表语言）：一种用布尔助记符来描述程序的程序设计语言。

（5）GRAPH 编程语言：针对顺序控制程序作了相应的优化处理，它不仅仅具有 PLC 典型的元素，还增加了多个顺序控制器、监控条件、时间触发等。

具体 SIMATIC STEP 7 软件版本不同，支持的编程语言也有所变化。

下面以梯形图语言为例，利用类似于电路图的元件（如常闭触点、常开触点和线圈）相互连接构成程序段，如图 6-17 所示。要创建复杂运算逻辑，可插入分支以创建并行电路的逻辑。

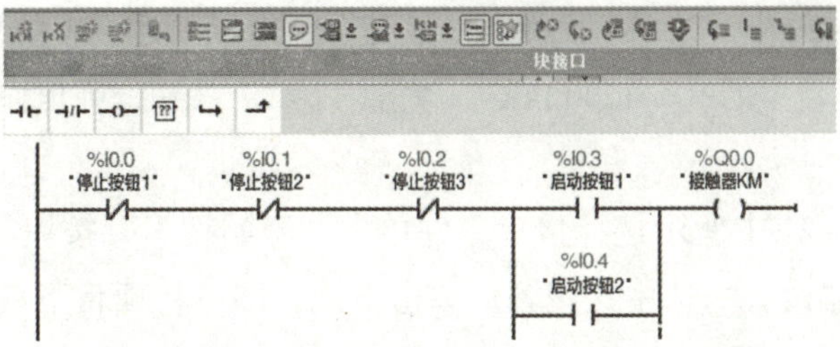

图 6-17　梯形图语言编程示例

6.7.5　程序的调试、运行监控与故障诊断

博途软件是一款集成软件，不仅集成了 SIMATIC STEP 7 Basic，还集成了仿真软件 SIMATIC S7-PLCSIM。仿真 PLC 与实际 PLC 既有相通之处，也有较多区别。

1. 仿真要求

SIMATIC S7-PLCSIM 软件几乎支持 S7-1200 PLC 的所有指令，允许用户在没有硬件的情况下模拟调试 S7-1200 PLC 程序。

S7-1200 PLC 使用仿真功能对软件、硬件都有一定的要求。对硬件的要求是固件版本必须 4.0 或更高版本，对软件的要求是仿真软件版本在 S7-PLCSIM V13 SP1 及以上。

2. 仿真步骤

（1）在博途软件中单击“仿真”按钮，如图 6-18 所示，可启动 S7-1200 PLC 仿真器。弹出仿真器对话框的精简视图，如图 6-19 所示。

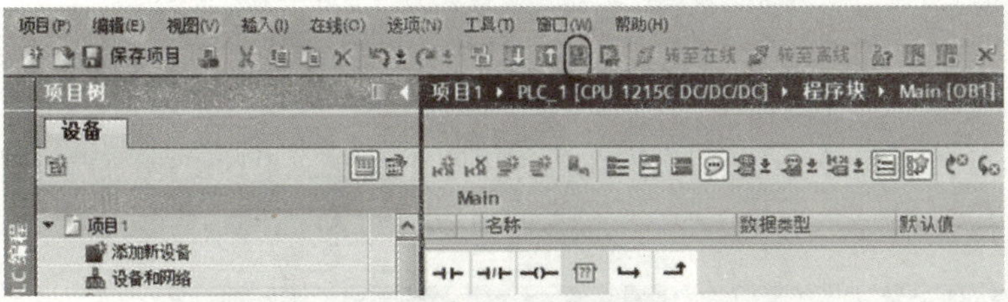

图 6-18　启动仿真器

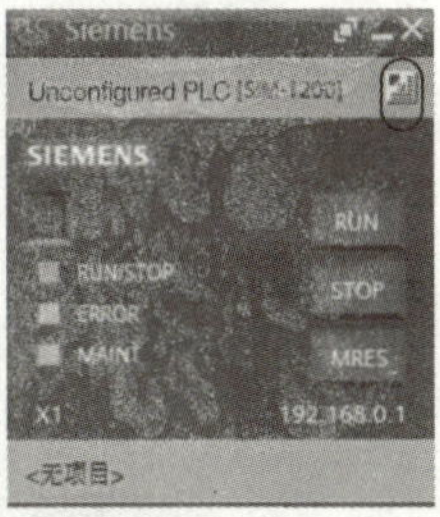

图 6-19　精简视图

（2）单击图 6-19 中右上角的按钮，可以切换到项目视图，如图 6-20 所示。

图 6-20　仿真器项目视图

（3）单击图 6-20 中“项目”菜单的“新建”，可以新建一个仿真项目。然后回到博途编程界面，选中项目中的 S7-1200 PLC，单击“下载”按钮，弹出如图 6-21 所示下载选项对话框。

（4）按照图 6-21 中所示选择接口，并单击“开始搜索”按钮，在兼容设备对话框里，会显示出仿真器设备。选中该设备，单击下载，即可将项目下载到 S7-1200 PLC 仿真器中。

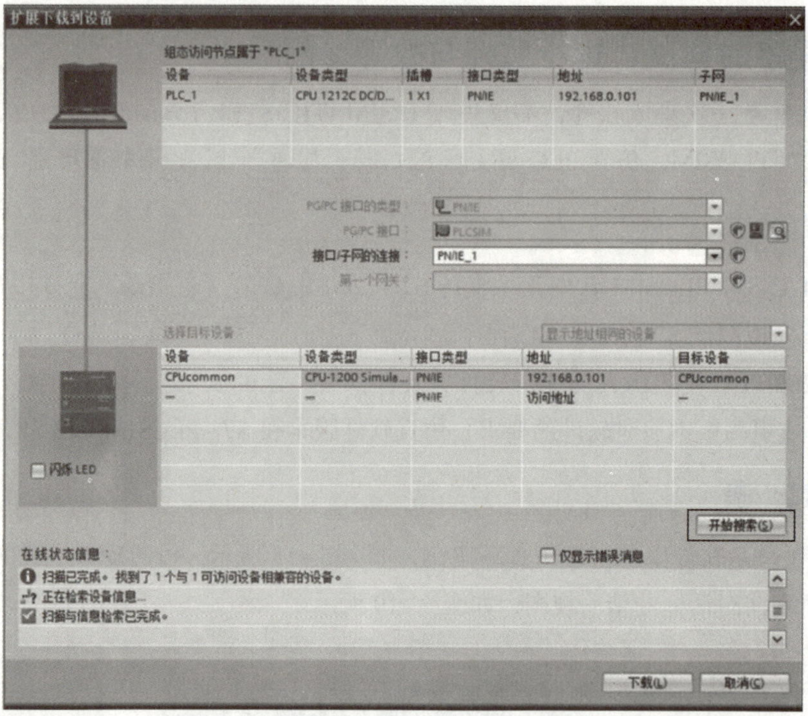

图 6-21　下载选项对话框

（5）下载项目成功后，可以单击仿真器上的启动和停止按钮，更改 CPU 的运行模式，如图 6-22 所示。

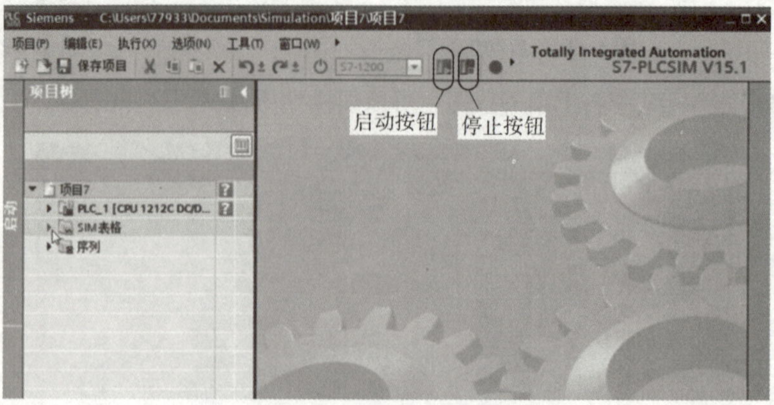

图 6-22　仿真器的启动和停止按钮

3. SIM 表的使用

（1）在 S7－PLCSIM 左侧项目树中可以看到 SIM 表，用户可以添加自己的 SIM 表，然后在该表中添加变量，进行变量值的监控和修改。如图 6－23 所示，在“SIM 表 1”中添加几个简单变量 I0.0、Q0.0、M0.0 和 MB1 进行测试和说明。

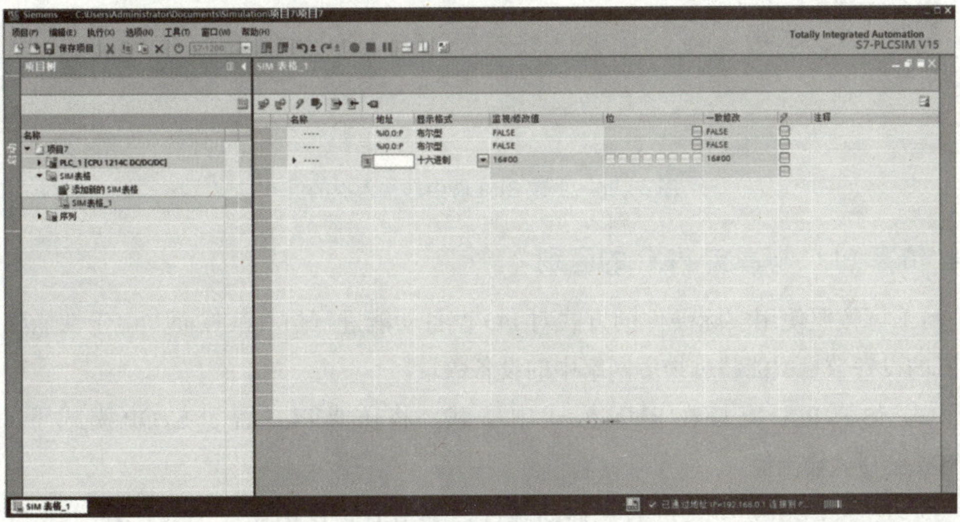

图 6－23　变量监控 SIM 表

（2）此时单击“位”列的复选框，可以对 I0.0 进行值更改，如图 6－24 所示。

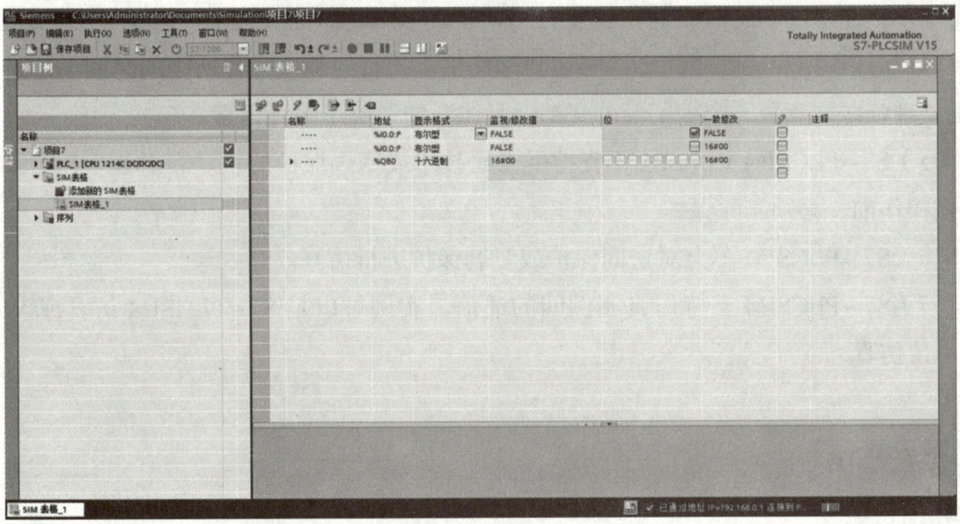

图 6－24　更改 SIM 表中的输入点变量值

图 6－25　启动 / 禁用非输入点的修改

（3）在默认情况下，只有输入点的值是允许更改的，Q 点或 M 点的修改列为灰色，只允许监视而无法修改。如果需要更改非输入点的值，则可以单击工具栏中的“启动 / 禁用非输入修改”按钮 ，启动非输入点的修改功能，如图 6－25 所示。

（4）启动该功能后，用户即可对已经建立的 Q 点及 M 点变量进行赋值操作了，如图 6-26 所示。

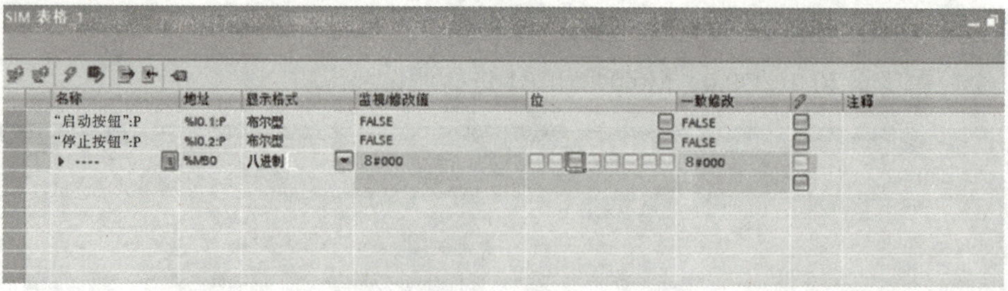

图 6-26　更改 SIM 表中非输入点的值

4. 仿真 PLC 与真实 PLC 的区别

（1）可按照使用实际硬件的方式对 I/O 设备功能进行仿真。然而，由于性能限制，可仿真的设备数量不能超过物理网络中的设备数量。

（2）仿真 PLC 支持在 RUN 模式中下载。将仿真 PLC 置于 STOP 模式下，S7-PLCSIM 会写入输出值。

（3）S7-PLCSIM 不支持写入诊断缓冲区的所有错误消息。例如，S7-PLCSIM 不仿真 CPU 中与故障电池相关的消息或 EPROM 错误。但 S7-PLCSIM 可仿真大多数的 I/O 和程序错误。

（4）由于 S7-PLCSIM 运行在装有 Windows 操作系统的 PC 上，因此，S7-PLCSIM 中操作的扫描周期和确切时间不同于在物理硬件上执行的那些操作所需的时间。这是因为 PC 的处理资源“竞争”产生了额外开销，具体开销取决于多种因素。

（5）S7-PLCSIM V14 SP1 不支持受专有技术或密码保护的块。在对 S7-PLCSIM 执行下载操作前，必须删除保护。

（6）S7-PLCSIM 不会对访问保护或复制保护进行仿真。

（7）S7-PLCSIM 支持仿真实例间的通信。实例可以是 S7-PLCSIM 仿真或 WinCC 运行系统仿真。

本章小结

本章主要介绍了 S7-1200 PLC 的安装、维护与开发环境。首先介绍了 PLC 的特性、性能指标以及广泛应用的场景，学习了安装、拆卸和接线的步骤，以确保设备稳定可靠地运行；然后介绍了信号模块和通信模块的功能应用，以及编程软件的使用技巧，包括调试、监控和故障诊断。通过本章的学习，帮助读者不仅掌握了技术知识，还培养了团队合作、细致耐心、自主学习和沟通能力，为工业自动化控制系统的设计与应用提供了有力支持，确保项目顺利实施并取得成功。

思考练习

一、填空题

1. 数字量输入类型有 ______ 和 ______ 两种。

2. S7－1200PLC 模拟量模块的接线有下面三种接线方式：______、______、______。

3. S7－1200 PLC 的用户程序开发过程主要步骤有：______、______、______、______、______。

4. OB、FC 可供选择的编程语言有四种：______、______、______ 和 ______。

二、名词解释

1. 三线制传感器。

2. 信号板。

3. 巡视窗口。

4. STL（语句表语言）。

第7章 S7-1200 PLC的指令系统

本章导读

西门子S7-1200 PLC，作为西门子自动化控制产品中的一款紧凑型控制器，凭借其强大的功能和易用性，在工业控制领域得到了广泛的应用。S7-1200 PLC不仅具备标准的PLC功能，还融入了最新的技术，为用户提供了更为高效、灵活的控制方案。本章将详细介绍S7-1200 PLC的指令系统，帮助读者深入理解和掌握其编程基础及基本指令。

学习目标

◎知识目标

1. 理解S7-1200 PLC编程的基础知识，包括编程语言、数据类型以及存储器与地址的应用。

2. 掌握S7-1200 PLC的基本指令，包括位逻辑运算、定时器和计数器、比较、数学运算、数据移动、数据类型转换、程序控制、逻辑运算以及移位和循环移位等方面的内容。

◎能力目标

1. 能够应用所学知识进行S7-1200 PLC编程，包括程序的设计、调试和优化。

2. 能够灵活运用基本指令完成常见的控制任务，提高编程效率和准确性。

◎素质目标

1. 培养学生逻辑思维和问题解决能力，能够分析和解决实际工程中的控制问题。

2. 提升学生团队合作意识和沟通能力，能够与团队成员协作，共同完成任务。

3. 培养学生细心、耐心和责任心，确保编程过程中的准确性和可靠性，保障工程项目的顺利进行。

◎思政目标

1. 培养学生逻辑思维与系统分析能力，通过学习编程基础，提升解决问题的条理性与逻辑性。

2. 强化学生规范操作意识，理解遵循编程规范的重要性，培养学生严谨的工程实践态度。

3. 培养学生学以致用的习惯，通过实际操作将理论知识转化为实践技能，提升解决实际问题的能力。

7.1　S7－1200 PLC 编程基础

7.1.1　编程语言

西门子公司为 S7－1200 PLC 提供三种标准编程语言：梯形图（LAD）、功能块图（FBD）和结构化控制语言（SCL）。梯形图是基于电路图来表示的一种图形编程语言，功能块图是基于布尔代数中使用的图形逻辑符号来表示的一种编程语言，结构化控制语言是一种基于文本的高级编程语言。

编程语言

为 S7－1200 PLC 创建代码块时，应选择该块要使用的编程语言。用户程序可以使用由任意或所有编程语言创建的代码块。

1. 梯形图（LAD）

梯形图（LAD）是与电气控制电路相呼应的图形语言。它沿用了继电器、触头、串/并联等类似的图形符号，并简化了符号，还向多种功能（如数学、定时器、计数器和移动等）提供功能框指令。梯形图是融逻辑操作、控制于一体，面向对象的、实时的、图形化的编程语言。梯形图按自上而下、从左到右的顺序排列，最左边的竖线称为起始母线（也称左母线），然后按一定的控制要求和规则连接各个节点，最后以继电器线圈或功能框指令（或再接右母线）结束，称为一个逻辑行或一个“梯级”。通常一个 LAD 程序段中有若干逻辑行（梯级），形似梯子，如图 7－1 所示，梯形图由此而得名。梯形图信号流向清楚、简单、直观、易懂，很适合电气工程人员使用。梯形图在 PLC 中使用非常普遍，通常各厂家、各型号 PLC 都把它作为第一用户语言。

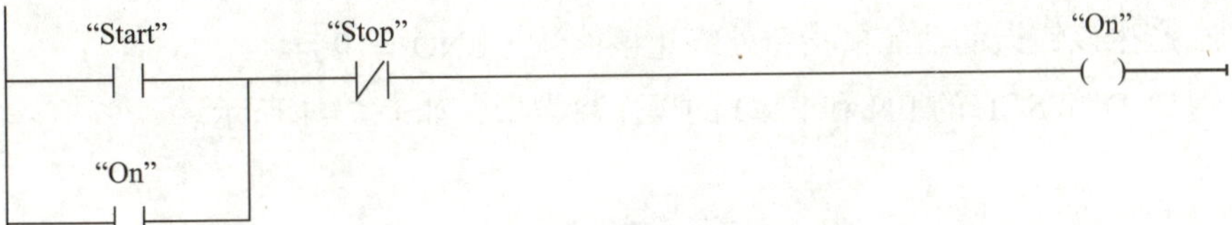

图 7－1　梯形图的梯级

创建 LAD 程序段时应注意以下规则。

（1）不能创建如图 7-2（a）所示可能导致反向能流的分支。

（2）不能创建如图 7-2（b）所示可能导致短路的分支。

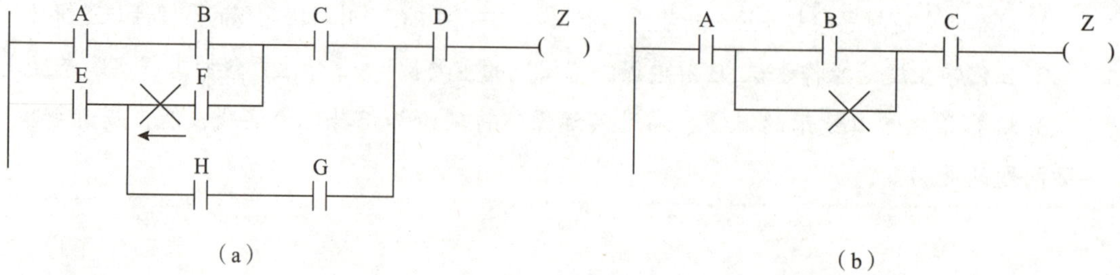

图 7-2　错误的分支结构

2. 功能块图（FBD）

功能块图（FBD）类似于普通的逻辑功能图，它沿用了半导体逻辑电路的逻辑框图的表达方式，使用布尔代数的图形逻辑符号来表示控制逻辑，使用指令框来表示复杂的功能，有基本功能模块和特殊功能模块两类。基本功能模块如 AND、OR、XOR 等，特殊功能模块如脉冲输出、计数器等。一般用一种功能方框表示一种特定的功能，框图内的符号表达了该功能块图的功能。

3. 结构化控制语言（SCL）

结构化控制语言（structured control language，SCL）是用于 SIMATIC S7 CPU 的基于 PASCAL 的高级编程语言。SCL 指令使用标准编程运算符，例如，= 表示赋值，+ 表示相加，- 表示相减，* 表示相乘，/ 表示相除。SCL 也使用标准的 PASCAL 程序控制操作，如 IF-THEN-ELSE、CASE、REPEAT-UNTIL、GOTO 和 RETURN 等。

LAD 和 FBD 之间可以有条件地相互转换，但与 SCL 之间不能相互转换，建议先掌握梯形图编程，等熟练并积累一定的经验后再尝试应用其他编程语言。

4. LAD、FBD 和 SCL 的 EN 和 ENO

EN（使能输入）是布尔输入。执行功能框指令时，能流（EN=1）必须出现在其输入端。如果 LAD 功能框的 EN 输入直接连接到左母线，将始终执行该指令。

ENO（使能输出）是布尔输出。如果功能框在 EN 输入端有能流且正确执行了其功能，则 ENO 输出会将能流（ENO=1）传递到下一个元素。如果执行功能框指令时检测到错误，则在产生该错误的功能框指令处终止该能流（ENO = 0）。

LAD、FBD 和 SCL 的 EN 和 ENO 的操作数类型，如表 7-1 所示。

表 7-1　LAD、FBD 和 SCL 的 EN 和 ENO 的操作数类型

程序编辑器	输入 / 输出	操作数	数据类型
LAD	EN，ENO	能流	Bool
FBD	EN	I、I_：P、Q、M、DB、Temp、能流	Bool
	ENO	能流	Bool
SCL	EN1	TRUE、FALSE	Bool
	ENO2	TRUE、FALSE	Bool

7.1.2　数据类型

1. 基本数据类型

S7-1200 PLC 的指令参数所用的基本数据类型有 1 位布尔型（Bool）、8 位字节型（Byte）、16 位无符号整数（Word）、16 位有符号整数（Int）、32 位无符号双字整数（DWord）、32 位有符号双字整数（Dint）、32 位实数型（Real）。

实数型（Real）是按照 IEEE 二进制浮点数算术标准（ANSI/IEEE 754—1985 标准）（单精度）的表示格式规定的。

2. 数据类型检查

数据类型检查有助于避免常见的编程错误。数据类型检查分为 3 级：完全数据类型检查、简单数据类型检查和无数据类型检查。

S7-1200 PLC 的 SIMATIC 指令集不支持完全数据类型检查。使用局部变量时，执行简单数据类型检查；使用全局变量时，指令操作数为地址而不是可选的数据类型时，执行无数据类型检查。

完全数据类型检查时，用户选定的数据类型和等价的数据类型，如表 7-2 所示。

表 7-2　完全数据类型检查

用户选定的数据类型	等价的数据类型	用户选定的数据类型	等价的数据类型
Bool	Bool	DWord	DWord
Byte	Byte	Dint	DInt
Word	Word	Real	Real
Int	Int	—	—

简单数据类型检查时，用户选定的数据类型和等价的数据类型如表 7-3 所示。

表 7-3　简单数据类型检查

用户选定的数据类型	等价的数据类型
Bool	Bool
Byte	Bype
Word	Word，Int
Int	Word，Int
DWord	DWord，DInt
DInt	DWord，DInt
Real	Real

在无数据类型检查时，用户选定的地址与分配的等价数据类型如表 7-4 所示。

表 7-4　无数据类型检查

用户选定的地址	分配的等价数据类型
V0.0.0	Bool
VB0	Byte
VW0	Word，Int
VD0	DWord，DInt，Real

3. 数据长度与数值范围

存储器中存放的数据类型可分为 Bool、Byte、Word、Int、DWord、DInt、Real。不同的数据类型，具有不同的数据长度和数值范围。在上述数据类型中，用 B（字节型）、W（字型）、D（双字型）分别表示 8 位、16 位、32 位数据。不同的数据长度对应的数值范围如表 7-5 所示。例如，数据长为 W（字型）的无符号整数（WORD）的数值范围为 0～65535。不同数据长度的数值所能表示的数值范围是不同的。

表 7-5　不同的数据长度对应的数值范围

数据长度	无符号数		有符号数	
	十进制数	十六进制数	十进制数	十六进制数
B（字节型）8 位值	0～255	0～FF		
W（字型）16 位值	0～65535	0～FFFF	-32768～32767	8000～7FFF
D（双字型）32 位值	0～4294967295	0～FFFFFFFF	-2147483648～2147483647	80000000～7FFFFFFF
R（实数型）32 位值	-10^{38}～$+10^{38}$			

7.1.3　存储器与地址

PLC 的存储器分为程序区、系统区、数据区，具体内容如下。

（1）程序区用于存放用户程序，存储器为 EEPROM。

（2）系统区用于存放有关 PLC 配置结构的参数，如 PLC 主机及扩展模块的 I/O 配置和编址、配置 PLC 站地址、设置保护口令、停电记忆保持区、软件滤波功能等，存储器为 EEPROM。

（3）数据区是 S7－1200 CPU 提供的存储器的特定区域，包括输入映像寄存器（I）、输出映像寄存器（Q）、位存储器（M）、临时存储器（L）、数据块（DB）存储器。数据区是用户程序执行过程中的内部工作区域，使 CPU 的运行更快、更有效。存储器为 EEPROM 和 RAM。

用户对程序区、系统区和部分数据区进行编辑，编辑后写入 PLC 的 EEPROM。RAM 为 EEPROM 存储器提供备份存储区，供 PLC 运行时动态使用。

1. 数据区存储器的地址表示格式

每个存储单元都有唯一的地址，用户程序利用这些地址访问存储单元中的信息。绝对地址由以下元素组成。

（1）存储区标识符（如 I、Q 或 M）。

（2）要访问的数据的大小（“B”表示 Byte、“W”表示 Word、“D”表示 DWord）。

（3）数据的起始地址（如字节 3 或字 3）

访问布尔值地址中的位时，不需要输入数据大小的助记符，仅需输入数据的存储区、字节位置和位位置（如 I0.0、Q0.1 或 M3.4）。如图 7－3 所示，存储区和字节地址（M 代表位存储区，3 代表字节 3）通过后面的句点（“.”）与位地址（位 4）分隔开。

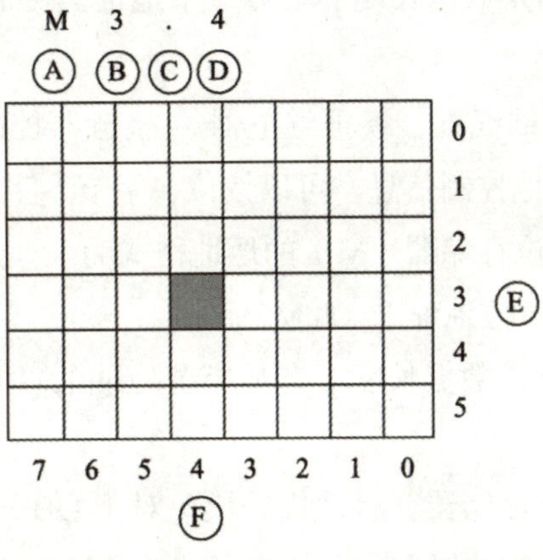

A－存储区标识符；B－字节地址：字节 3；C－分隔符（“字节 . 位”）；
D－位在字节中的位置（位 4，共 8 位）；E－存储区的字节；F－选定字节的位。

图 7－3　访问布尔值地址表示格式

访问字节、字、双字地址数据区存储器的区域格式为：ATx。必须指定区域标识符 A、数据长度 T 以及该字节、字或双字的起始字节地址 x。如用 MB100、MW100、MD100 分别表示字节、字、双字的地址。MW100 由 MB100、MB101 两个字节组成；MD100 由 MB100 ~ MB103 四个字节组成。

2. 数据区存储器区域

（1）输入 / 输出映像寄存器（I/Q）

① 输入映像寄存器（I）

输入映像寄存器（I）也称为过程映像输入（I）。PLC 的输入端子是从外部接收输入信号的窗口。每个输入端子与输入映像寄存器（I）的相应位相对应。输入点的状态在每次扫描周期开始（或结束）时进行采样，并将采样值存于输入映像寄存器，作为程序处理时输入点状态的依据。输入映像寄存器的状态只能由外部输入信号驱动，而不能在内部由程序指令来改变。输入映像寄存器（I）的地址格式为

位地址：I[字节地址].[位地址]，如 I0.1；

字节、字、双字地址：I[数据长度][起始字节地址]，如 IB4、IW6、ID10。

② 输出映像寄存器（Q）

输出映像寄存器（Q）也称为过程映像输出（Q）。每个输出模块的端子与输出映像寄存器的相应位相对应。CPU 将输出判断结果存放在输出映像寄存器中，在扫描周期的结尾，CPU 以批处理方式将输出映像寄存器的数值复制到相应的输出端子上，通过输出模块将输出信号传送给外部负载。可见，PLC 的输出端子是 PLC 向外部负载发出控制命令的窗口。输出映像寄存器（Q）地址格式为

位地址：Q[字节地址].[位地址]，如 Q1.1；

字节、字、双字地址：Q[数据长度][起始字节地址]，如 QB5、QW8、QD11。

（2）位存储器（M）

位存储器（M）也称内部线圈，模拟继电器 – 接触器控制系统中的中间继电器，用于存储操作的中间状态或其他控制信息。可以按位、字节、字或双字访问位存储区。M 存储器允许读访问和写访问。位存储器（M）的地址格式为

位地址：M[字节地址].[位地址]，如 M26.7；

字节、字、双字地址：M[数据长度][起始字节地址]，如 MB11、MW23、MD26。

（3）临时存储器（L）

CPU 根据需要分配临时存储器。启动代码块（对于 OB）或调用代码块（对于 FC 或 FB）时，CPU 将为代码块分配临时存储器并将存储单元初始化为 0。

临时存储器与 M 存储器类似，但有一个主要的区别：M 存储器在“全局”范围内有效，而临时存储器只在“局部”范围内有效。

任何 OB、FC 或 FB 都可以访问 M 存储器中的数据，也就是说，这些数据可以全局性地用于用户程序中的所有元素。

CPU 限定只有创建或声明了临时存储单元的 OB、FC 或 FB，才可以访问临时存储器中的数据。临时存储单元是局部有效的，并且其他代码块不会共享临时存储器，即使在代码块调用其他代码块时也是如此。例如，当 OB 调用 FC 时，FC 无法访问对其进行调用的 OB 的临时存储器。

可以按位、字节、字、双字访问临时存储器，临时存储器（L）的地址格式为

位地址：L[字节地址].[位地址]，如 L0.0；

字节、字、双字地址：L[数据长度][起始字节地址]，如 LB33、LW44、LD55。

（4）数据块（DB）存储器

数据块存储器用于存储各种类型的数据，其中包括操作的中间状态或 FB 的其他控制信息参数，以及许多指令（如定时器和计数器）所需的数据结构。可以按位、字节、字或双字访问数据块存储器。读 / 写数据块允许读访问和写访问，只读数据块只允许读访问。数据块（DB）存储器的地址格式为

位地址：DB[数据块编号].DBX[字节地址].[位地址]，如 DB1.DBX2.3；

字节、字、双字地址：DB[数据块编号].DB[大小][起始字节地址]，如 DB1.DBB4、DB10.DBW2、DB20.DBD8。

7.2　基本指令

S7－1200 有 9 种基本指令，包括位逻辑运算指令、定时器和计数器指令、比较指令、数学运算指令、移动指令、转换指令、程序控制指令、逻辑运算指令、移位和循环移位指令。

7.2.1　位逻辑运算指令

位逻辑运算指令包含触点和线圈等基本元素指令、置位和复位指令、上升沿和下降沿指令。

1. 触点和线圈等基本元素指令

触点和线圈等基本元素指令包括触点指令、NOT 逻辑反相器指令、输出线圈指令，主要完成与位相关的输入 / 输出及触点的简单连接。

（1）触点指令

触点有常开触点和常闭触点两种，可将触点相互连接并创建用户自己的组合逻辑。

LAD 的触点分配位 IN 为布尔型，IN 值赋“1”时，常开触点闭合（ON），常闭触点断开（OFF）；IN 值赋“0”时，常开触点断开（OFF），常闭触点闭合（ON）。

触点串联方式连接，创建 AND 逻辑程序段；触点并联方式连接，创建 OR 逻辑程序段。如果用户指定的输入位使用存储器标识符 I 或 Q，则从输入映像寄存器中读取位值。控制过程中的物理触点信号会连接到 PLC 上的 I 端子，CPU 扫描已连接的输入信号并持续更新输入映像寄存器中的相应状态值。

通过在 I 偏移量后追加“：P”，可执行立即读取物理输入（例如，% I3.4：P）。对于立即读取，直接从物理输入读取位数值，而非从输入映像寄存器中读取如图 7-4 所示。立即读取不会更新输入映像寄存器。

（a）常开触点　（b）常闭触点

图 7-4　触点指令

（2）NOT 逻辑反相器指令

NOT 逻辑反相器指令可对输入的逻辑运算结果（RLO）进行取反。LAD 的 NOT 触点能取反能流输入的逻辑状态，如图 7-5 所示。

（a）赋值线圈指令　（b）赋值取反线圈指令

图 7-5　NOT 逻辑反相器指令

（3）输出线圈指令

输出线圈有赋值线圈和赋值取反线圈两种，可向输出位 OUT 写入值，OUT 数据类型为布尔型。

如果有能流通过输出线圈，则赋值线圈输出位 OUT 设置为“1”，赋值取反线圈输出位 OUT 设置为“0”；如果没有能流通过输出线圈，则赋值线圈输出位 OUT 设置为“0”，赋值取反线圈输出位 OUT 设置为“1”。

如果指定的输出线圈输出位 OUT 使用存储器标识符 Q，则 CPU 接通或断开输出映像寄存器中的输出位，同时将指定的位设置为等于能流状态。控制执行器的输出信号连接到 S7-1200 PLC 的 Q 端子。通过在 Q 偏移量后加上“：P”，可指定立即写入物理输出（例如，%Q3.4：P）。对于立即写入，将位数据值写入输出映像寄存器并直接写入物理输出。

触点和线圈等基本元素指令 LAD 编程实例，如图 7-6 所示。

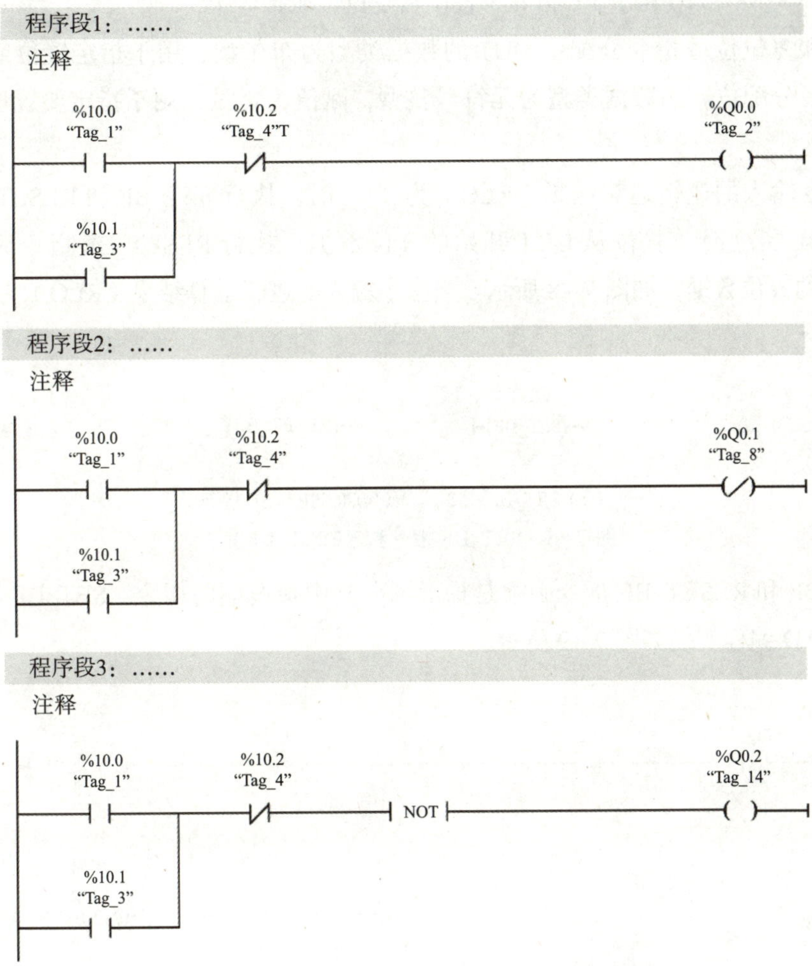

图 7－6　触点和线圈等基本元素指令 LAD 编程实例

2. 置位和复位指令

置位和复位指令包含：置位和复位线圈指令、置位和复位位域指令、置位优先和复位优先指令。

（1）S 和 R 指令（置位和复位线圈指令）

置位和复位线圈指令分配位 OUT 数据类型为布尔型。

当线圈输入的逻辑运算结果（RLO）为“1”时，才执行 S 和 R 指令，S 指令参数 OUT 的数据值设置为 1，R 指令参数 OUT 的数据值设置为 0，如图 7－7 所示。当线圈输入的逻辑运算结果（RLO）为“0”时，不执行 S 和 R 指令。

（a）S 指令　　（b）R 指令

图 7－7　S 和 R 指令

（2）SET_BF 和 RESET_BF 指令（置位和复位位域指令）

置位和复位位域指令分配位 OUT 的数据类型为布尔型，用于指定置位或复位位域起始元素；分配位 *n* 的数据类型为无符号整型，赋值为常量，用于指定要置位或复位的位数。

当指令输入的逻辑运算结果（RLO）为“1”时，执行 SET_BF 和 RESETBF 指令；执行 SETBF 指令时，置位从 OUT 开始的 *n* 位数据；执行 RESET_BF 指令时，复位从 OUT 开始的 *n* 位数据，如图 7-8 所示。当指令输入的逻辑运算结果（RLO）为“0”时，不执行指令。

（a）SET_BF 指令　（b）RESET_BF 指令

图 7-8　SET_BF 指令和 RESET_BF 指令

SET_BF 和 RESET_BF 指令必须是梯形图分支中最右端的指令。SET_BF 和 RESET_BF 指令 LAD 编程实例如图 7-9 所示。

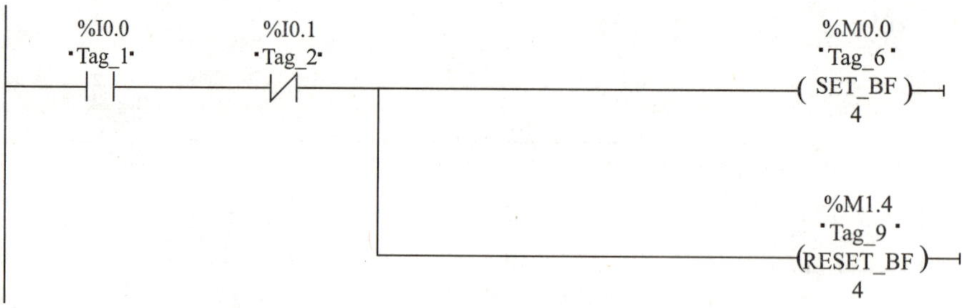

图 7-9　SET_BF 和 RESET_BF 指令 LAD 编程实例

（3）RS 和 SR 指令（置位优先和复位优先指令）

RS 和 SR 指令分配位 S 和 S1 为置位输入，1 表示优先；分配位 R 和 R1 为复位输入，1 表示优先；分配位 INOUT 为待置位或复位的数据；分配位 Q 遵循 INOUT 位的状态。分配位 S、S1、R、R1、INOUT 和 Q 的数据类型都为布尔型。

RS 指令如果 S1 和 R 输入都为“1”，则 INOUT 的值置位；SR 指令如果 S 和 R1 输入都为“1”，则 INOUT 的值复位如图 7-10 所示。INOUT 的当前信号状态被传送到 Q，并可在 Q 处进行查询。RS 和 SR 指令的输入 / 输出变化，如表 7-6 所示。

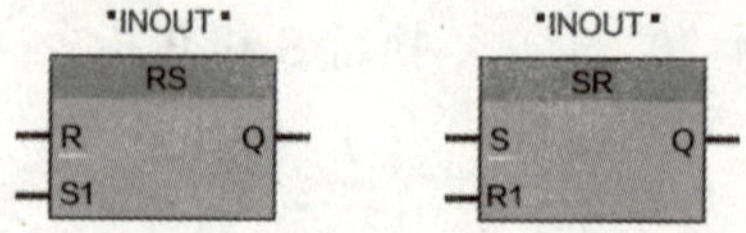

（a）RS 指令　（b）SR 指令

图 7-10　RS 和 SR 指令

表 7-6　RS 和 SR 指令的输入 / 输出变化

指令	S1	R	INOUT
RS	0	0	先前状态
	0	1	0
	1	0	1
	1	1	1
指令	S	R1	INOUT
SR	0	0	先前状态
	0	1	0
	1	0	1
	1	1	0

RS 和 SR 指令 LAD 编程实例如图 7-11 所示。

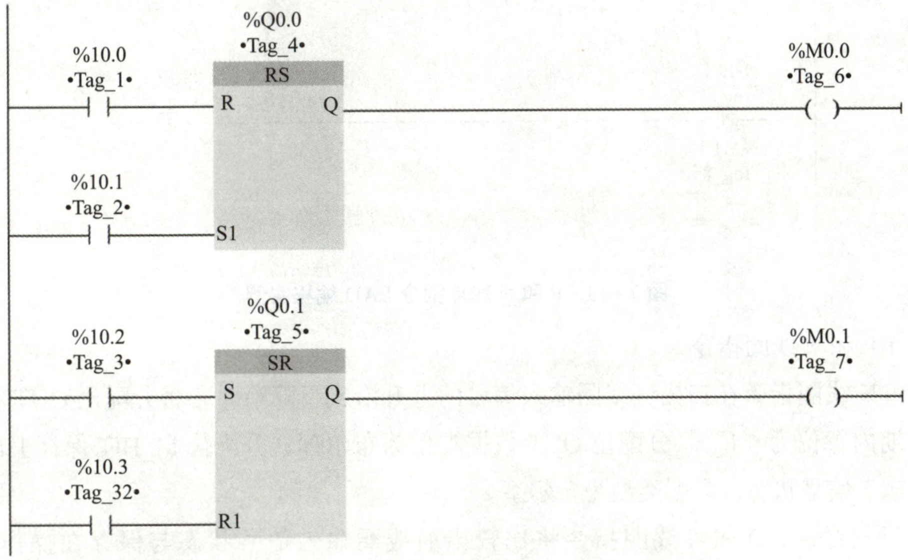

图 7-11　RS 和 SR 指令 LAD 编程实例

3. 上升沿和下降沿指令

上升沿和下降沿指令包含：P 和 N 触点指令、P 和 N 线圈指令、P_TRIG 和 N_TRIG 功能框指令、R_TRIG 和 F_TRIG 功能框指令。

（1）P 和 N 触点指令

P 和 N 触点指令分配位 IN 为指令要扫描的信号，数据类型为布尔型；分配位 M_BIT 保存上次扫描的 IN 的信号状态，数据类型为布尔型。

执行指令时，P 和 N 触点指令比较 IN 的当前信号状态与保存在操作数 M_BIT 中的上一次扫描的信号状态。检测到操作数IN的上升沿时，P触点指令的信号状态将在一个程序周期内保持置位为“1”；检测到操作数IN的下降沿时，N触点指令的信号状态将在一个程序周期内保持置位为“1”；在其他任何情况下，P和N触点指令的信号状态均为“0”，如图7-12所示。

（a）P触点指令　（b）N触点指令

图7-12　P和N触点指令

P和N触点指令LAD编程实例，如图7-13所示。

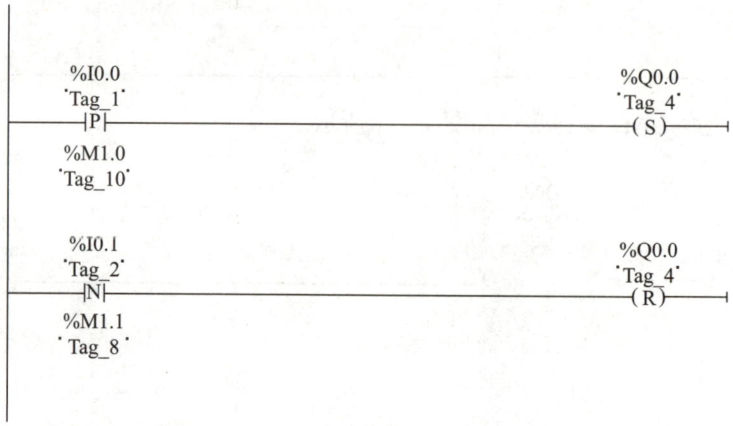

图7-13　P和N触点指令LAD编程实例

（2）P和N线圈指令

P和N线圈指令在扫描到线圈输入信号的上升沿或下降沿时，将分配位OUT在一个程序周期内置位为“1”。分配位OUT数据类型为布尔型；分配位M_BIT保存上次查询的线圈输入信号状态，数据类型为布尔型。

执行指令时，P和N线圈指令将比较当前线圈输入信号状态与保存在操作数M_BIT中的上一次查询的信号状态。检测到线圈输入信号状态的上升沿时，P线圈指令将OUT在一个程序周期内置位为“1”；检测到线圈输入信号状态的下降沿时，N线圈指令将OUT在一个程序周期内置位为“1”；在其他任何情况下，参数OUT的信号状态均为“0”。

P和N线圈的能流输入状态通过线圈后变为能流输出状态。P和N线圈可以放置在程序段中的任何位置。

P和N线圈指令LAD编程实例，如图7-14所示。

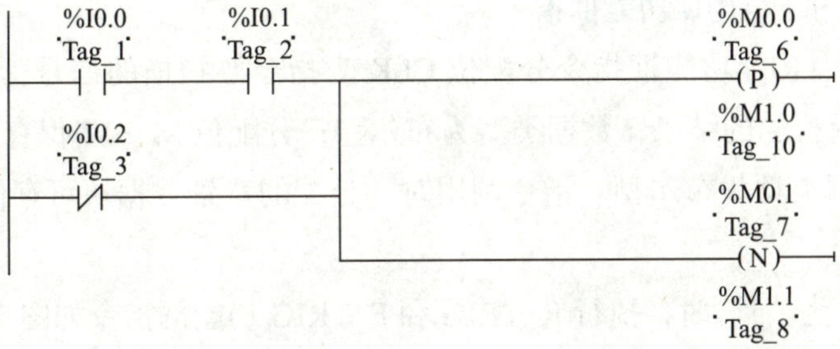

图 7-14　P 和 N 线圈指令 LAD 编程实例

（3）P_TRIG 和 N_TRIG 功能框指令

P_TRIG 和 N_TRIG 功能框指令分配位 CLK 为指令要扫描的信号，数据类型为布尔型；分配位 M_BIT 保存上次扫描的 CLK 的信号状态，数据类型为布尔型；Q 为指令沿检测的结果，数据类型为布尔型。

执行指令时，P_TRIG 和 N_TRIG 功能框指令比较 CLK 输入的 RLO 当前状态与保存在操作数 M_BIT 中上一次查询的信号状态，如图 7-15 所示。检测到 CLK 输入的 RLO 上升沿时，P_TRIG 功能框指令的 Q 将在一个程序周期内置位为“1”；检测到 CLK 输入的 RLO 下降沿时，N_TRIG 功能框指令的 Q 将在一个程序周期内置位为“1”；在其他任何情况下，输出 Q 的信号状态均为“0”。

（a）P_TRIG 功能框指令　（b）N_TRIG 功能框指令

图 7-15　P_TRIG 和 N_TRIG 功能框指令

在 LAD 编程中，P_TRIG 和 N_TRIG 功能框指令不能放在程序段的开头或结尾。P_TRIG 和 N_TRIG 功能框指令 LAD 编程实例如图 7-16 所示。

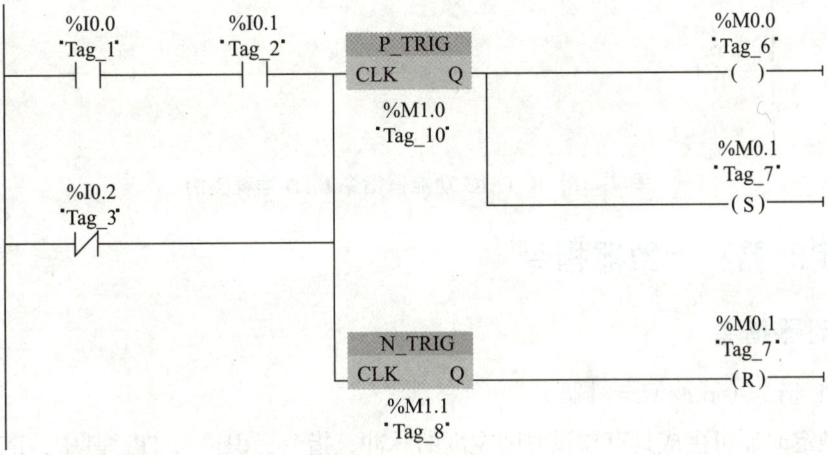

图 7-16　P_TRIG 和 N_TRIG 功能框指令 LAD 编程实例

(4) R_TRIG 和 F_TRIG 功能框指令

R_TRIG 和 F_TRIG 功能框指令分配位 CLK 为指令要扫描的信号，数据类型为布尔型；Q 为指令边沿检测的结果，数据类型为布尔型；分配位 M_BIT 保存上次扫描的 CLK 的信号状态，数据类型为布尔型。指令调用时，分配的背景数据块可存储 CLK 输入的前一状态。

使能输入 EN 为“1”时，执行 R_TRIG 和 F_TRIG 功能框指令如图 7-17 所示。执行指令时，R_TRIG 和 F_TRIG 功能框指令比较 CLK 输入的当前状态与保存在背景数据块中上一次查询的信号状态。检测到 CLK 输入信号上升沿时，R_TRIG 功能框指令的输出 Q 将在一个程序周期内置位为“1”；检测到 CLK 输入信号下降沿时，F_TRIG 功能框指令的输出 Q 将在一个程序周期内置位为“1”；在其他任何情况下，输出 Q 的信号状态均为“0”。

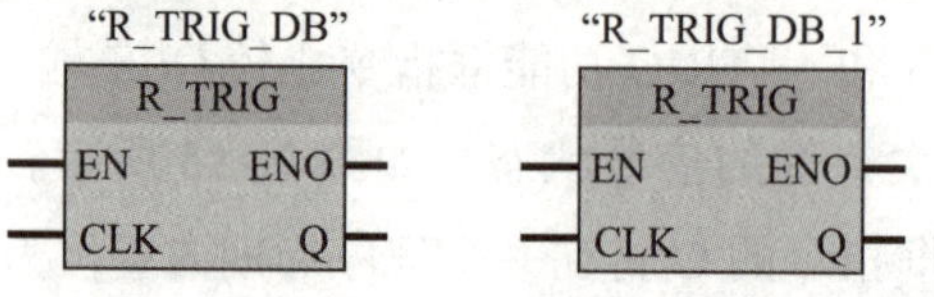

(a) R_TRIG 功能框指令　(b) F_TRIG 功能框指令

图 7-17　R_TRIG 和 F_TRIG 功能框指令

在 LAD 编程中，R_TRIG 和 F_TRIG 功能框指令不能放在程序段的开头或结尾。R_TRIG 功能框指令 LAD 编程实例，如图 7-18 所示。

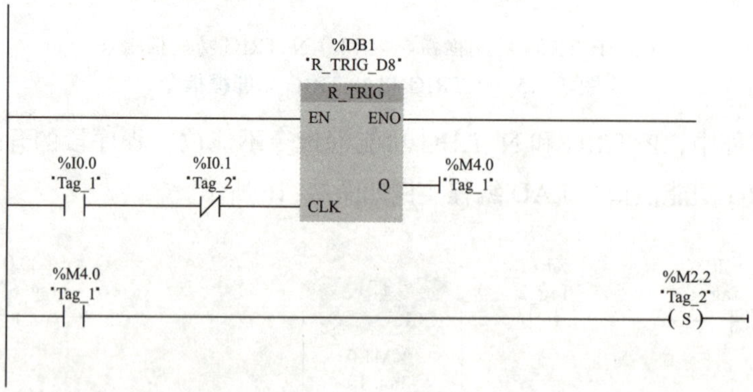

图 7-18　R_TRIG 功能框指令 LAD 编程实例

7.2.2 定时器和计数器指令

1. 定时器指令

(1) TP 指令（脉冲型定时器）

脉冲型定时器可生成具有预设时间宽度的脉冲，指令标识符为 TP。其中，IN 表示定时器的使能端，0 为禁用定时器，1 为启用定时器；PT 表示预设时间的输入；Q 表示定时器的输出状态；ET 为定时器的当前值，表示定时器经过的时间。TP 指令如图 7-19 所示。

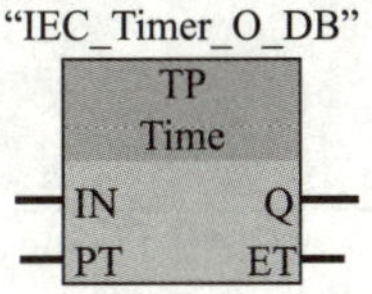

图 7-19　TP 指令

PT 和 ET 的值以有符号双精度整数（时间单位为毫秒）形式存储在存储器中。Time 数据使用 T# 标识符，以简单时间单元（T#200 ms）或复合时间单元（如 T#2s_200 ms）的形式输入，如表 7-7 所示。

表 7-7　Time 数据类型的大小和范围

数据类型	大小	有效数值范围
Time	32 位，以 DInt 数据的形式存储	T#-24d_20h_31m_23s_648ms 到 T#24d_20h_31m_23s_647ms 以 -2 147 483 648ms 到 +2 147 483 647ms 的形式存储

在定时器指令中，无法使用表 7-7 中 Time 数据类型的负数范围，负的 PT 值在定时器指令执行时被设置为 0。ET 始终为正值。

TP 指令执行时的时序图，如图 7-20 所示。由时序图可以得出：在使用 TP 指令时，可以将输出 Q 置位为预设的一段时间，当定时器的使能端 IN 的状态从 OFF 变为 ON 时，可启动该定时器指令，定时器开始计时。同时输出 Q 置位，并持续预设 PT 时间后复位。在使能端 IN 的状态从 OFF 变为 ON 后，无论后续使能端的状态如何变化，都将输出 Q 置位为由 PT 指定的一段时间。若定时器正在计时，即使检测到使能端的信号从 OFF 变为 ON 的状态，输出 Q 的信号状态也不会受到影响。

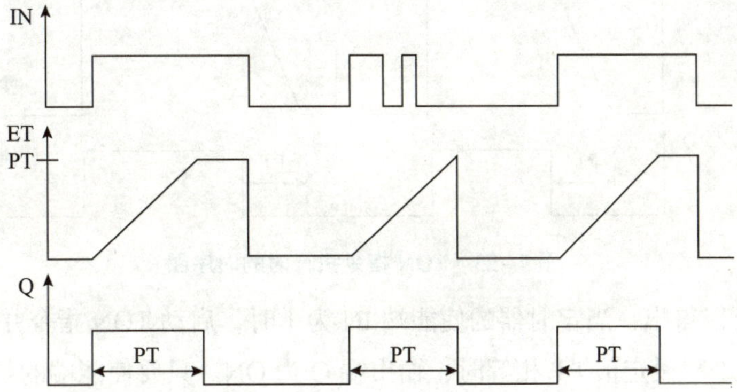

图 7-20　TP 指令执行时的时序图

如图 7-21 所示说明了该指令的工作原理。当 I0.5 接通为 ON 时，Q0.4 的状态为 ON，5 s 后，Q0.4 的状态变为 OFF，在这 5 s 时间内，不管 I0.5 的状态如何变化，Q0.4 的状态始终保持为 ON。

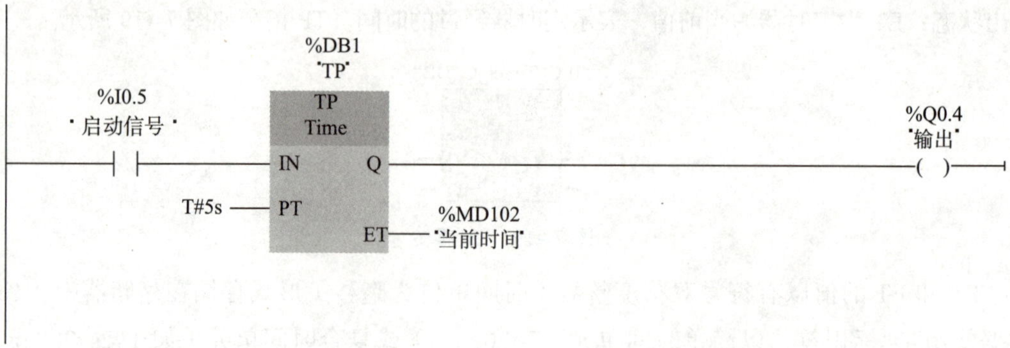

图 7-21　TP 指令的工作原理

（2）TON 指令（接通延时定时器）

接通延时定时器在预设的延时过后将输出 Q 设置为 ON，定时器的指令标识符为 TON，如图 7-22 所示。指令中引脚定义与 TP 指令引脚定义一致。TON 指令执行时的时序图，如图 7-23 所示。

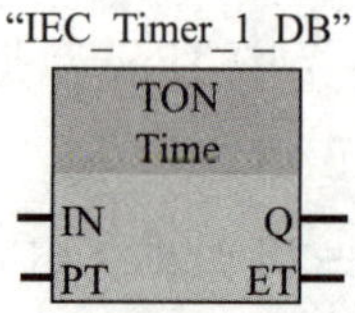

图 7-22　TON 指令

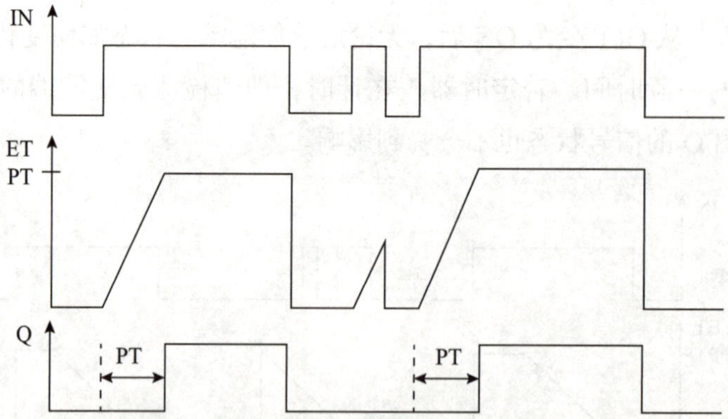

图 7-23　TON 指令执行时的时序图

由时序图可以得出：当定时器的使能端 IN 为 1 时，启动 TON 指令并开始计时。在定时器的当前值 ET 与设定值 PT 相等时，输出端 Q 为 ON。只要使能端的状态仍为 ON，输出端 Q 就保持为 ON。若使能端的信号状态变为 OFF，则将输出端 Q 复位为 OFF。当使能端再次变为 ON 时，该定时器将再次启动。

如图 7-24 所示说明了该指令的工作原理。该段程序主要完成的是启动输出后，延时一段时间后自动断开的程序：当 I0.5 接通为 ON 时，执行复位优先指令中的置位功能，使得 Q0.4 输出为 ON，并启动接通延时定时器 TON，延时 10 s 后，定时器的输出端 Q 输出为

ON 状态，此时复位优先指令中的复位端信号为 ON，执行复位功能，Q0.4 输出为 OFF。

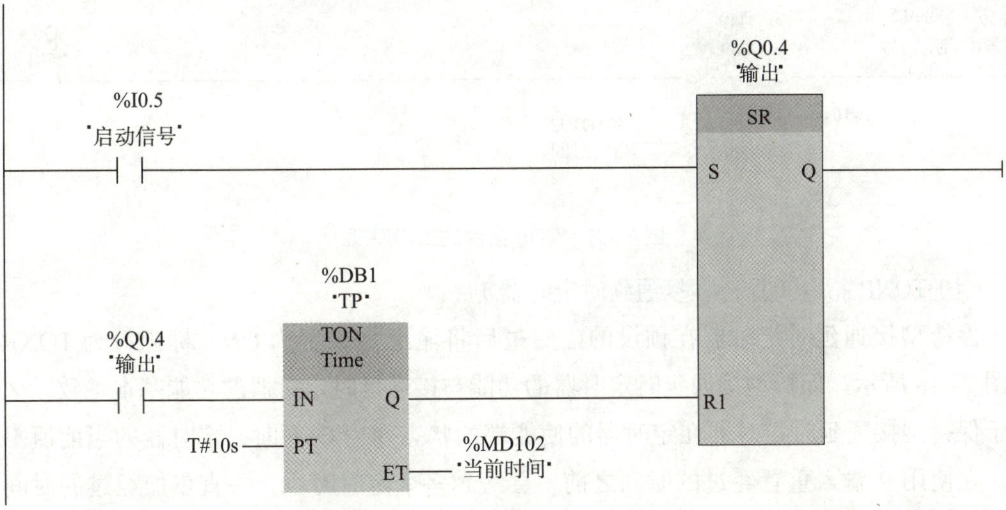

图 7-24　TON 指令的工作原理

（3）TOF 指令（关断延时定时器）

关断延时定时器在预设的延时过后将输出 Q 重置为 OFF，定时器的指令标识符为 TOF 如图 7-25 所示。指令中引脚定义与 TP/TON 指令引脚定义一致。TOF 指令执行时的时序图，如图 7-26 所示。

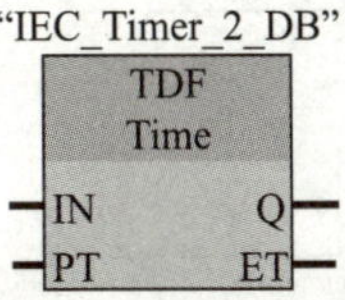

图 7-25　TOF 指令图

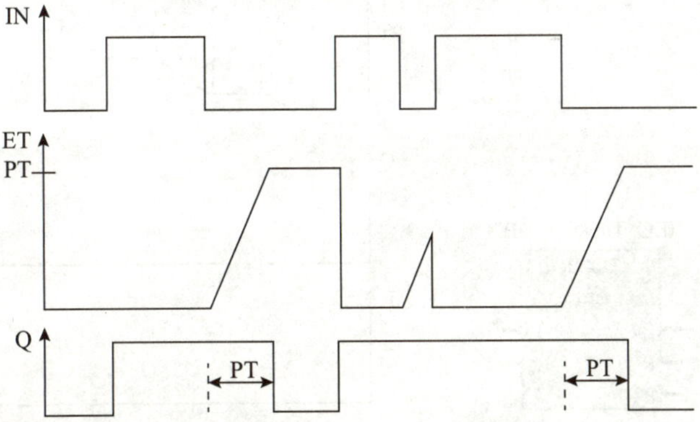

7-26　TOF 指令执行时的时序图

由时序图可以得出：在使用 TOF 指令时，当定时器的使能端 IN 为 ON 时，将输出端 Q 置位为 ON。当使能端的状态变回 OFF 时，定时器开始计时，当前值 ET 达到预设值 PT 时，将输出端 Q 复位。如果使能端的信号状态在 ET 的值小于 PT 值时变为 ON，则复位定时器，输出 Q 的信号状态仍将为 ON。

如图 7-27 所示说明了该指令的工作原理。根据对 TOF 定时器执行过程的分析，可以看出该程序表示的是一个断开延时的过程，当 I0.5 为 ON 时，Q0.4 输出为 ON，当 I0.5 变为 OFF 时，Q0.4 保持输出 10 s 后自动断开为 OFF。

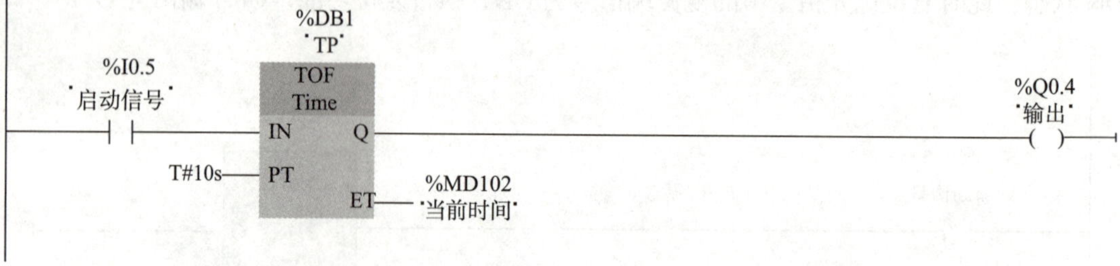

图 7-27　TOF 指令的工作原理

（4）TONR 指令（保持型接通延时定时器）

保持型接通延时定时器在预设的延时过后将输出 Q 设置为 ON，标识符为 TONR，如图 7-28 所示。保持型接通延时定时器的功能与接通延时定时器的功能基本一致，区别在于保持型接通延时定时器在定时器的使能端的状态变为 OFF 时，定时器的当前值不清零，在使用 R 输入重置经过的时间之前，会跨越多个定时时段，一直累加经过的时间而接通延时定时器；在定时器的使能端的状态变为 OFF 时，定时器的当前值会自动清零。指令中引脚定义 R 表示重置定时器，其余与 TP/TON 指令引脚定义一致。

TONR 指令执行时的时序图，如图 7-29 所示。

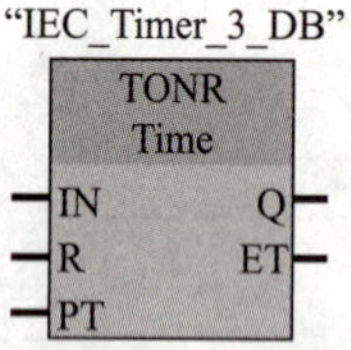

图 7-28　TONR 指令

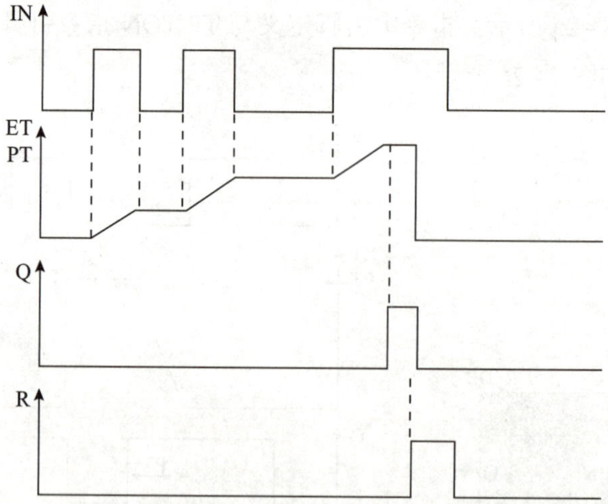

图 7-29　TONR 指令执行时的时序图

由时序图可以得出：在使用 TONR 指令时，当定时器的使能端 IN 为 ON 时，启动定时器。只要定时器的使能端保持为 ON，则记录运行时间。如果使能端变为 OFF，则暂停计时。如果使能端变回为 ON，则继续记录运行时间。如果定时器的当前值 ET 等于设定值 PT，并且使能端为 ON，则定时器的输出端的状态为 1。如果定时器的复位端 R 为 ON，则定时器的当前值清零，输出端的状态变为 OFF。

图 7-30 说明了该指令的工作原理。当 I0.5 接通为 ON 时，TONR 指令执行延时功能，若在定时器的延时时间未到达 10 s 时，I0.5 变为 OFF，则定时器的当前值保持不变，

当 I0.5 再次变为 ON 时，定时器在原基础上继续往上计时。当定时器的延时时间到达 10s 时，Q0.4 输出为 ON。在任何时候，只要 I1.1 的状态为 ON，则该定时器的当前值都会被清零，输出 Q0.4 复位。

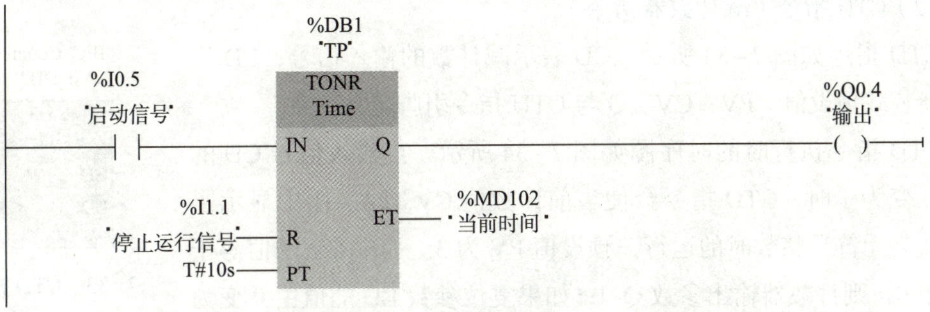

图 7－30　TONR 指令的工作原理

2. 计数器指令

计数器用来累计输入脉冲的个数。计数器是由集成电路构成的，是应用非常广泛的编程元件，可使用计数器指令对内部程序事件和外部过程事件进行计数。

计数器与定时器的结构和使用基本相似，编程时需要输入预设值 PV（计数的次数），计数器累计它的脉冲输入端电位上升沿的个数，当计数器达到预设值 PV 时，发出中断请求信号，以便 PLC 作出相应的处理。

计数器指令有三种：加计数器指令 CTU、减计数器指令 CTD、加减计数器指令 CTUD。

（1）CTU 指令（加计数器指令）

CTO 指令如图 7－31 所示，CU 表示加计数的输入信号，PV 表示预设计数值，数据类型可为 SInt、Int、DInt、USInt、UInt、UDInt。R 用来将计数值重置为零，CV 表示当前计数值，Q 表示计数器的输出参数。

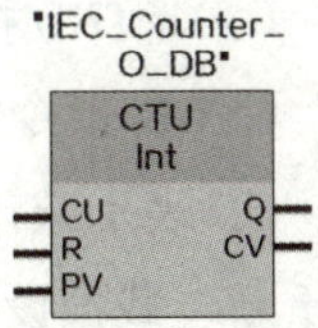

图 7－31　CTU 指令

CTU 指令执行时的时序图，如图 7－32 所示。

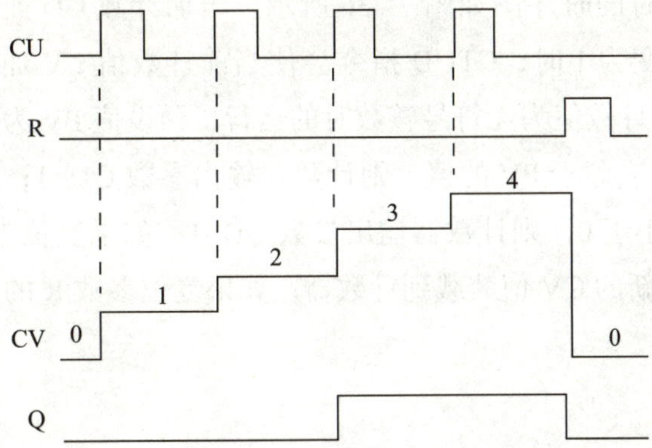

图 7－32　CTU 指令执行时的时序图

当输入信号 CU 的值由 0 变为 1 时，CTU 指令会使当前计数值 CV 加 1。图中显示了计数值为无符号整数时的运行，预设值 PV 为 3。如果 CV 的值大于或等于 PV 的值，则计数器输出参数 Q=1；如果复位参数 R 的值由 0 变为 1，则当前计数值 CV 重置为 0。

（2）CTD 指令（减计数器指令）

CTD 指令如图 7-33 所示，CD 表示减计数的输入信号，LD 用来重新装载预设值，PV、CV、Q 与 CTU 指令引脚定义一致。

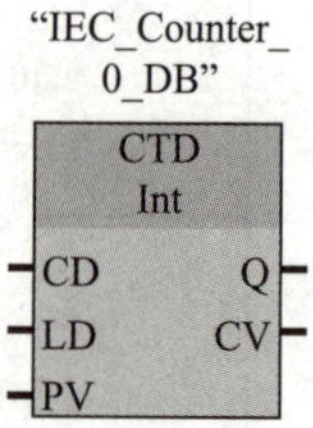

7-33 CTD 指令

CTD 指令执行时的时序图如图 7-34 所示。当输入信号 CD 的值由 0 变为 1 时，CTD 指令会使当前计数值 CV 减 1。图中显示了计数值为无符号整数时的运行，预设值 PV 为 3。如果 CV 的值等于或小于 0，则计数器输出参数 Q=1；如果复位参数 LD 的值由 0 变为 1，则 PV 的值将作为新的 CV 值装载到计数器。

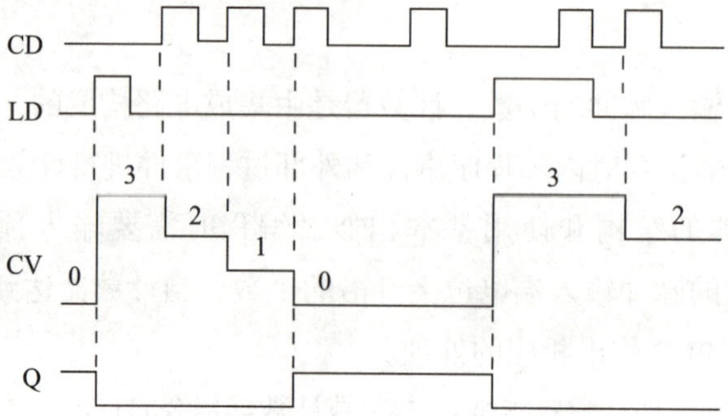

图 7-34 CTD 指令执行时的时序图

（3）CTUD 指令（加减计数器指令）

CTUD 指令如图 7-35 所示，其中，CU 表示加计数的输入信号，CD 表示减计数的输入信号，R 用来将计数值重置为零，LD 用来重新装载预设值，QU、QD 表示计数器的输出参数，PV、CV 与 CTU 指令引脚定义一致。

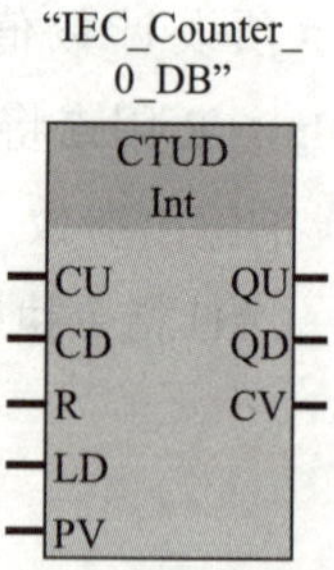

图 7-35 CTUD 指令

CTUD 指令执行时的时序图如图 7-36 所示。当加计数 CU 或减计数 CD 的值由 0 变为 1 时，CTUD 指令会使当前计数值 CV 加 1 或减 1。图中显示了计数值为无符号整数时的运行，预设值 PV 为 4。如果 CV 的值大于或等于 PV 的值，则计数器输出参数 QU=1；如果 CV 的值等于或小于 0，则计数器输出参数 QD=1；如果复位参数 LD 的值由 0 变为 1，则 PV 的值将作为新的 CV 值装载到计数器；如果复位参数 R 的值由 0 变为 1，则 CV 的值重置为 0。

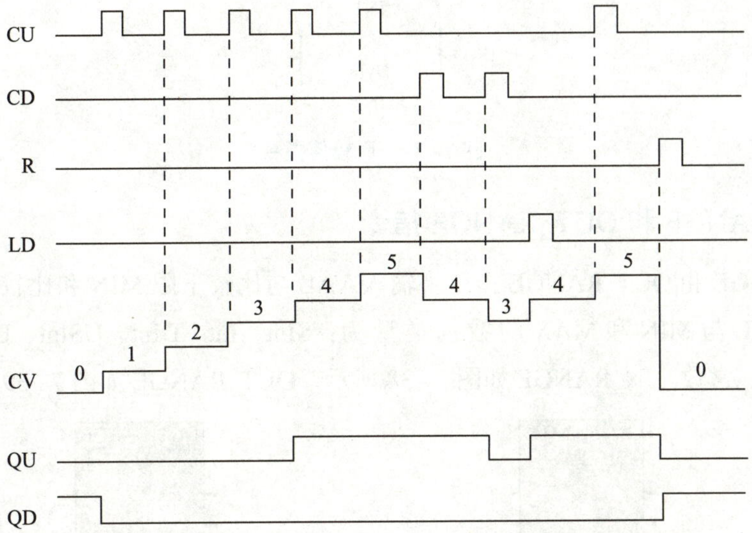

图 7-36 CTUD 指令执行时的时序图

7.2.3 比较指令

比较指令包含：比较值指令、IN_RANGE 和 OUT_RANGE 指令、OK 和 NOT_OK 指令、Variant 指针比较指令。

1. 比较值指令

比较值指令支持多种比较类型（表 7-8），用来比较数据类型相同的 IN1 和 IN2 的大小，如图 7-37 所示。如果满足比较条件，则比较指令返回逻辑运算结果（result of logic operation，RLO）“1”；如果不满足比较条件，则比较指令返回“0”。

表 7-8 比较值指令比较类型说明

比较类型	满足以下条件时结果为真
=	IN1 等于 IN2
<>	IN1 不等于 IN2
>=	IN1 大于等于 IN2
<=	IN1 小于等于 IN2
>	IN1 大于 IN2
<	IN1 小于 IN2

IN1 和 IN2 的数据类型为：Byte、Word、DWord、SInt、Int、DInt、USInt、UInt、UDInt、Real、LReal、String、WString、Char、Time、Date、常数等。

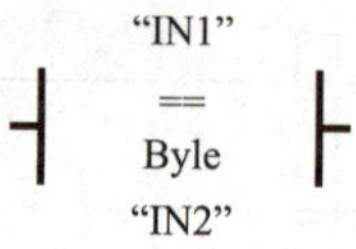

图 7-37　比较值指令

2. IN_RANGE 和 OUT_RANGE 指令

IN_RANGE 和 OUT_RANGE 指令将输入 VAL 与比较下限 MIN 和比较上限 MAX 进行比较，VAL 与 MIN 和 MAX 的数据类型为：SInt、Int、DInt、USInt、UInt、UDInt、Real、LReal、常数。IN_RANGE 如图 7-38 所示，OUT_RANGE 如图 7-39 所示。

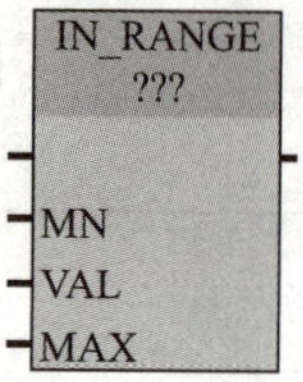

图 7-38　IN_RANGE 指令

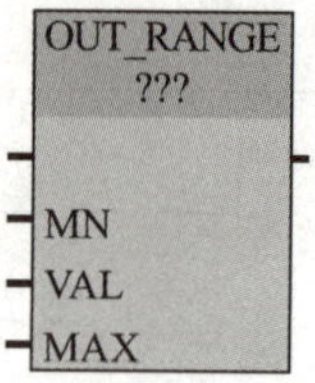

图 7-39　OUT_RANGE 指令

功能框输入信号状态为 1 时，执行 IN_RANGE 和 OUT_RANGE 指令。如果输入 VAL 的值满足 MIN<=VAL<=MAX，IN_RANGE 功能框输出信号为“1”，OUT_RANGE 功能框输出信号为“0”；否则，IN_RANGE 功能框输出信号为“0”，OUT_RANGE 功能框输出信号为“1”。

3. OK 和 NOT_OK 指令

OK 和 NOT_OK 指令用于检查输入参数 IN 是否为符合 IEEE 754 规范的有效实数。OK 指令如图 7-40 所示，NOT_OK 指令如图 7-41 所示。

如果该 LAD 触点为真，则激活该触点并传递能流。如果 IN 为有效实数，则 OK 指令传递能流；如果 IN 不是有效实数，则 NOT_OK 指令传递能流。

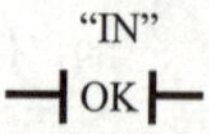

图 7-40　OK 指令

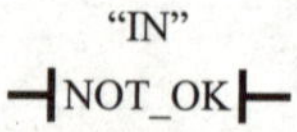

图 7-41　NOT_OK 指令

7.2.4　数学运算指令

1. ADD 指令

ADD 指令如图 7-42 所示，使能输入 EN 有效时，将 IN1 和 IN2 相加，产生结果 OUT=IN1+IN2。

IN1、IN2 的数据类型为：SInt、Int、DInt、USInt、UInt、UDInt、Real、LReal、常数。

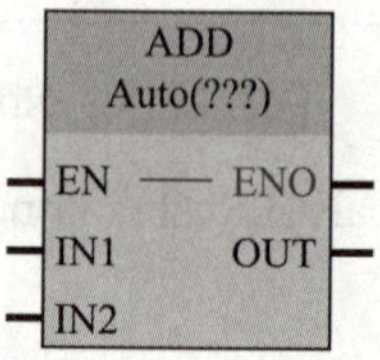

图 7-42　ADD 指令

OUT 的数据类型为：SInt、Int、DInt、USInt、UInt、UDInt、Real、LReal。

其中，单击“???”并从下拉菜单中选择数据类型参数，IN1、IN2 和 OUT 的数据类型必须相同。启用加法指令（EN=1）后，指令会对输入值（IN1 和 IN2）执行相加运算并将结果存储在通过输出参数（OUT）指定的存储器地址中。运算完成后，指令会设置 ENO=1。

程序实例：如图 7-43 所示，当 I0.0 输入有效时，执行结果为 MB0+MB1 → MB2。

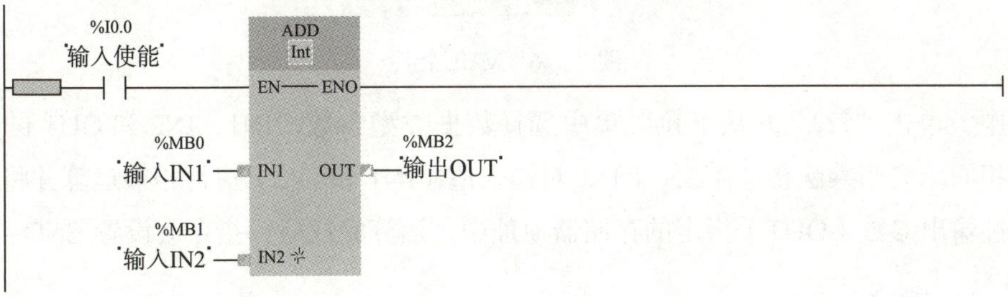

图 7-43　ADD 指令实例

2. SUB 指令

SUB 指令如图 7-44 所示，使能输入 EN 有效时，将 IN1 减去 IN2，产生结果 OUT= IN1 - IN2。

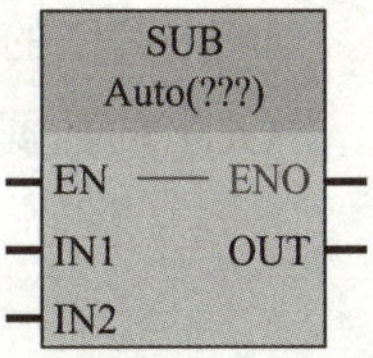

图 7-44　SUB 指令

IN1、IN2 的数据类型为：SInt、Int、DInt、USInt、UInt、UDInt、Real、LReal、常数。

OUT 的数据类型为：SInt、Int、Dint、USInt、UInt、UDInt、Real、LReal。

其中，单击“???”并从下拉菜单中选择数据类型参数，IN1、IN2 和 OUT 的数据类型必须相同。启用减法指令（EN=1）后，指令会对输入值（IN1 和 IN2）执行相减运算并将结果存储在通过输出参数（OUT）指定的存储器地址中。运算完成后，指令会设置 ENO=1。

程序实例：如图 7-45 所示，当 I0.0 输入有效时，执行结果为 MB0 → MB1 → MB2。

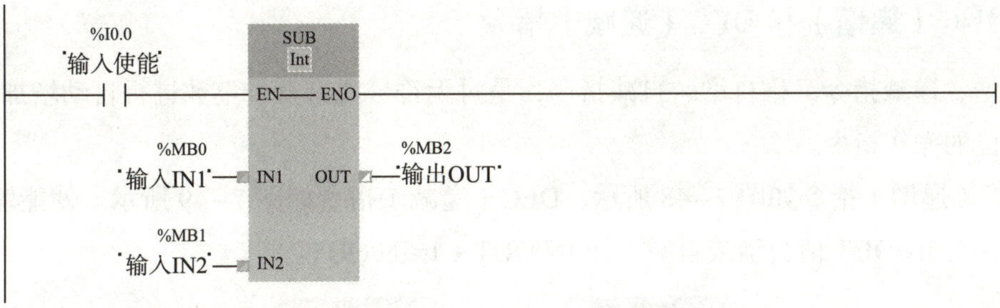

图 7-45　SUB 指令实例

3. MUL 指令

MUL 指令如图 7-46 所示，使能输入 EN 有效时，将 IN1 和 IN2 相乘，产生结果 OUT=IN1*IN2。

IN1、IN2 的数据类型为：SInt、Int、DInt、USInt、UInt、UDInt、Real、LReal、常数。

OUT 的数据类型为：SInt、Int、DInt、USInt、UInt、UDInt、Real、LReal。

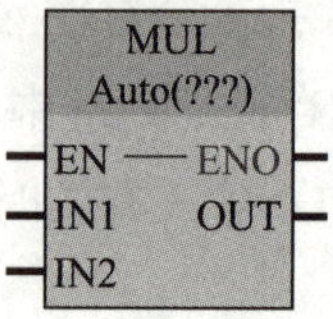

图 7-46　MUL 指令

其中，单击“???”并从下拉菜单中选择数据类型参数，IN1、IN2 和 OUT 的数据类型必须相同。启用乘法指令（EN=1），对输入值（IN1 和 IN2）执行相乘运算并将结果存储在通过输出参数（OUT）指定的存储器地址中。运算完成后，指令会设置 ENO=1。

4. DIV 指令

DIV 指令如图 7-47 所示，使能输入 EN 有效时，将 IN1 除以 IN2，产生结果 OUT=IN1/IN2。

IN1、IN2 的数据类型为：SInt、Int、DInt、USInt、UInt、UDInt、Real、LReal、常数。

OUT 的数据类型为：SInt、Int、DInt、USInt、UInt、UDInt、Real、LReal。

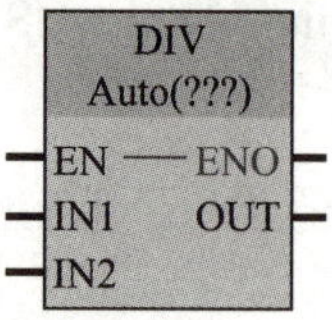

图 7-47　DIV 指令

其中，单击“???”并从下拉菜单中选择数据类型参数，IN1、IN2 和 OUT 的数据类型必须相同。启用除法指令（EN=1），对输入值（IN1 和 IN2）执行相除运算并将结果存储在通过输出参数（OUT）指定的存储器地址中。运算完成后，指令会设置 ENO=1。

5. INC（递增）和 DEC（递减）指令

递增、递减指令又称自增、自减指令，是对无符号或有符号整数进行自动增加或减少一个单位的操作指令。

INC（递增）指令如图 7-48 所示，DEC（递减）指令如图 7-49 所示。使能输入 EN 有效时，将 IN/OUT 值自增或自减，即 IN/OUT ± 1=IN/OUT。

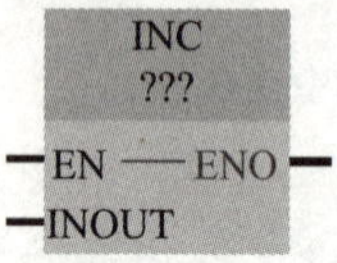

图 7-48　INC 指令

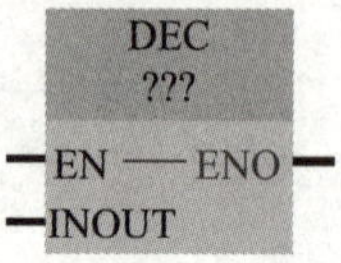

图 7-49　DEC 指令

IN/OUT 的数据类型：SInt、Int、DInt、USInt、UInt、UDInt。其中，在 LAD 和 FBD 下，单击“???”并从下拉菜单中选择数据类型。

程序实例：如图 7-50 所示，当 I0.0 输入有效时，执行结果为 MB0+1 → MB0。

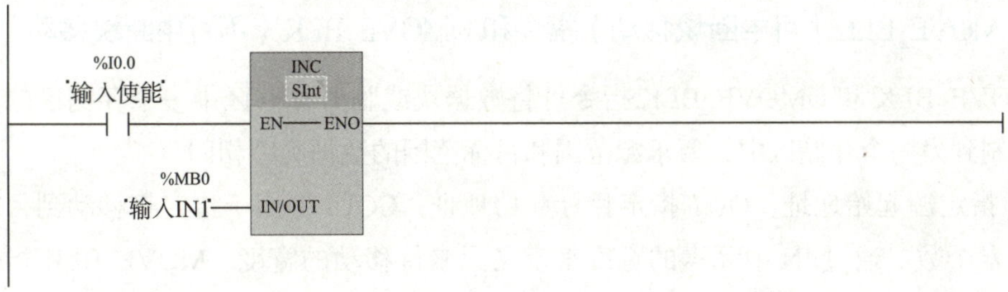

图 7-50　INC 指令实例

6. 数学函数指令

SQRT 指令如图 7-51 所示，SIN 指令如图 7-52 所示。数学函数指令包括平方、平方根、自然对数、指数、正弦函数、余弦函数、正切函数等常用函数的指令，指令分别为 SQR、SQRT、LN、EXP、SIN、COS、TAN 等。

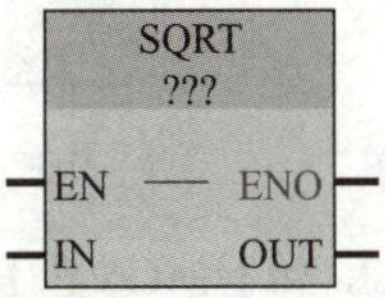

图 7-51　SQRT 指令

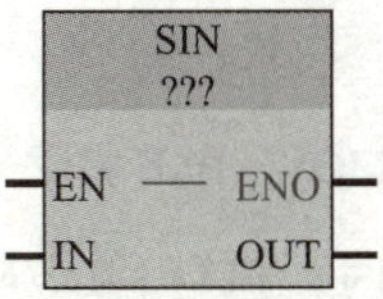

图 7-52　SIN 指令

IN 的数据类型为：Real、LReal、常数；OUT 的数据类型为：Real、LReal。其中，在 LAD 和 FBD 下，单击“???”并从下拉菜单中选择数据类型。

7.2.5　移动指令

移动指令包含：MOVE 指令、MOVE_BLK 指令和 UMOVE_BLK 指令、FILL_BLK 指令和 UFILL_BLK 指令、SWAP 交换指令、Variant 指针移动指令。

1. MOVE 指令

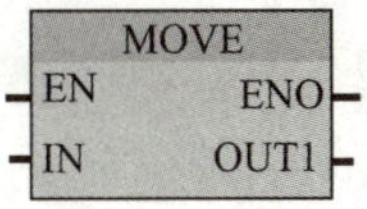

图 7-53　MOVE 指令

MOVE 指令将存储在 IN 指定的源地址的单个数据元素复制到 OUT1 指定的单个或多个目标地址（可通过指令框添加多个目标地址），要求 IN 和 OUT1 的数据类型一致。

MOVE 指令如图 7-53 所示，IN 和 OUT1 支持的数据类型为：SInt、Int、DInt、

USInt、UInt、UDInt、Real、LReal、Byte、Word、DWord、Char、WChar、Array、Struct、DTL、Time、Date、TOD 等。

使能输入 EN 为“1”时，执行 MOVE 指令。

2. MOVE_BLK（可中断块移动）指令和 UMOVE_BLK（不可中断块移动）指令

MOVE_BLK 和 UMOVE_BLK 指令可将数据块或临时存储区中一个存储区的数据元素块复制到另一个存储区中，要求源范围和目标范围的数据类型相同。

IN 指定源起始地址，OUT 指定目标起始地址，COUNT 用于指定将移动到目标范围中的元素个数。通过 IN 中元素的宽度来定义元素待移动的宽度。MOVE_BLK 指令可中断，UMOVE_BLK 指令不可中断。

MOVE_BLK 指令如图 7-54 所示，UMOVE_BLK 指令如图 7-55 所示。IN 和 OUT 支持的数据类型为：SInt、Int、DInt、USInt、UInt、UDInt、Real、LReal、Byte、Word、DWord、Time、Date、TOD、WChar。COUNT 的数据类型为 UInt 或常数。

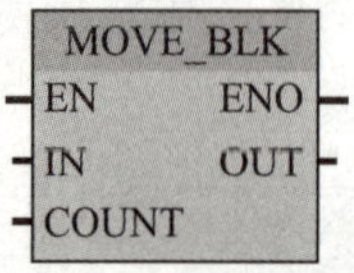

图 7-54 MOVE_BLK 指令

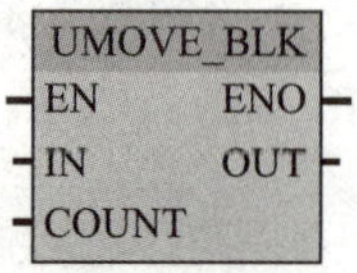

图 7-55 UMOVE_BLK 指令

使能输入 EN 为“1”时，执行 MOVE_BLK 和 UMOVE_BLK 指令。ENO 为“1”，表示成功复制了全部元素；ENO 为“0”，表示源（IN）范围或目标（OUT）范围超出可用存储区。

3. FILL_BLK（可中断填充）和 UFILL_BLK（不可中断填充）指令

填充指令包含 FILL_BLK 可中断填充指令和 UFILL_BLK 不可中断填充指令。

FILL_BLK 指令如图 7-56 所示，UFILL_BLK 指令如图 7-57 所示。IN 和 OUT 支持的数据类型为：SInt、Int、DInt、USInt、UInt、UDInt、Real、LReal、Byte、Word、DWord、Time、Date、TOD、WChar。IN 中数据可为常数。OUT 指定的目标存储区域只能在数据块（DB）或临时存储器（L）中。

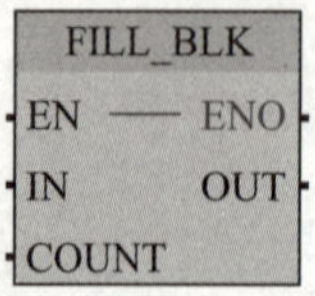

图 7-56 FILL_BLK 指令

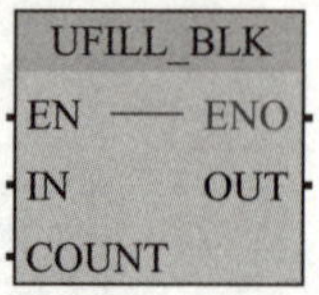

图 7-57 UFILL_BLK 指令

COUNT 的数据类型为 UInt 或常数。

使能输入 EN 为“1”时，执行填充指令，输入 IN 的数据会从输出 OUT 指定的目标起始地址开始填充目标存储区域，输入 COUNT 指定填充范围。

ENO 为“1”，表示指令执行无错误，参数 IN 中元素成功复制到全部的目标中；ENO 为“0”，表示目标（OUT）范围超出可用存储区，仅复制部分元素。

4. SWAP 交换指令

SWAP 交换指令支持 Word 和 DWord 数据类型。

SWAP 交换指令如图 7-58 所示，使能输入 EN 为“1”时，执行 SWAP 指令，更改输入 IN 中 Word 和 DWord 类型数据的顺序，并在输出 OUT 中查询结果。

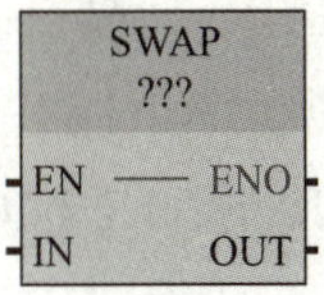

图 7-58　SWAP 交换指令

SWAP 指令交换数据类型为 DWord 的操作数如图 7-59 所示。

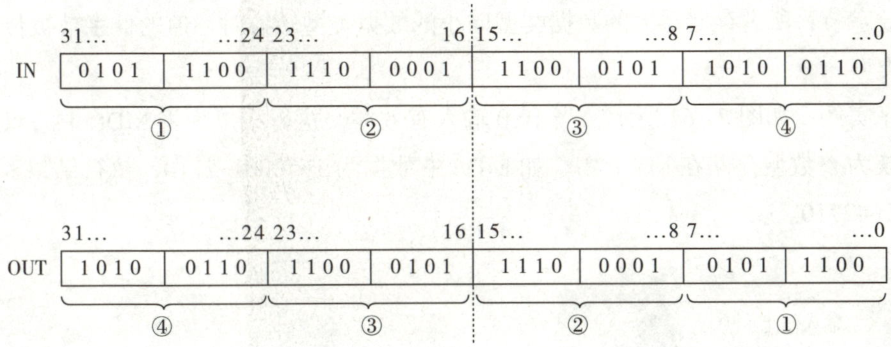

图 7-59　SWAP 指令交换数据类型为 DWord 的操作数。

5. Variant 指针移动指令

Variant 指针移动指令包含：VariantGet 读出 Variant 变量值指令、VariantPut 写入 Variant 变量值指令、CountOfElements 获取 Array 元素数量指令。

Variant 指针移动指令中，Variant 指针指向的变量在临时存储器（L）中声明。

VariantGet 指令：读取 SRC 中 Variant 指针所指向的变量，并将其写入 DST 的变量中。如图 7-60 所示。

VariantPut 指令：将 SRC 参数中变量的值写入 DST 中 Variant 指针所指向的变量中。如图 7-61 所示。

CountOffilements 指令：查询 IN 中 Variant 指针指向的变量所含有的数组元素数目，并将结果保存在 RET_VAL 中。如图 7-62 所示。

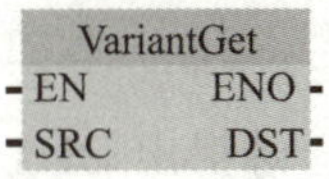

图 7-60　VariantGet 指令

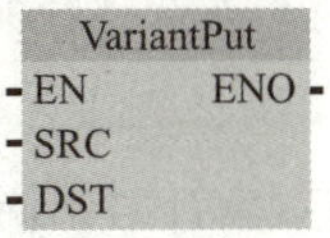

图 7-61　VariantPut 指令

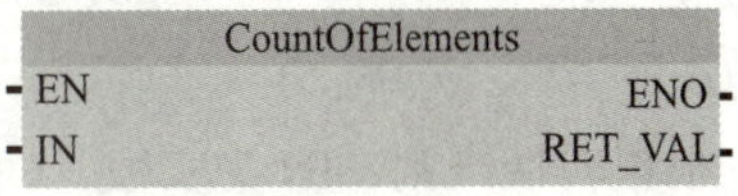

图 7-62　CountOfElements 指令

7.2.6 转换指令

转换指令是对操作数的类型进行转换的指令，包括数据的类型转换指令、码的类型转换指令以及数据和码之间的类型转换指令等。

1. CONV（转换值）指令

CONV（转换值）指令如图 7-63 所示，使能输入 EN 有效时，将数据元素 IN 从一种数据类型转换为另一种数据类型 OUT。

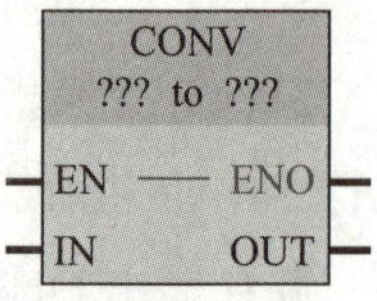

图 7-63　CONV 指令

其中，IN 和 OUT 的数据类型可以为：SInt、USInt、Int、UInt、DInt、UDInt、Real、LReal、BCD16、BCD32、Char、WChar。在 LAD 和 FBD 下，单击“???”并从下拉菜单中选择转换数据类型。所占存储器小的数据类型向大的数据类型转换时，值被传送到目标数据类型的最低有效字节；所占存储器大的数据类型向小的数据类型转换时，值的低字节被传送到目标数据类型。

程序实例：如图 7-64 所示，当 I0.0 输入有效时，执行结果为将 MD6 中的双整数型数据转换为整数型存储在 MW0 中。如 MD6 中数据为 16#0001_2710，执行结果 MW0 中数据为 16#2710。

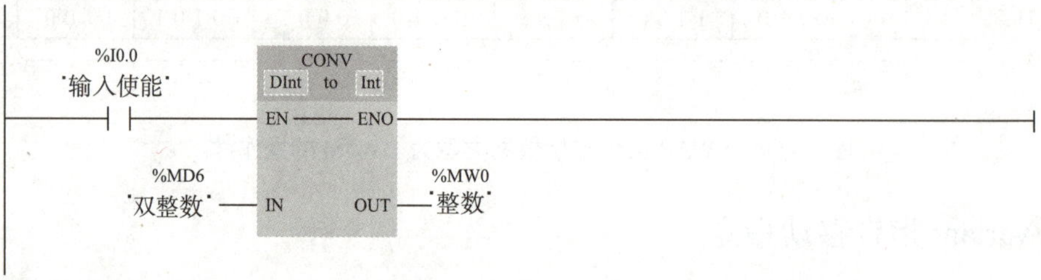

图 7-64　CONV 指令实例

2. 实数与整数之间的转换指令

使能输入 EN 有效时，将实数转换为整数，包含两种指令：ROUND 指令（取整）和 TRUNC 指令（截尾取整）。

IN 的数据类型为：Real、LReal。

OUT 的数据类型为：SInt、Int、DInt、USInt、UInt、UDInt、Real、LReal。

（1）ROUND（取整）指令

ROUND（取整）指令如图 7-65 所示，使能输入 EN 有效时，将实数的小数部分舍入为最接近的整数值，如果该数值刚好是两个连续整数的一半（如 10.5），则将其取整为偶数。

根据转换规则，IN 为实数，OUT 为整数。针对不同的 IN 取值，可得出 OUT 取值，如表 7-9 所示。

图 7-65　ROUND 指令

表 7-9　ROUND 指令执行结果

IN	10.2	10.6	10.5	11.5
OUT	10	11	10	12

（2）TRUNC（截尾取整）指令

TRUNC（截尾取整）指令如图 7-66 所示，使能输入 EN 有效时，将实数转换为整数，小数部分被取整为 0。

根据转换规则，IN 为实数，OUT 为整数。针对不同的 IN 取值，可得出 OUT 取值，如表 7-10 所示。

图 7-66　TRUNC 指令

表 7-10　TRUNC 指令执行结果

IN	10.2	10.6	10.5	11.5
OUT	10	10	10	11

3. 编码、解码指令

（1）ENCO（编码）指令

ENCO（编码）指令如图 7-67 所示，使能输入 EN 有效时，将输入数据 IN 中值为 1 的最低有效位的位号编码成二进制数，输出到 OUT 所指定的字节单元。即用一个字节来对一个数据中的一位有效位进行编码。

其中，IN 的数据类型为：Byte、Word、DWord。

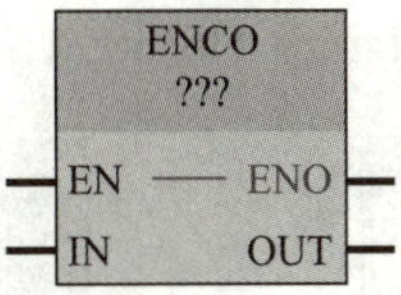

图 7-67　ENCO 指令

OUT 的数据类型为：Int。

根据编码规则，如果 IN 为 Byte，则 OUT 为 Int。针对不同的 IN 取值，可得出 OUT 取值，如表 7-11 所示。

表 7-11　ENCO 指令执行结果

IN	16#01	16#02	16#03	16#04
OUT	16#00	16#01	16#00	16#02

（2）DECO（解码）指令

DECO（解码）指令如图 7-68 所示，使能输入 EN 有效时，将二进制数解码成位序列，DECO 指令通过将 OUT 中的相应位置 1（其他所有位设置为 0）来解码 IN 中的二进制数。即对输入的编码进行译码来选择一个数据中的一位。

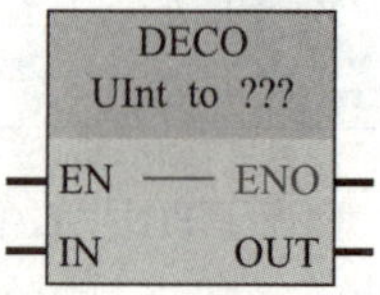

图 7-68　DECO 指令

其中，IN 的数据类型为：UInt。

OUT 的数据类型为：Byte、Word、DWord。

根据译码规则，如果 IN 为 UInt，则 OUT 为 Byte。针对不同的 IN 取值，可得出 OUT 取值，如表 7-12 所示。

表 7-12　DECO 指令执行结果

IN	16#00	16#01	16#02	16#04
OUT	16#01	16#02	16#04	16#10

4. 浮点数向上取整和浮点数向下取整指令

（1）CEIL（浮点数向上取整）指令

CEIL（浮点数向上取整）指令如图 7-69 所示，使能输入 EN 有效时，将实数（Real 或 LReal）转换为大于或等于所选实数的最小整数。

其中，IN 的数据类型为：Real、LReal。

OUT 的数据类型为：SInt、Int、DInt、USInt、UInt、UDInt、Real、LReal。

（2）FLOOR（浮点数向下取整）指令

FLOOR（浮点数向下取整）指令如图 7-70 所示，使能输入 EN 有效时，将实数（Real 或 LReal）转换为小于或等于所选实数的最大整数。

其中，IN 的数据类型为：Real，LReal。

OUT 的数据类型为：SInt、Int、DInt、USInt、UInt、UDInt、Real、LReal。

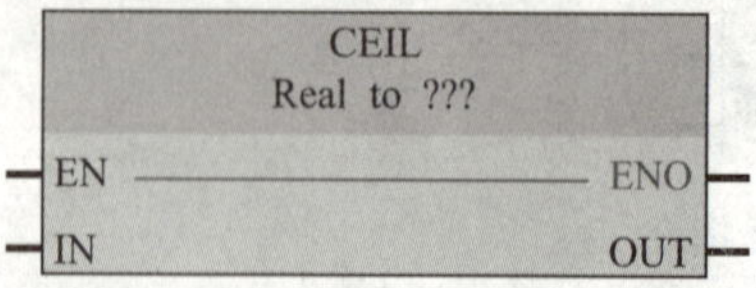

图 7-69　CEIL 指令

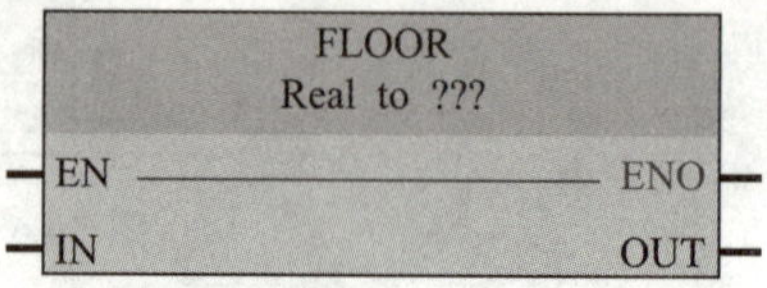

图 7-70　FLOOR 指令

7.2.7 程序控制指令

程序控制指令包含：跳转和标签指令、JMP_LIST 指令、SWITCH 指令、RET 指令。

1. 跳转和标签指令

跳转指令包含：JMP 指令如图 7–71，JMPN 指令图 7–72 所示，指令上方的占位符指定该跳转标签（Lable）的标识符。可使用 JMP 和 JMPN 指令中断程序的顺序执行，并从由跳转标签标识的目标程序段继续执行。

Lable_name 是跳转指令及相应跳转标签的标识符，跳转标签的标识符在程序块中只能分配一次。如图 7–73 所示。

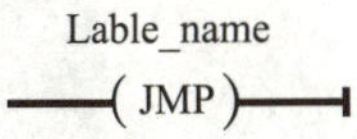

图 7–71 JMP 指令

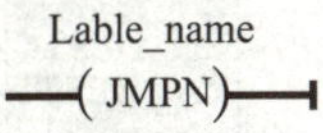

图 7–72 JMPN 指令

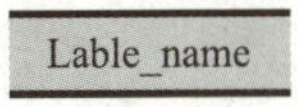

图 7–73 跳转标签

跳转指令可以往前跳，也可以往后跳，但只能在同一个代码块中跳转，即跳转指令与指定的跳转标签必须位于同一代码块中。可以从同一代码块中的多个位置跳转到同一个跳转标签。

（1）JMP：如果能流通过 JMP 线圈，则程序从指定跳转标签后的第一条指令继续执行。

（2）JMPN：如果没有能流通过 JMP 线圈，则程序从指定跳转标签后的第一条指令继续执行。

（3）跳转标签（Label）：JMP 或 JMPN 跳转指令的目标标签。

2. JMP_LIST（跳转列表）指令

JMP_LIST 指令用作程序跳转分配器，控制程序段的执行。JMP_LIST 指令如图 7–74 所示，使能输入 EN 为“1”时执行指令。根据输入 K（UInt 数据类型）的值跳转到输出 DESTx 指定的跳转标签（Label），程序从该跳转标签（Label）标识的目标程序段继续执行。可在 JMP_LIST 指令框中增加输出 DESTx 的数量，S7–1200 PLC 最多可以声明 32 个输出。

图 7–74 JMP_LIST 指令

如果参数 K 的值等于 0，则跳转到分配给 DESTO 输出的跳转标签；如果参数 K 的值等于 1，则跳转到分配给 DEST1 输出的跳转标签，依次类推。如果参数 K 的值超过（标签数 –1），则不进行跳转，继续处理下一程序段。

3. SWITCH（跳转分配器）指令

SWITCH 指令用作程序跳转分配器，控制程序段的执行。SWITCH 指令如图 7-75 所示，使能输入 EN 为“1”时执行指令。根据输入 K（UInt 数据类型）的值将与分配给各个比较输入的值进行比较，跳转到第一个比较结果为 TRUE 的比较值对应的输出参数 DESTx 指定的跳转标签，程序从该跳转标签（Label）标识的目标程序段继续执行。如果比较结果都不为 TRUE，则跳转到分配给输出参数 ELSE 的跳转标签。程序从目标跳转标签后面的程序指令继续执行。

比较输入类型可以选择为 =、<>、<、<=、>、>=。

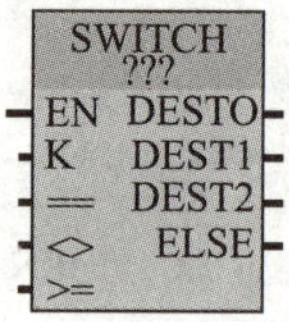

图 7-75　SWITCH 指令

4. RET（返回）指令

RET 指令用于终止当前块的执行如图 7-76 所示。当且仅当有能流通过 RET 线圈时，当前块的程序执行将在该点终止，并且不执行 RET 指令以后的指令。

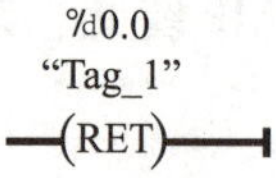

图 7-76　RET 指令

如果当前块为组织块（OB），则返回值“Returrn_Value”将被忽略；如果当前块为函数（FC）或函数块（FB），则“Return_Value”的值作为被调用功能框的 ENO 值传回调用例程。

不要求用户将 RET 指令用作块中的最后一个指令，一个块中可以有多个 RET 指令。

7.2.8　逻辑运算指令

逻辑运算是对无符号数进行的逻辑处理，逻辑运算指令主要包括逻辑与、逻辑或、逻辑异或和取反等指令。

1. AND（逻辑与运算）指令

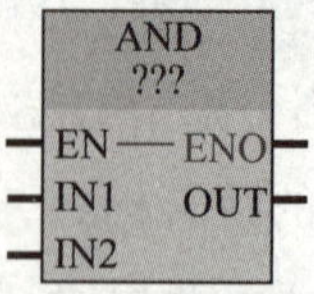

图 7-77　AND 指令

AND 指令图 7－77 所示，使能输入 EN 有效时，将两个逻辑数 IN1、IN2 按位求与，得到输出结果 OUT。

其中，IN 的数据类型为：Byte、Word、Dword；OUT 的数据类型为：Byte、Word、DWord。指令中所选数据类型将 IN1、IN2 和 OUT 设置为相同的数据类型。单击“???”并从下拉菜单中选择数据类型。

程序实例：如图 7－78 所示，当 I0.0 输入有效时，将 MB0、MB1 中的字节按位求与，将逻辑结果存入 MB1 中。

根据逻辑与运算指令规则，针对不同的 IN1、IN2 取值，可得出运算结果 OUT（表 7－13）。

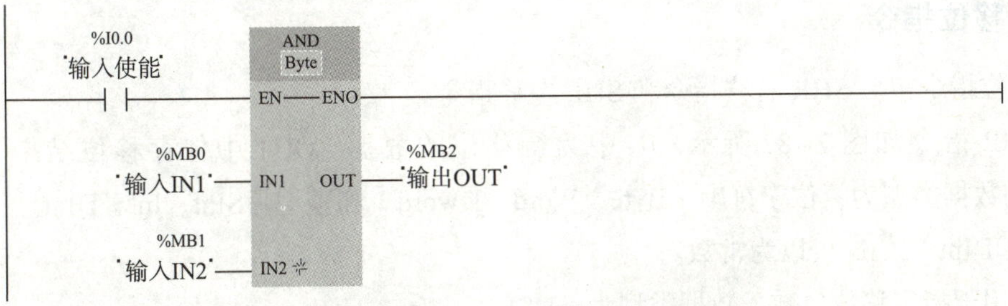

图 7－78　AND 指令实例

表 7－13　AND 指令执行结果

MB0	16#00	16#01	16#02	16#03
MB1	16#55	16#55	16#55	16#55
MB2	16#00	16#01	16#00	16#01

2. OR（逻辑或运算）指令

OR（逻辑或运算）指令如图 7－79 所示，使能输入 EN 有效时，将两个逻辑数 IN1、IN2 按位求或，得到输出结果 OUT。

其中，IN 的数据类型为：Byte、Word、Dword；OUT 的数据类型为：Byte、Word、DWord。指令中所选数据类型将 IN1、IN2 和 OUT 设置为相同的数据类型。单击“???”并从下拉菜单中选择数据类型。

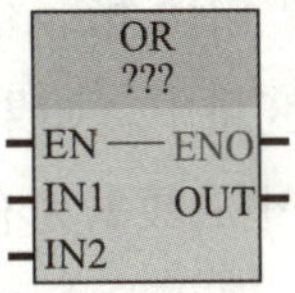

图 7－79　OR 指令

3. XOR（逻辑异或运算）指令

XOR（逻辑异或运算）指令如图 7－80 所示，使能输入 EN 有效时，将两个逻辑数 IN1、IN2 按位求异或，得到输出结果 OUT。

其中，IN 的数据类型为：Byte、Word、Dword；OUT 的数据类型为：Byte、Word、DWord。指令中所选数据类型将 IN1、IN2 和 OUT 设置为相同的数据类型。

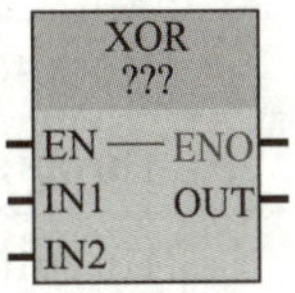

图 7－80　XOR 指令

4. INV（求反码）指令

INV（求反码）指令如图 7-81 所示，使能输入 EN 有效时，计算参数 IN 的二进制反码。通过对参数 IN 各位的值取反来计算反码（将每个 0 变为 1，每个 1 变为 0），得到输出结果 OUT。

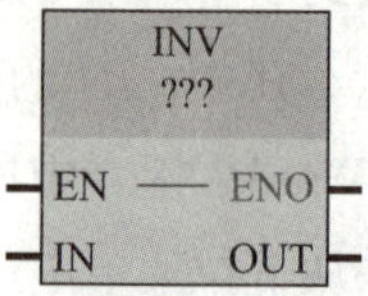

图 7-81　INV 指令

其中，IN 的数据类型为：SInt、Int、DInt、USInt、UInt、UDInt、Byte、Word、DWord；OUT 的 数 据 类 型 为：SInt、Int、DInt、USInt、UInt、UDInt、Byte、Word、DWord。单击“???”并从下拉菜单中选择数据类型。

7.2.9　移位和循环移位指令

1. 移位指令

移位指令包含 SHR 右移指令和 SHL 左移指令。

SHR 指令如图 7-82 所示，IN 中为待移位的数据，OUT 中保存移位结果。IN 和 OUT 的数据类型为：位字符串（Byte、Word、Dword）和整型（SInt、Int、DInt、USInt、UInt、UDInt）。IN 可以为常数。

N 用于指定移位位数，数据类型为：USInt、UInt、UDInt、常数。

SHL 左移指令如图 7-83 所示，SHL 指令将 IN 中的数据按位向左移动参数 N 指定的位数，并用 0 填充移位操作清空的位置，将结果保存在 OUT 中。

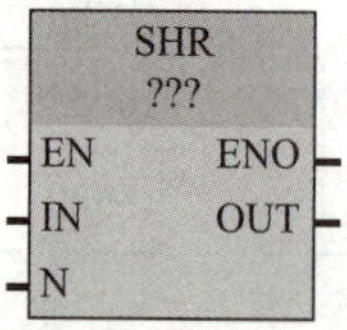

图 7-82　SHR 指令

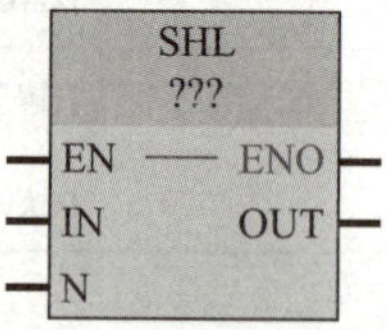

图 7-83　SHL 指令

SHR 指令将 IN 中的数据按位向右移动参数 N 指定的位数，将结果保存在 OUT 指定的变量中。如果 IN 中的变量为无符号数据类型，则用 0 填充移位操作清空的位置；如果 IN 中的数据为有符号数据类型，则用符号位填充移位操作清空的位置。

使能输入 EN 为“1”时，执行移位指令；移位指令执行后，ENO 保持为“1”。

SHR 指令示例，如表 7-14 所示。

表 7-14　SHR 指令示例

IN	类型	N	OUT
1110 0010 1010 1101	Word	2	0011 1000 1010 1011
1110 0010 1010 1101	UInt	2	0011 1000 1010 1011
1110 0010 1010 1101	Int	2	1111 1000 1010 1011
0110 0010 1010 1101	Int	2	0001 1000 1010 1011

2. 循环移位指令

循环移位指令包含 ROR 循环右移指令和 ROL 循环左移指令。

ROR 循环右移指令如图 7-84 所示，ROL 循环左移指令如图 7-85 所示。IN 中为待循环移位的数据，OUT 中保存循环移位的结果。IN 和 OUT 的数据类型为：位字符串（Byte、Word、Dword）。IN 可以为常数。

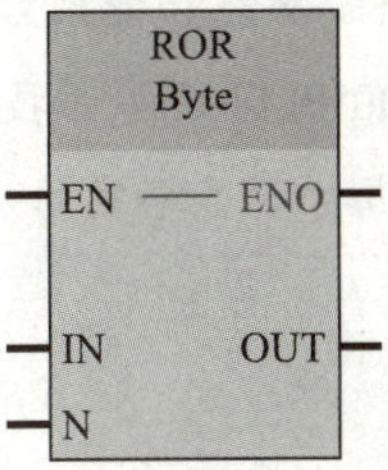

图 7-84　ROR 指令

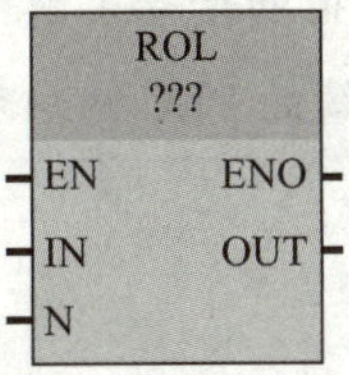

图 7-85　ROL 指令

N 用于指定循环移位位数，数据类型为：USInt、UInt、UDInt、常数。

循环移位指令将 IN 中的数据按位向左或向右循环移位参数 N 指定的位数，并用移出的位填充移位操作空出的位置，最后将结果保存到 OUT 中。如果参数 N 的值为 0，则将输入 IN 的值复制到输出 OUT 的操作数中。如果参数 N 的值大于可用位数，则输入 IN 中的数据仍会循环移动指定位数。

输入 EN 为“1”时，执行循环移位指令；执行循环移位指令后，ENO 保持为“1”。

ROR 和 ROL 指令示例如表 7-15 所示。

表 7-15　ROR 和 ROL 指令示例

IN	类型	N	OUT
ROR 指令			
1110 0010 1010 1101	Word	2	0111 1000 1010 1011
1110 0010 1010 1101	Word	4	1101 1110 0010 1010
ROL 指令			
1110 0010 1010 1101	Word	2	1000 1010 1011 0111
1110 0010 1010 1101	Word	4	0010 1010 1101 1110

课堂讨论

在实际工程中，PLC 系统可能会面临各种故障和异常情况，如传感器故障、执行器故障或通信中断等。考虑一个工业自动化场景，你将如何利用逻辑运算和程序控制来设计一个具有良好的故障诊断和容错能力的控制系统？

本章小结

本章主要介绍了 S7-1200 PLC 的指令系统，包括编程基础和基本指令。首先介绍了编程语言、数据类型以及存储器与地址的相关知识；其次介绍了位逻辑运算指令、定时器和计数器指令、比较指令、数学运算指令、移动指令、转换指令、程序控制指令、逻辑运算指令、移位和循环移位指令等各类指令的功能和使用方法。

通过本章的学习，帮助读者了解了 S7-1200 PLC 的编程技术，掌握了基本的编程技能和操作方法，为后续的 PLC 应用和工程实践打下了坚实的基础。

思考练习

一、填空题

1. 功能块图有两大分类，包括 ______ 和 ______。
2. 数据类型检查分为三级：__________、__________ 和 __________。
3. 置位和复位指令包含：_________、_________、__________ 和 __________。
4. 触点有 ______ 和 ______ 两种。

二、名词解释

1. 结构化控制语言。
2. 计数器指令。
3. 递增和递减指令。
4. 逻辑运算指令。

第 8 章　PLC 通信及应用

本章导读

PLC 通信是指通过 PLC 实现设备之间的数据交换和通信。在工业自动化系统中，各个设备通常需要进行数据的传输和共享，以实现协调工作和实时监控。本章将引领读者深入 S7-1200 系列 PLC 的通信技术，从基础概念到具体应用，构建起对 PLC 通信的全面理解和实践能力，为智能工厂的互联互通打下坚实基础。

学习目标

◎知识目标

1. 理解 S7-1200 PLC 的通信接口和通信模块的基本原理和功能。

2. 掌握 S7-1200 PLC 的通信选项，包括以太网通信、串口通信等不同的通信方式。

3. 熟悉以太网开放式用户通信和 S7 通信的原理与应用。了解自由口协议通信和 USS 协议通信在 S7-1200 PLC 中的使用方法。

4. 掌握 S7-1200 PLC 与编程设备进行通信的步骤。

◎能力目标

1. 能够根据具体需求选择合适的通信选项，配置 S7-1200 PLC 的通信参数。

2. 能够设计和实现基于以太网和串口的通信方案，实现 PLC 之间、PLC 与编程设备之间的数据交换。

3. 能够理解和应用以太网开放式用户通信和 S7 通信的协议规范，实现不同设备之间的通信互联。

4. 能够配置和调试自由口协议通信和 USS 协议通信，在工业控制系统中实现设备之间的数据传输和控制。

5. 能够利用 TCP 协议和 ISO on TCP 协议建立稳定的通信连接，实现 PLC 与编程设备之间的数据传输和远程监控。

◎素质目标

1. 培养学生具备学习和探索能力，持续跟进工业自动化领域中 PLC 通信技术的发展。

2. 培养学生具备团队合作精神，与工程师、技术人员合作解决通信问题，提高生产效率和质量。

3. 培养学生具备问题分析和解决能力，快速定位和解决通信过程中的故障和异常情况，保障生产连续稳定运行。

4. 培养学生具备责任心和执行力，认真负责地完成 PLC 通信方面的工作任务，确保通信系统的安全可靠运行。

5. 培养学生具备创新意识和实践能力，针对工业场景提出创新的通信解决方案，推动工业自动化技术的发展和应用。

◎思政目标

1. 增强学生对新技术的敏感度，如工业互联网、大数据在 PLC 通信中的融合应用，推动智能制造发展。

2. 增强学生通信安全意识，理解工业网络中的安全风险，掌握数据加密、访问控制等安全措施。

3. 培养学生对未来技术负责的态度，理解通信技术发展对社会、环境的影响，做出负责任的选择。

8.1 S7-1200 PLC 通信概述

8.1.1 S7-1200 PLC 通信接口与通信模块

1. 本体集成 PROFINET 通信接口

S7-1200 CPU 本体上集成了一个 PROFINET 通信接口，用于编程、HMI 通信和 PLC 间的通信。此外它还通过开放的以太网协议支持与第三方设备的通信。该接口带一个具有自动交叉网线（auto-cross-over）功能的 RJ45 连接器，提供 10/100 Mbit/s 的数据传输速率，支持以下协议：TCP/IP、ISO on TCP 和 S7 通信。

2. 通信模块

S7-1200 CPU 最多可以添加三个通信模块，支持 PROFIBUS 主从站通信，RS485 和 RS232 通信模块为点对点的串行通信提供连接及 I/O 连接主站。对该通信的组态和编程采用了扩展指令或库功能、USS 驱动协议、Modbus RTU 主站和从站协议，它们都包含在 SIMATIC STEP 7 Basic 工程组态系统中，如表 8-1 所示。

表 8-1　S7-1200 PLC 的通信接口模块

型号	功能
通信模块（CM）	
CM 1241 RS232	RS232
CM 1241 RS422/485	RS422/485
CM 1243-5	PROFIBUS 主站
CM 1242-5	PROFIBUS 从站
CM 1243-2	AS-i 主站
通信板（CB）	
CB 1241 RS485	RS485

8.1.2　S7-1200 PLC 通信选项

S7-1200 PLC 通信接口和协议对应表，如表 8-2 所示。

表 8-2　S7-1200 PLC 通信接口和协议对应表

方式	接口	协议		用途示例
以太网	本体集成 PROFINET	以太网开放式用户通信	TCP	CPU 与 CPU 通信帧传输
			ISO on TCP	CPU 与 CPU 通信消息的分割和重组
			UDP	CPU 与 CPU 通信用户程序通信
			MODBUS TCP	多个客户端 - 服务器连接
		S7 通信		CPU 与 CPU 通信，从 CPU 读取数据 / 向 CPU 写入数据
		PROFINET IO		——
串口通信	CM 1241 RS232，RS422/485	点对点（PtP）通信	自由接口通信（ASCII 协议）	直接和外部设备发送 / 接受信息，如打印机、条形码阅读器、GPS 装置等
			Modbus-RTU 协议	它使用 RS232 或 RS485 电气连接在 Modbus 网络设备之间传输串行数据
			USS- 驱动协议	可控制多个支持通用串行接口（USS）的电机驱动器的运行

续表

方式	接口	协议	用途示例
其他		I-Device	实现主从架构的分布式 I/O 应用
	CM 1243-2	AS-i	将 AS-i 网络连接到 S7-1200 CPU
	SM 1278	I/O Link MASTER	将 IO-Link 设备与 S7-1200 CPU 相连
	CP1242-7	远程控制	通过 GSM 网络 Internet 和与具有 CP1242-7 的 SIMATIC S7-1200 站进行通信
	TS 适配器 TS 模块		

1. PROFINET

S7-1200 PLC 的 PROFINET 通信接口，支持以太网和基于 TCP/IP 的通信标准。这个 PROFINET 物理接口支持 10M/100M 的 RJ45 口，支持电缆交叉自适应。因此一个标准的或是交叉的以太网线都可以用于该接口。

集成的 PROFINET 接口允许与编程设备、HMI 设备、其他 SIMATIC 控制器和使用标准的传输控制协议（transmission control protocol，TCP）的设备通信如图 8-1 所示。

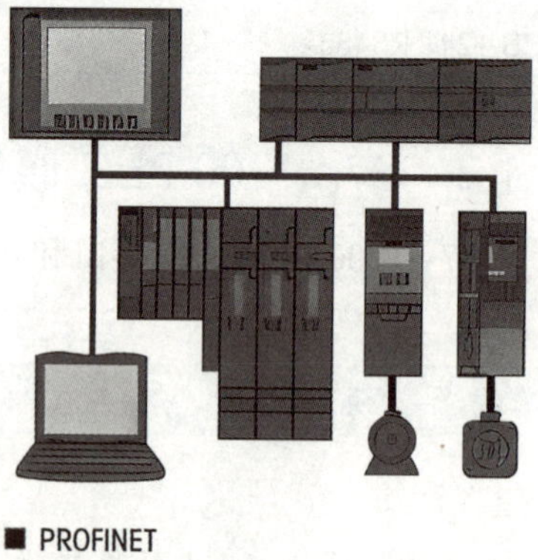

图 8-1　PROFINET 通信

最大的连接数为 23 个连接，其中：3 个连接用于 HMI 与 CPU 的通信；1 个连接用于编程设备（PG）与 CPU 的通信；8 个连接用于 Open IE（ISO on TCP，TCP）的编程通信，使用 T-block 指令来实现，可用于 S7-1200 之间的通信、S7-1200 与 S7-300/400 的通信；3 个连接用于 S7 通信的服务器端连接，可以实现与 S7-200、S7-300/400 的以太网 S7 通信；8 个连接用于 S7 通信的客户端连接，可以实现与 S7-200、S7-300/400 的以太网 S7 通信。

支持协议有 TCP/IP、ISO on TCP 和 S7 通信。

使用紧凑型交换机模块 CSM1277 的特点是组网简单、灵活、多样。SIMATIC S7-1200 的抗干扰的 RJ45 连接器具有自动交叉网线功能，数据传输速率达 10/100 Mbit/s。为了使布线最少并提供最大的组网灵活性，可以将紧凑型交换机模块 CSM1277 和 SIMATIC S7-1200 一起使用，以便轻松组建成一个统一或混合的网络（具有线型、树型或星型的拓扑结构）。CSM1277 是一个 4 端口的非托管交换机，用户可以通过它将 SIMATIC S7-1200 连接到最多三个附加设备如图 8-2 所示。除此之外，如果将 SIMATIC S7-1200 和

SIMATICNET 工业无线局域网组件一起使用，还可以构建一个全新的网络。

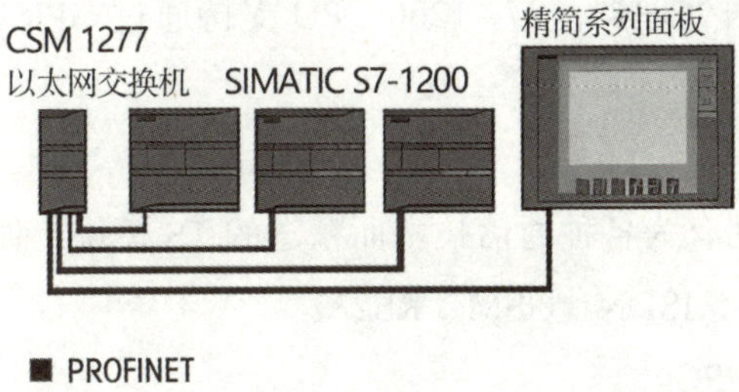

图 8-2　通过 CSM1277 的多设备的连接

2. PROFIBUS

通过使用 PROFIBUS 主站和从站通信模块，S7-1200 CPU 支持 PROFIBUS 通信标准。

(1) PROFIBUS DP 主站（借助 CM1243-5）

PROFIBUS 主站通信模块同时支持下列通信连接如图 8-3 所示。

① 为人机界面与 CPU 通信提供 3 个连接。

② 为编程设备与 CPU 通信提供 1 个连接。

③ 为主动通信提供 8 个连接，采用分布式 I/O 指令。

④ 为被动通信提供 3 个连接，采用 S7 通信指令。

(2) PROFIBUS DP 从站（借助 CM1242-5）

通过使用 PROFIBUS DP 从站通信模块 CM1242-5，S7-1200 可以作为一个智能 DP 从站设备与任何 PROFIBUS DP 主站设备通信如图 8-4 所示。

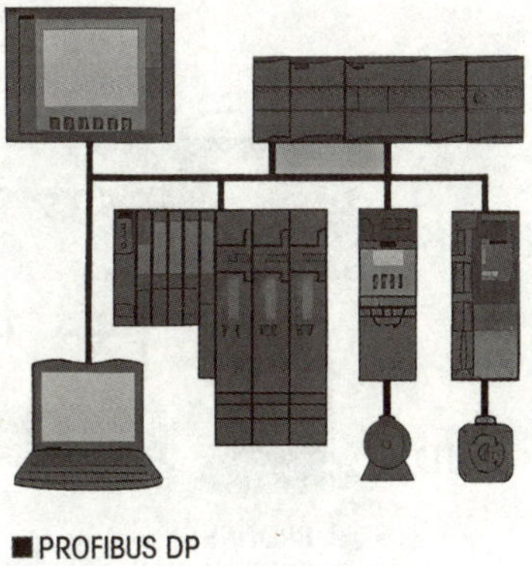

图 8-3　PROFIBUS DP 主站

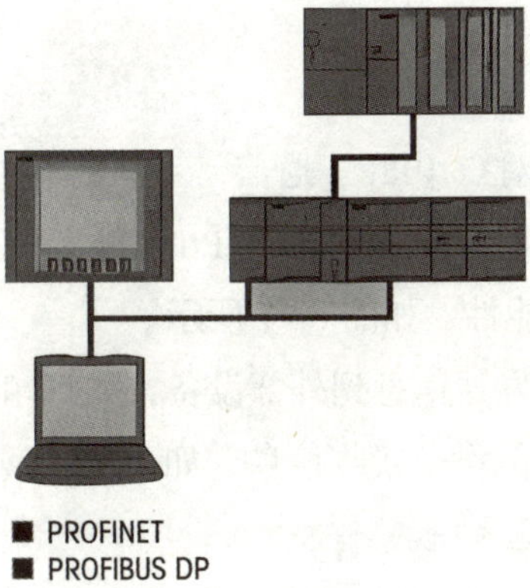

图 8-4　PRCFIBUS DP 从站

3. 远程控制通信

在通过 GPRS 的 TeleService 中，安装了 STEP7 的工程师站通过 GSM 网络 Internet 和与具有 CP1242-7 的 SIMATIC S7-1200 站进行通信。该连接通过用作中介并连接到 Internet 的远程控制服务器运行。

（1）简单远程控制

通过使用 GPRS 通信处理器，S7-1200 CPU 支持通过 GPRS 实现监视和控制的简单远程控制如图 8-5 所示。

（2）TS（远程服务）

TS 适配器 IEBasic 拥有为各种通信技术而精选的 TS 模块，如图 8-6 所示。

① TS 模块：Modem、ISDN、GSM、RS232。

② 不需要现场的 PG/PC。

③ 不需要专业人员经常到现场。

④ 无因售后服务而产生的交通费用。

⑤ 支持所有远程服务功能，通过技术人员的远程电脑延长了本地总线。

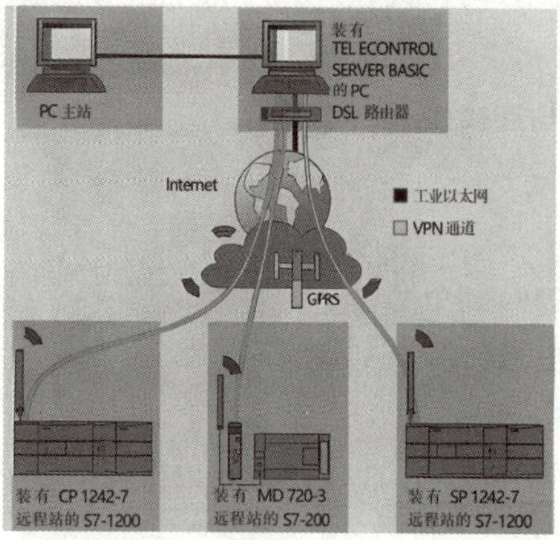

图 8-5　简单远程控制通信

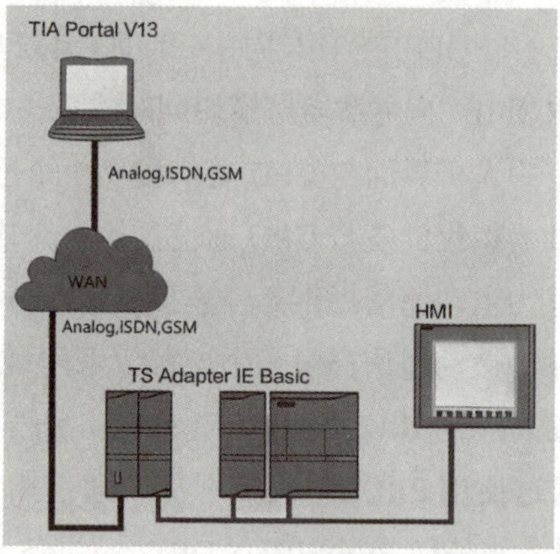

图 8-6　通过 TS 适配器远程服务

4. 串口通信

（1）点对点（PtP）通信

点对点（Point-to-Point，PtP）通信提供了各种各样的应用可能性，如图 8-7 所示。

① 直接发送信息到外部设备，如打印机。

② 从其他设备接收信息，如条形码阅读器、RFID 读写器和视觉系统。

③ 与 GPS 装置、无线电调制解调器以及许多其他类型的设备交换信息。

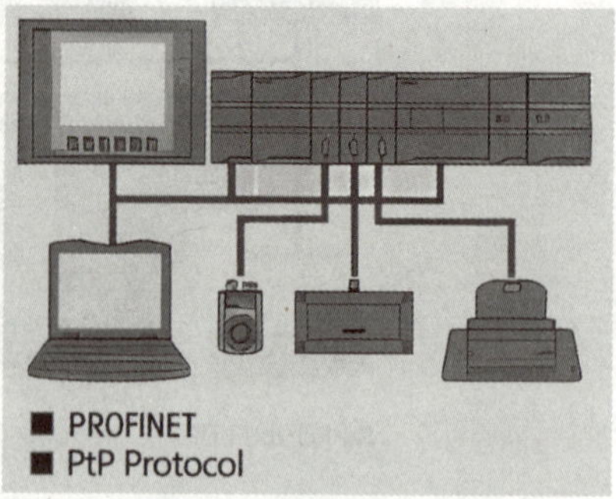

图 8-7　PtP 通信图

（2）USS 通信

通过 USS 指令，S7-1200 CPU 可以控制支持 USS 协议的驱动器。通过 CM1241 RS485 通信模块或者 CB1241 RS485 通信板，使用 USS 指令可用来与多个驱动器进行通信，如图 8-8 所示。

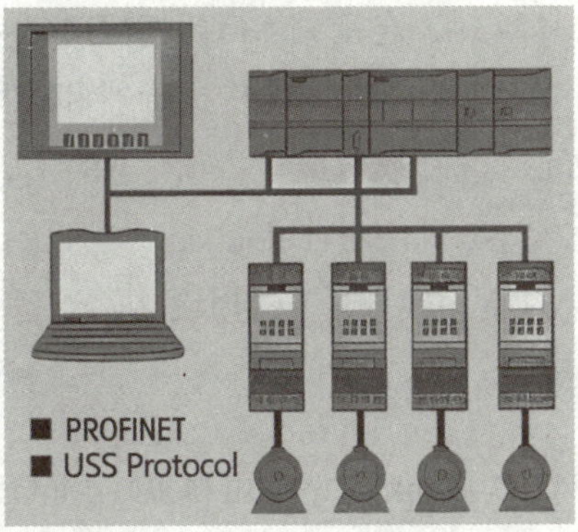

图 8-8　USS 通信

（3）Modbus RTU

通过 Modbus 指令，S7-1200 可以作为 Modbus 主站或从站与支持 Modbus RTU 协议的设备进行通信。

通过使用 CM1241 RS485 通信模块或 CB1241 RS485 通信板，Modbus 指令可以用来与多个设备进行通信，如图 8-9 所示。

5. I-Device（智能设备）

通过简单组态，S7-1200 CPU 通过对 I/O 映射区的读写操作可实现主从架构的分布式 I/O 应用，如图 8-10 所示。

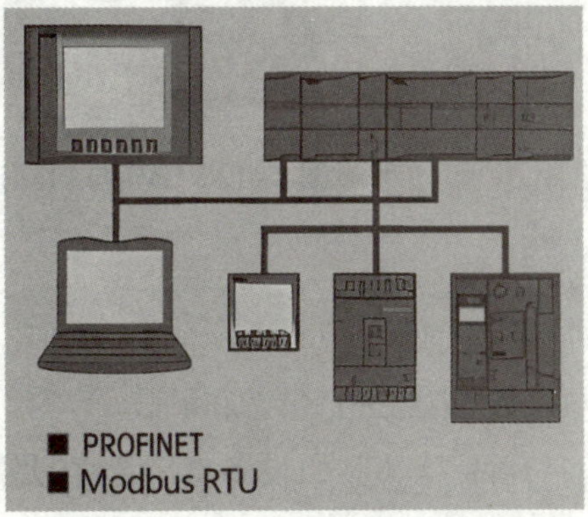

图 8-9　Modbus RTU 通信

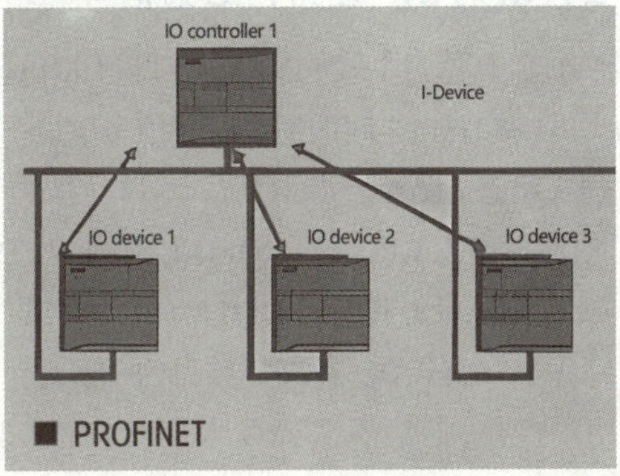

图 8-10　I-Device（智能设备）通信

6. AS-i

AS-i 是 Actuator Sensor Interface（执行器 - 传感器接口）的缩写，S7-1200 和 ET 200SP 通过通信模块，支持基于 AS-i 网络的 AS-i 主站协议服务和 ASIsafe 服务。

通过 S7-1200 CM 1243-2 AS-i 主站模块可将 AS-i 网络连接到 S7-1200 CPU。

执行器 / 传感器接口（或者说 AS-i）是自动化系统中最低级别的单一主站网络连接系统。CM1243-2 作为网络中的 AS-i 主站，仅需一条 AS-i 电缆即可将传感器和执行器

（AS-i 从站设备）经由 CM1243-2 连接到 CPU。CM1243-2 可处理所有 AS-i 网络协调事务，并通过为其分配的 I/O 地址中继传输从执行器和传感器到 CPU 的数据和状态信息。根据从站类型，可以访问二进制数值或模拟值。AS-i 从站是 AS-i 系统的输入和输出通道，并且只有在由 CM1243-2 调用时才会激活。

S7-1200 是控制 AS-i 数字量 / 模拟量 I/O 模块从站设备的 AS-i 主站。

7. IO-Link

利用 S7-1200 SM 1278 4xIO-Link 主站，可将 IO-Link 设备与 S7-1200 CPU 相连。

8.1.3　S7-1200 PLC 通信典型应用

1. S7-1200 PLC 与编程设备通信

S7-1200 CPU 可以与网络上的 STEP 7 编程设备进行通信（图 8-11）。在 CPU 和编程设备之间建立通信时要考虑以下几点。

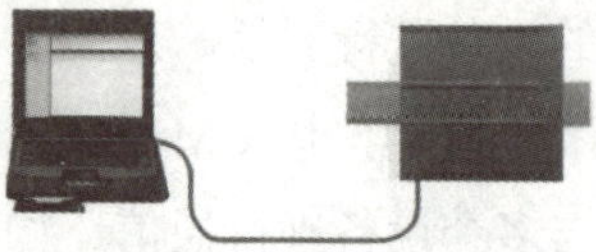

图 8-11　PLC 与编

（1）组态 / 设置：需要进行硬件配置。

（2）一对一通信不需要以太网交换机；网络中有两个以上的设备时需要以太网交换机。

2. HMI 与 S7-1200 PLC 通信

CPU 支持通过 PROFINET 端口与 HMI 通信（图 8-12）。设置 CPU 和 HMI 之间的通信时必须考虑以下要求。

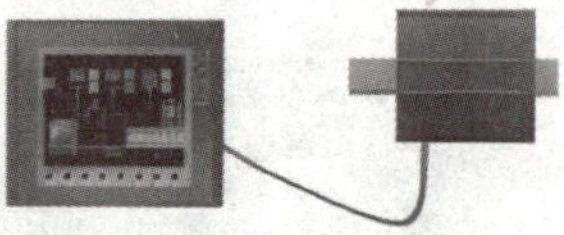

图 8-12　HMI 与 PLC 通信

（1）组态 / 设置

① 必须组态 CPU 的 PROFINET 端口与 HMI 连接。

② 必须已设置和组态 HMI。

③ HMI 组态信息是 CPU 项目的一部分，可以在项目内部进行组态和下载。

④ 一对一通信不需要以太网交换机；网络中有两个以上的设备时需要以太网交换机。

（2）支持的功能

① HMI 可以对 CPU 读 / 写数据。

② 可基于从 CPU 重新获取的信息触发消息。

③ 系统诊断。

3. 两个 S7-1200 PLC 通信

通过使用 TSEND_C 和 TRCV_C 指令，一个 CPU 可与网络中的另一个 CPU 进行通信如图 8-13 所示。

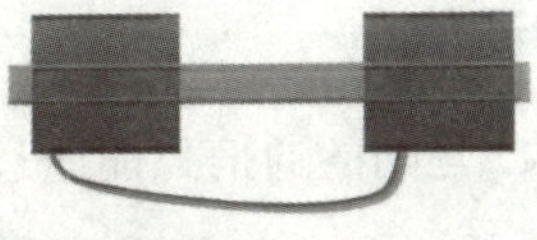

图 8-13　两个 S7-1200 PLC 通信

设置两个 CPU 之间的通信时必须考虑以下要求。

（1）组态 / 设置：需要进行硬件配置。

（2）支持的功能：向对等 CPU 读 / 写数据。

（3）一对一通信不需要以太网交换机；网络中有两个以上的设备时需要以太网交换机。

4. S7-1200 PROFIBUS 通信

（1）S7-1200 PLC 作为从站

S7-1200 可通过 CM1242-5（DP 从站）通信模块作为从站连接到 PROFIBUS 网络。CM1242-5（DP 从站）模块可以是 DP V0/V1 主站的通信伙伴。如图 8-14 所示的 S7-1200 是 S7-300 控制器的 DP 从站。

（2）S7-1200 PLC 作为主站

S7-1200 也可通过 CM1243-5（DP 主站）通信模块作为主站连接到 PROFIBUS 网络。CM1243-5（DP 主站）模块可以是 DPV0/V1 从站的通信伙伴。如图 8-15 所示的 S7-1200 是控制 ET200SP、DP 从站的主站。

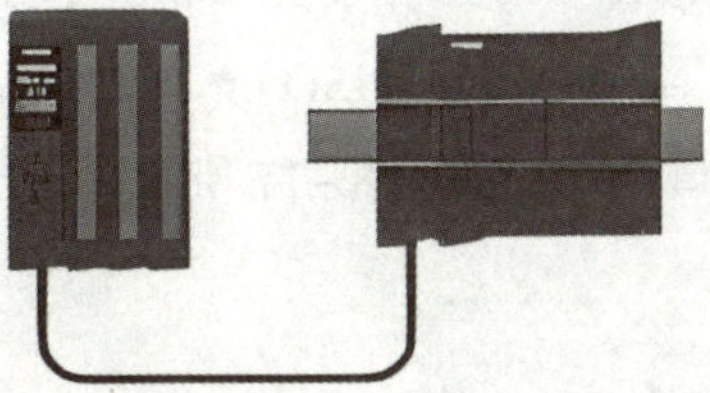

图 8-14　S7-1200 作为从站

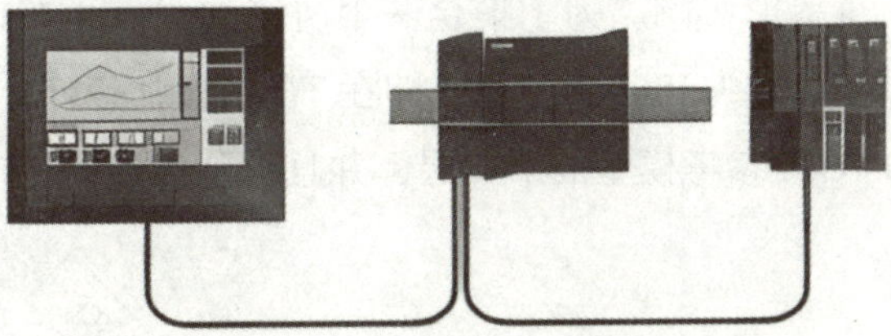

图 8-15　S7-1200 作为主站

（3）S7-1200 PLC 作为主站、从站

如果同时安装了 CM1242-5（DP 从站）和 CM1243-5（DP 主站），则 S7-1200 既可充当上位 DP 主站系统的从站，又可充当下位 DP 从站系统的主站（图 8-16）。

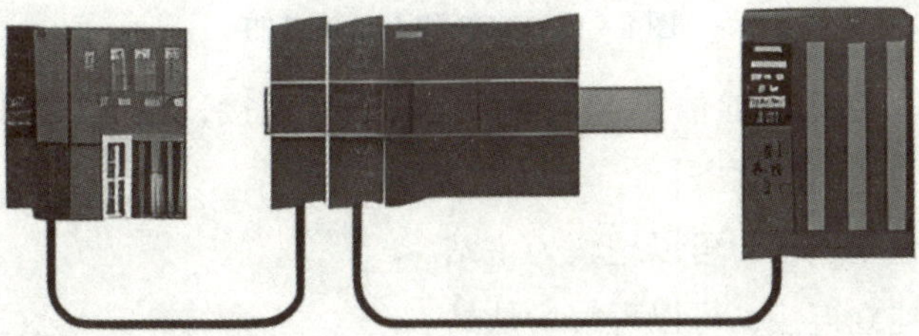

图 8-16　S7-1200 PLC 作为主站、从站

5. S7-1200 与 S7-200 的通信

S7-1200 CPU 与 S7-200 CPU 之间的通信只能通过 S7 通信来实现，因为 S7-200 的以太网模块只支持 S7 通信。由于 S7-1200 的 PROFINET 通信接口支持 S7 通信的服务器端，所以在编程方面，S7-1200 CPU 不用做任何工作，只需为 S7-1200 CPU 配置好以太网地址并下载即可。主要编程工作都在 S7-200 CPU 一侧完成，需要将 S7-200 的以太网模块设置成客户端，并用 ETHx_XFR 指令编程通信。

8.2 S7-1200 PLC 以太网通信

8.2.1 以太网开放式用户通信

1. TCP 和 ISO on TCP

传输控制协议（TCP）是由 IETF 的 RFC793 定义的一种面向连接的、可靠的、基于字节流的传输层通信协议。TCP 位于 ISO-OSI 参考模型的第 4 层。TCP 主要用于在主机间建立一个虚拟连接，以实现高可靠性的数据包交换。

以太网

ISO 传输协议最大的优势是通过数据包来进行数据传递。然而，由于网络的增加，它不支持路由功能的劣势也逐渐显现。TCP/IP 兼容了路由功能后，对以太网产生了重要的影响。为了集合两个协议的优点，在扩展的 RFC1006 ISO on top of TCP 作了注释，也称为 ISO on TCP，即在 TCP/IP 中定义了 ISO 传输的属性。ISO on TCP 也是位于 ISO-OSI 参考模型的第 4 层，并且默认的数据传输端口是 102 如图 8-17 所示。

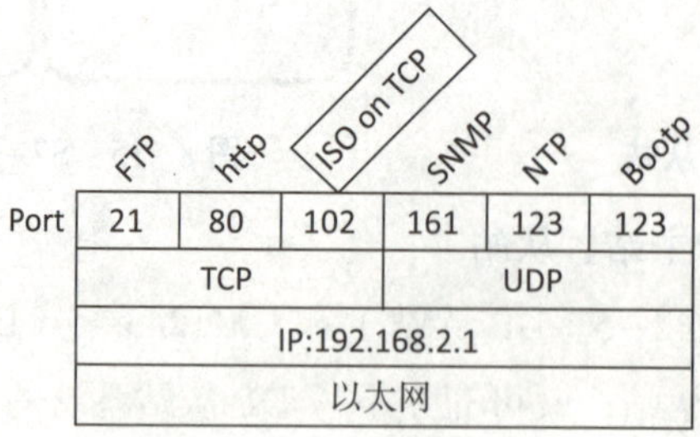

图 8-17 TCP 和 ISO on TCP

TCP 通信是面向连接的通信协议，通信之前需要连接，通信双方的一方为 TCP 通信的客户端，另一方为通信的服务器。

客户端：主动建立连接，可以理解为主站。

服务器：被动建立连接，可以理解为从站。

双方的发送和接收指令必须成对出现。以太网通信指令表如表 8-3 所示。

表 8-3　以太网通信指令表

协议		通信指令
以太网开放式用户通信	TCP，ISO on TCP	TSEND_C、TRCV_C、TCON、TDISCON、TSEND 和 TRCV
		TSEND_C、TRCV_C、TCON、TDISCON、TSEND 和 TRCV
	UDP	TUSEND 和 TURCV
S7 通信		GET 和 PUT
PROFINET IO		内置

（1）TCP 和 ISO on TCP 通信指令

TCP 和 ISO on TCP 协议有带连接管理和不带连接管理两套指令，如表 8-4 所示。

表 8-4　TCP 和 ISO on TCP 通信指令

	指令	功能
带有连接管理的功能块	TSEND_C	激活以太网连接并发送数据
	TRCV_C	激活以太网连接并接收数据
不带连接管理的功能块	TCON	激活以太网连接
	TDISCON	断开以太网连接
	TSEND	发送数据
	TRCV	接收数据

TCP 和 ISO on TCP 通信指令的功能如图 8-18 和图 8-19 所示。

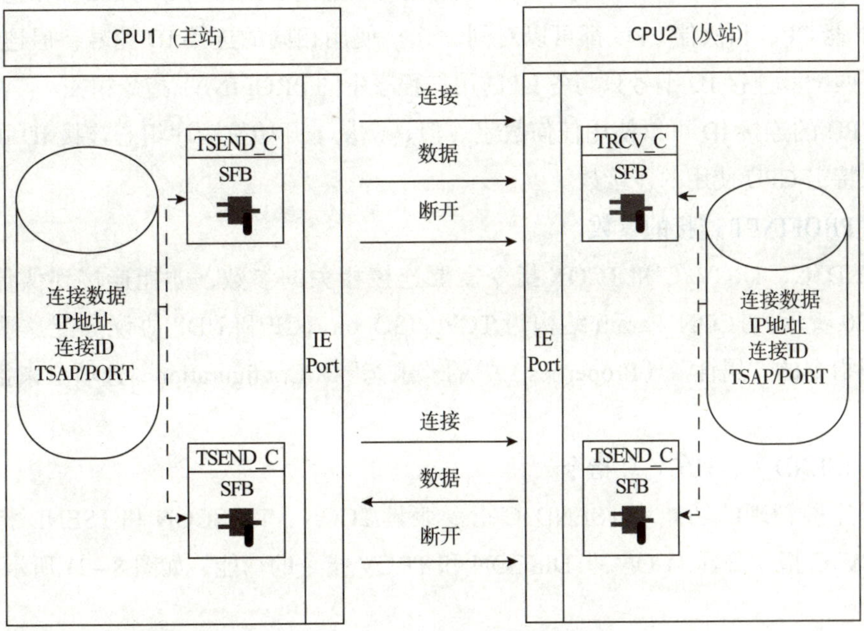

图 8-18　带连接的通信指令的功能

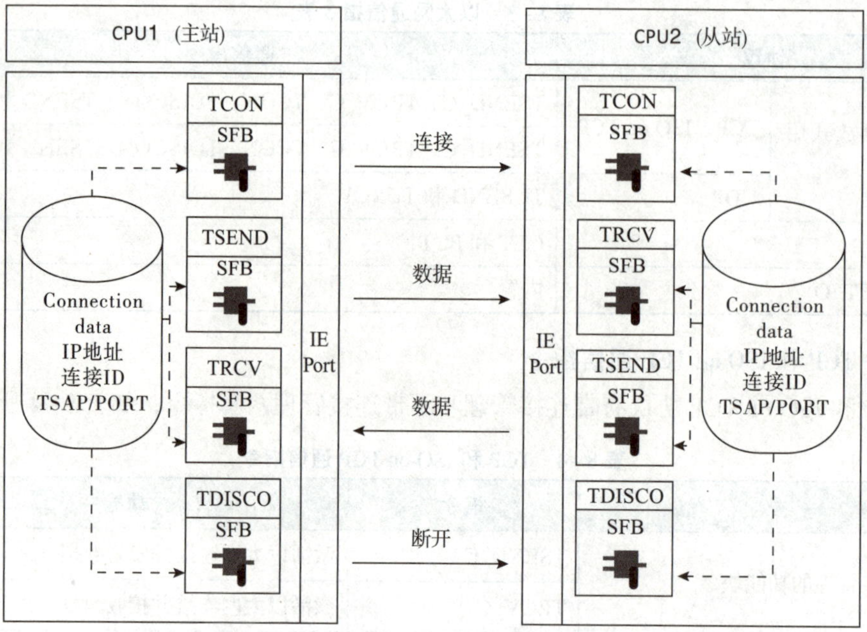

图 8-19　不带连接的通信指令的功能

（2）开放式用户通信指令的连接 ID

将 TSEND_C、TRCV_C 或 TCON 指令插入用户程序中时，编程软件会创建一个背景数据块，以配置设备之间的通信通道（或连接）。指令的“属性”界面用以配置连接的参数，这些参数中包括连接 ID。

① 连接 ID 对于 CPU 必须是唯一的。创建的每个连接必须具有不同的 DB 和连接 ID。

② 本地 CPU 和伙伴 CPU 都可以对同一连接使用相同的连接 ID 编号，但连接 ID 编号不需要匹配。连接 ID 编号只与各 CPU 用户程序中的 PROFINET 指令相关。

③ CPU 的连接 ID 可以使用任何数字。但是，从 1 开始按顺序组态连接 ID 可以很容易地跟踪特定 CPU 使用的连接数。

（3）PROFINET 连接的参数

TSEND_C、TRCV_C 和 TCON 指令需要连接相关的参数，才能连接到伙伴设备，如图 8-20 所示。TCON_Param 结构为 TCP、ISO on TCP 和 UDP 协议分配这些参数。通常使用指令的“属性”（Properties）中的“组态”（Configuration）选项卡来指定这些参数。

（4）TSEND_C、TRCV_C 指令

带有连接管理的功能块 TSEND_C 指令兼具 TCON、TDISCON 和 TSEND 指令的功能。TRCV_C 指令兼具 TCON、TDISCON 和 TRCV 指令的功能，如图 8-21 所示。

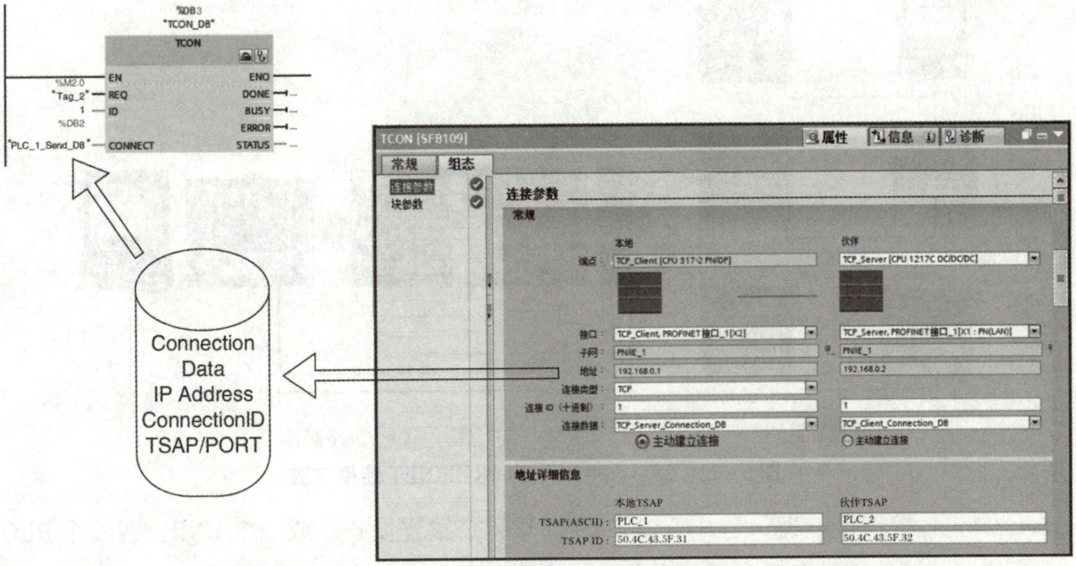

图 8-20　PROFINET 连接的参数

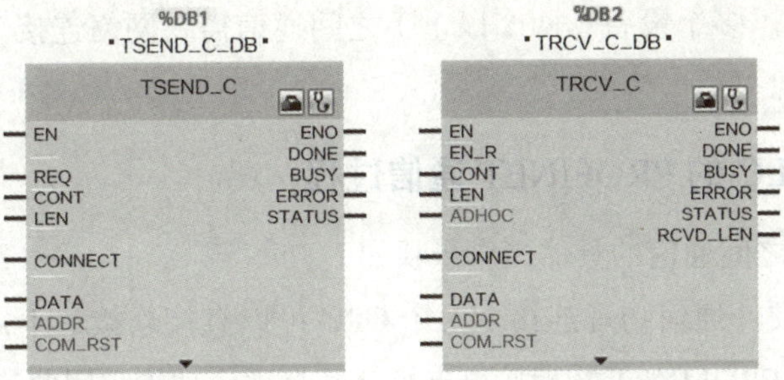

图 8-21　TSEND_C、TRCV_C 指令

TSEND_C（TRCV_C）可与伙伴站建立 TCP 或 ISO on TCP 通信连接、发送（接收）数据，并且可以终止该连接。设置并建立连接后，CPU 会自动保持和监视该连接。TSEND_C 指令功能为（TRCV_C 指令类似，用于接收数据）。

① 要建立连接，设置 TSEND_C 的参数 CONT=1。成功建立连接后，TSEND_C 置位 DONE 参数一个扫描周期为 1。

② 如果需要结束连接，那么设置 TSEND_C 的参数 CONT=0，连接会立即自动中断，这也会影响接收站的连接，造成接收缓存区的内容丢失。

③ 要建立连接并发送数据，将 TSEND_C 的参数设为 CONT=1，并需要给参数 REQ 一个上升沿，成功执行完一个发送操作后，TSEND_C 会置位 DONE 参数一个扫描周期为 1。

2. S7-1200 PLC 的 PROFINET 连接方法

S7-1200 CPU 的 PROFINET 接口有两种网络连接方法：直接连接和网络连接如图 8-22 所示。

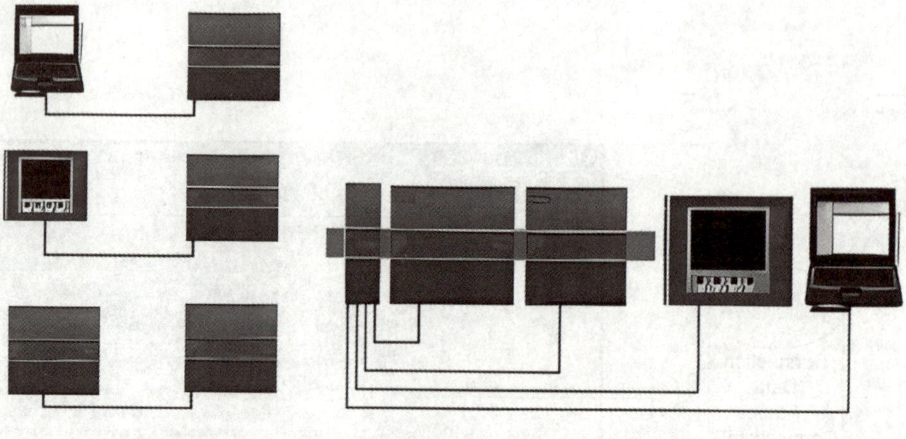

（a）直接连接　　（b）网络连接

图 8-22　S7-1200 PLC 的 PROFINET 连接方法

（1）直接连接。当一个 S7-1200 CPU 与一个编程设备，或一个 HMI，或一个 PLC 通信时，也就是说只有两个通信设备时，实现的是直接通信。直接连接不需要使用交换机，用网线直接连接两个设备即可。

（2）网络连接。多个设备（两个以上）之间通信需要网络连接。网络连接需要使用以太网交换机来实现。

3. S7-1200 PLC 的 PROFINET 通信过程

实现两个 CPU 之间通信的具体操作步骤如下。

第 1 步，建立硬件通信物理连接。两个 CPU 可以直接连接，不需要使用交换机。由于 S7-1200 PLC 的 PROFINET 物理接口支持交叉自适应功能，因此连接两个 CPU 既可以使用标准的以太网电缆也可以使用交叉的以太网线。

第 2 步，在 Device View 配置硬件设备。

第 3 步，为两个 CPU 分配不同的永久 IP 地址。

第 4 步，在网络连接中建立两个 CPU 的逻辑网络连接。

第 5 步，编程配置连接及发送、接收数据参数。在两个 CPU 里分别调用 TSEND_C、TRCV_C 通信指令，并配置参数，使能双边通信。

8.2.2　S7 通信

所有 SIMATIC S7 控制器都集成了用户程序可以读写数据的 S7 通信服务。不管使用哪种总线系统都可以支持 S7 通信服务，即以太网、PROFIBUS 和 MPI 网络中都可使用 S7 通信。此外，使用适当的硬件和软件的 PC 系统也可支持通过 S7 协议的通信。

1. S7 通信协议

S7 协议是专门为西门子控制产品优化设计的通信协议，它主要用于 S7 CPU 之间通信、CPU 与西门子人机界面和编程设备之间的通信。

S7 通信协议是面向连接的协议，在进行数据交换之前，必须与通信伙伴建立连接。面向连接的协议具有较高的安全性。S7 通信可以用于工业以太网和 PROFIBUS－DP。这些网络的 S7 通信的组态和编程方法基本上相同。

连接是指两个通信伙伴之间为了执行通信服务建立的逻辑链路，而不是指两个站之间用物理媒体（如电缆）实现的连接。连接相当于通信伙伴之间的一条虚拟“专线”，它们随时可以用这条“专线”进行通信。一条物理线路可以建立多个连接。

S7 连接属于需要用网络视图组态的静态连接。静态连接要占用参与通信的模块（CPU、通信处理器 CP 和通信模块 CM）的连接资源，同时可以使用的连接的个数与它们的型号有关。

S7 连接分为单向连接和双向连接，S7 PLC 的 CPU 集成的以太网接口都支持 S7 单向连接。

单向连接中的客户机（Client）是向服务器（Server）请求服务的设备，客户机是主动的，它调用 GET/PUT 指令来读、写服务器的存储区，通信服务经客户机要求而启动。服务器是通信中的被动方，用户不用编写服务器的 S7 通信程序，S7 通信是由服务器的操作系统完成的。

单向连接只需要客户机组态连接、下载组态信息和编写通信程序。单向连接只是通信发起者是客户机，但客户机可以读、写服务器的存储区，单向连接实际上可以双向传输数据。

V2.0 及以上版本的 S7－1200 CPU 的 PROFINET 通信口可以作为 S7 通信的服务器或客户机。

双向连接（在两端组态的连接）的通信双方都需要下载连接组态，一方调用指令 BSEND 或 USEBD 来发送数据，另一方调用指令 BRCV 或 URCV 来接收数据。S7－1200 CPU 不支持双向连接的 S7 通信。

2. S7 通信指令（PUT 和 GET）

GET 指令从远程 CPU 读取，PUT 指令从远程 CPU 写入，如图 8－23 所示。STEP 7 会在插入指令时自动创建 DB 块。S7 通信指令（PUT 和 GET）参数的数据类型如表 8－5 所示。

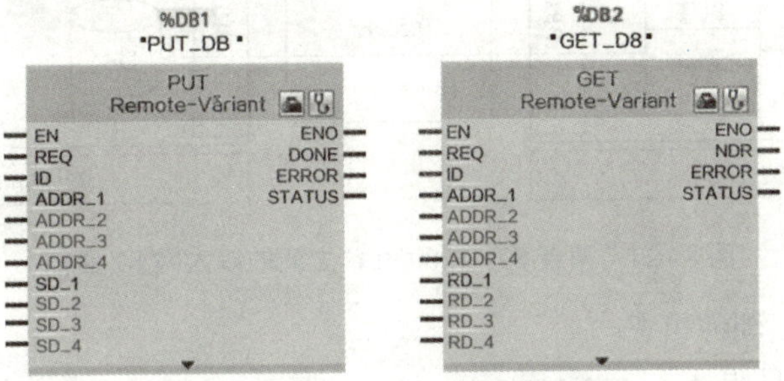

图 8－23　S7 通信指令（PUT 和 GET）

表 8-5　S7 通信指令（PUT 和 GET）参数的数据类型

参数和类型		数据类型	说明
REQ	Input	Bool	通过由低到高的（上升沿）信号启动操作
ID	Input	Word	S7 连接 ID（十六进制）
NDR（GET）	Output	Bool	新数据就绪：0= 请求尚未启动或仍在运行；1= 已成功完成任务
DONE（PUT）	Output	Bool	DONE：0= 请求尚未启动或仍在运行；1= 已成功完成任务
ADDR_1～4	InOut	远程	指向远程 CPU 中存储待读取（GET）或待发送（PUT）数据的存储区
RD_1～4（GET） SD_1～4（PUT）	InOut	Variant	指向本地 CPU 中存储待读取（GET）或待发送（PUT）数据的存储区。注：如果该指针访问 DB，则必须指定绝对地址，如 P#DB10.DBX5.0 Byte 10，在此情况下，10 代表 GET 或 PUT 的字节数

3. S7-1200 PLC 之间的 S7 通信

【例】两套 S7-1200 PLC 之间的 S7 协议通信，要求如下。

按频率 0.5 Hz 周期性地将 PLC_1 的通信数据区 DB1 块中的数据发送到 PLC_2 的接收数据区 DB4 块中，PLC_1 的数据块 DB2 存放读取 PLC_2 数据 DB3 的数据。

【解】本例题采用 S7 单向连接通信。PLC_1 做客户机（Client），PLC_2 做服务器（Server）。PLC_1 是主动方，调用 GET/PUT 指令来读、写 PLC_2 的存储区，通信服务经 PLC_1 的要求而启动。PLC_2 是通信中的被动方，用户不用编写服务器的 S7 通信程序，但 PLC_2 要允许来自远程对象的 PUT/GET 通信访问。通信示意图，如图 8-24 所示。

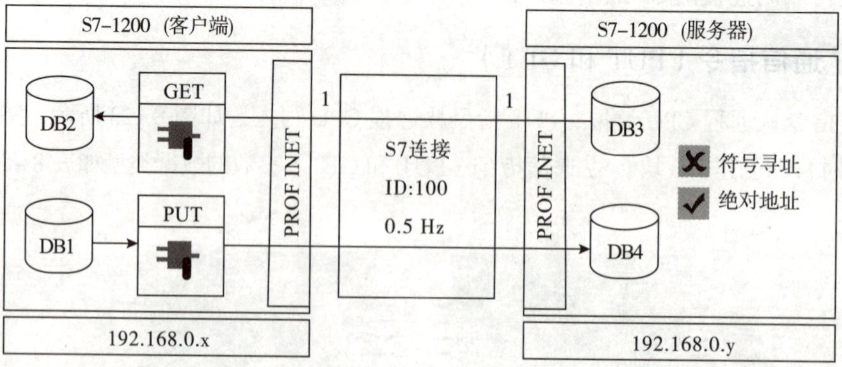

图 8-24　两台 S7-1200 PLC 之间的以太网 S7 通信

（1）创建项目、硬件组态

PLC_1 的 IP 地址设置为 192.168.0.1；PLC_2 的 IP 地址设置为 192.168.0.2。组态时启

用 PLC_1 的 MB0 为时钟存储器字节。

（2）设置“防护与安全”

要使用 PUT/GET 指令访问远程连接伙伴，用户还必须得到许可。如果希望允许从客户端访问 CPU 数据，即不希望限制 CPU 的通信服务，可按以下步骤操作。

① 将保护访问级别组态为“完全访问权限（无任何保护）”。

② 选中“允许来自远程对象的 PUT/GET 通信访问”复选框。

（3）创建 S7 连接、配置连接

双击项目树中的“设备和网络”，打开网络视图。单击左上角的“连接”按钮，设置连接类型为“S7 连接”。用拖曳的方法建立两个 CPU 的 PN 接口之间的名为“S7_连接 _1”的连接。

（4）创建读写数据块、取消优化

为 PLC_1 生成 DB1 和 DB2，为 PLC_2 生成 DB3 和 DB4，在这些数据块中生成由 6 个整数组成的数组。不要启用数据块属性中的“优化的块访问”功能。

（5）编程

在 S7 通信中，PLC_1 做通信的客户机。打开它的 DB1，将右边指令列表的“通信”窗格的“S7 通信”文件夹中的指令 GET 和 PUT 拖曳到梯形图中。在时钟存储器位 M0.7 的上升沿，GET 指令每 2 s 读取 PLC_2 的 DB3 中的六个整数，用本机的 DB2 保存。PUT 指令每 2 s 将本机的 DB1 中的六个整数写入 PLC_2 的 DB4。

PUT 指令或 GET 指令最多可以分别读取和改写服务器的四个数据区。远程 CPU 存储区 ADDR_i 的数据类型和字节数必须和本地的 SDi 和 RD_i 数据类型和字节数相互匹配。

选中 PUT 指令或 GET 指令，再选中巡视窗口中的“属性 > 组态 > 连接参数”，可以组态连接参数。选中巡视窗口中的“属性 > 组态 > 块参数”，可以在右边窗口设置指令的输入参数和输出参数。

PLC_2 在 S7 通信中做服务器，不用编写调用指令 GET 和 PUT 的程序。

（6）下载、调试

将通信双方的用户程序和组态信息分别下载到 CPU，用电缆连接它们的以太网接口。进入运行模式后，监控 PLC_1 的 Main[OB1] 程序，确保没有错误后监控双方的数据块。

4. S7-200 与 S7-1200 PLC 之间的 S7 通信

S7-1200 PLC 与 S7-200 PLC 之间的通信只能通过 S7 通信来实现，因为 S7-200 PLC 的以太网模块只支持 S7 通信。由于 S7-1200 PLC 的 PROFINET 通信接口支持 S7 通信的服务器端，所以在编程方面，S7-1200 PLC 不用做任何工作，只需为 S7-1200 PLC 配置好以太网地址并下载即可。主要编程工作都在 S7-200 PLC 一侧完成，需要将 S7-200 PLC 的以太网模块设置成客户端，并用 ETH_XFR 指令编程通信，如图 8-25 所示。

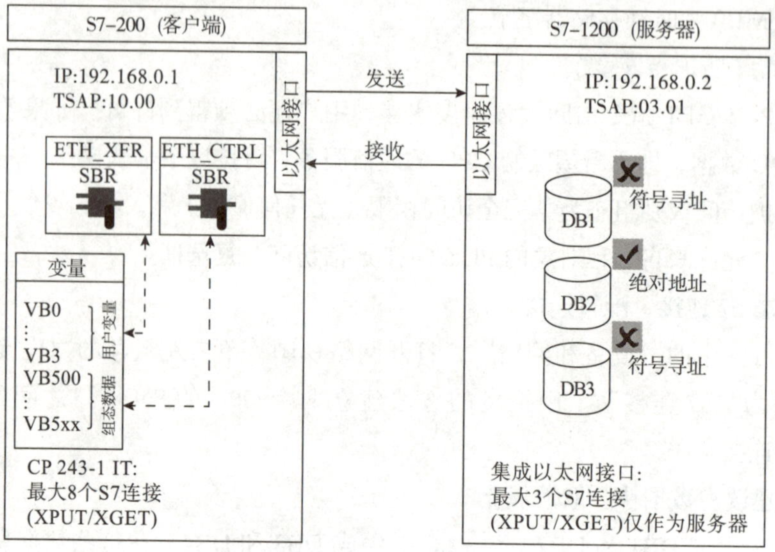

图 8-25　S7-200 通过 S7 通信访问 S7-1200

5. S7-300/400 与 S7-1200 PLC 之间的 S7 通信

S7-1200 PLC 与 S7-300/400PLC 之间的以太网通信方式相对来说要多一些，可以采用下列方式：TCP、ISO on TCP 和 S7 通信。

对于 S7 通信，S7-1200 PLC 的 PROFINET 通信口只支持 S7 通信的服务器端，所以在编程组态和建立连接方面，S7-1200 PLC 不用做任何工作，只需在 S7-300 PLC 一侧建立单边连接，并使用单边编程方式 PUT、GET 指令进行通信，如图 8-26 所示。

注意：如果在 S7-1200 PLC 一侧使用 DB 块作为通信数据区，必须将 DB 块定义成绝对寻址，否则会造成通信失败。

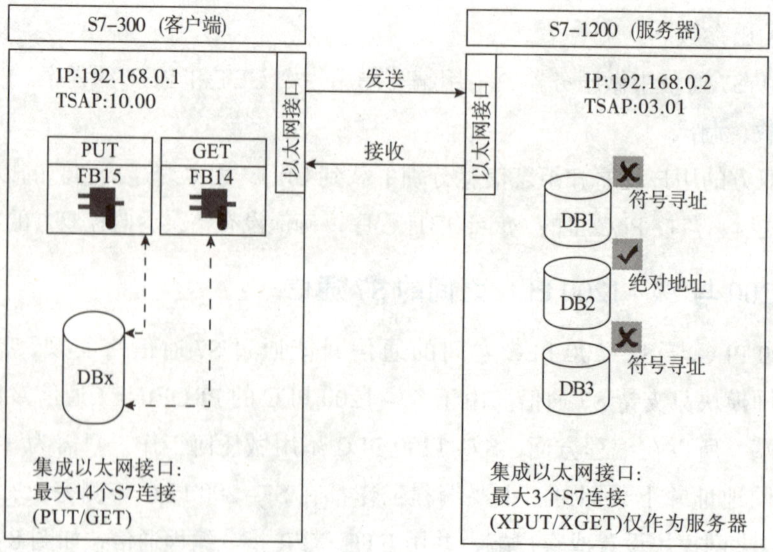

图 8-26　S7-300 通过 S7 通信访问 S7-1200

课堂讨论

以太网开放式用户通信和 S7 通信是 S7-1200 PLC 常用的协议通信方式。请分别解释这两种通信的原理和应用特点，并说明在工业控制系统中应该优先考虑使用哪种通信方式以及原因。

8.3　S7-1200 PLC 的串口通信

S7-1200 的串口通信有两个通信模块（CM）和一个通信板（CB）提供了用于 PtP 通信的接口，分别是 CM1241 RS232、CM1241 RS422/485 和 CB1241 RS485。最多可以连接三个 CM（类型不限）外加一个 CB，总共可提供四个通信接口。将 CM 安装到 CPU 或另一个 CM 的左侧，将 CB 安装在 CPU 的前端。

串行通信接口具有以下特征。

（1）支持 PtP 协议。

（2）通过点对点通信处理器指令进行组态和编程。

CPU 支持下列基于字符的串行协议的 PtP 通信。

（1）PtP，自由口。

（2）PtP，3964（R）。

（3）USS。

（4）Modbus。

CM1241 RS232 接口模块支持基于字符的自由口协议和 Modbus RTU 主从协议。

CM1241 RS485 接口模块支持基于字符的自由口协议、Modbus RTU 主从协议及 USS 协议，如表 8-6 所示。

表 8-6　串口通信协议及指令

协议	通信指令
PtP，自由口 PtP，3964（R）	Port_Config、Send_Config、Receive_Config、P3964_Config、Send_P2P、Receive_PtP、Receive_Reset、Signal_Get、Signal_Set、Get_Features、Set_Features、
Modbus-RTU	Modbus_Comm_Load、Modbus_Master、Modbus_Slave
USS	Uss_Port_Scan、Uss_Drive_Control、Uss_Read_Param、Uss_Write_Param

8.3.1　自由口协议通信

S7-1200 支持使用自由口协议的点对点通信，可以通过用户程序定义和实现选择的协议。PtP 通信具有很大的自由度和灵活性，可以将信息直接发送给外部设备（如打印机），也可以接收外部设备（如条形码阅读器）的信息。

CM1241 RS232、CM1241 RS422/485 通信模块和 CB1241 RS485 通信板均支持自由口协议通信。除了这些，S7-1200 还允许使用 PROFIBUS 或 PROFINET 接口连接至 PROFIBUS 或 PROFINET 接口模块的机架，通过机架中 PtP 通信模块实现与 PtP 设备的串行通信。

因此，S7-1200 支持两组 PtP 指令，具体内容如下。

早期点对点指令。这些指令适用于 V4.0 版本之前的 S7-1200，并且只能通过 CM1241 通信模块或 CB1241 通信板进行串行通信。

点对点指令。这些指令具备早期指令的所有功能，并且增添了对使用 PROFINET 和 PROFIBUS 分布式 I/O 的 PtP 通信模块的支持。点对点指令允许通过分布式 I/O 机架访问通信模块。

要使用点对点指令，S7-1200 CM1241 模块的固件版本不得低于 V2.1。这些模块只能连接至 CPU 左侧的本地机架。也可以使用 CB1241 的点对点指令。

1. PtP 自由口通信配置与指令

可以使用以下两种方法配置通信接口以进行 PtP 自由口通信。

第一种方法是通过编程软件的设备组态界面设置端口参数、发送参数和接收参数的方式配置 PtP 自由口。CPU 存储设备组态设置，并在循环上电和从 RUN 模式切换到 STOP 模式后应用这些设置。

第二种方法是使用 Port_Config、Send_Config 和 Receive_Config 指令设置通信参数。通过指令配置的通信端口设置在 CPU 处于 RUN 模式期间有效。在切换到 STOP 模式或循环上电后，这些端口设置会恢复为设备组态设置。

如果需要在 CPU 处于 RUN 模式期间改变端口参数，则在程序中调用组态指令，如果不需要改变端口参数，则用设备组态方式配置端口参数更加便捷直观。

PtP 通信指令共有 11 条，如表 8-7 所示。每条指令有两个公共的输入参数 REQ 和 PORT 用以启动指令和指定通信端口，如表 8-8 所示。

表 8-7　PtP 通信指令

指令名称	功能	版本
Port_Config	组态 PtP 通信端口	V1.2
Send_Config	组态 PtP 发送方	V1.2
Receive_Config	组态 PtP 接收方	V1.3
P3964_Config	组态协议	V1.3
Send_P2P	发送数据	V3.0
Receive_P2P	接收数据	V2.0
Receive_Reset	删除接收缓冲区	VI.2
Signal_Get	读取状态	V1.4

续表

指令名称	功能	版本
Signal_Set	设置伴随信号	V1.2
Get_Features	获取扩展功能	V2.1
Set_Features	设置扩展功能	V2.1

表 8-8　PtP 通信指令的公共输入参数

参数	说明
REQ	许多 PtP 指令使用 REQ 输入在由低电平向高电平切换时启动操作。REQ 输入在指令执行一次的时间内必须为高电平（TRUE），不过 REQ 输入可以在所需时间内一直保持为 TRUE
PORT	在通信设备组态过程中分配端口地址。组态后，可以从参数帮助下拉列表中选择默认端口的符号名称。分配的 CM 或 CB 端口值为设备配置属性“硬件标识符”。端口符号名称在 PLC 变量表的“系统常量”选项卡中分配

2. 实现 PtP 自由口通信

实现 PtP 自由口通信一般分为配置端口、设置发送参数、设置接收参数和调用发送指令 / 接收指令（Send_P2P/Receive_P2P）四个步骤，其中前三个步骤可以通过设备端口组态界面或调用相关指令实现。

（1）端口组态

在设备组态中，通过“属性”窗口端口组态以设置通信模块以下参数。

① 波特率。

② 奇偶校验。

③ 每个字符的数据位数。

④ 停止位的数目。

⑤ 流量控制（仅限 RS232）。

⑥ 等待时间。

（2）组态发送参数

在设备组态中，通过设置所选接口的“组态传送消息”属性，来组态通信接口传送数据的方式。或者用 Send_Config 指令更改发送参数。

（3）组态接收参数

在设备组态中，通过设置所选接口的“组态所接收的消息”属性，来组态通信接口接收数据的方式。或者用 Receive_Config 指令更改接收参数。

（4）Send_P2P 和 Receive_P2P 指令

Send_P2P（发送点对点数据）指令用于启动数据传输，并将分配的缓冲区传送到通信接口。在 CM 或 CB 块以指定波特率发送数据的同时，CPU 程序会继续执行。仅一个发送操作可以在某一给定时间处于未决状态。如果在 CM 或 CB 已经开始传送消息时执行第二个 Send_P2P，CM 或 CB 将返回错误。Send_P2P 指令解释。

Receive_P2P（接收点对点数量）指令用于检查 CM 或 CB 中已接收的消息。如果有消息，则会将其从 CM 或 CB 传送到 CPU。如果发生错误，则会返回相应的 STATUS 值。Receive_P2P 指令解释。

8.3.2 USS 协议

USS 协议是 SIEMENS 公司所有传动产品的通用通信协议，它是一种基于串行总线进行数据通信的协议。USS 协议是主 - 从结构的协议，规定了在 USS 总线上可以有一个主站和最多 31 个从站；总线上的每个从站都有一个站地址（在从站参数中设定），主站依靠它识别每个从站；每个从站也只对主站发来的报文做出响应并回送报文，从站之间不能直接进行数据通信。另外，还有一种广播通信方式，主站可以同时给所有从站发送报文，从站在接收到报文并做出相应的响应后可不回送报文。

使用 USS 协议的优点如下。

（1）对硬件设备要求低，减少了设备之间的布线。

（2）无需重新连线就可以改变控制功能。

（3）可通过串行接口设置或改变传动装置的参数。

（4）可实时的监控传动系统。

S7-1200 CPU 的 USS 指令可控制支持 USS 的电机驱动器的运行。可以使用 USS 指令通过与 CM1241 RS485 通信模块或 CB1241 RS485 通信板的 RS485 连接与多个驱动器通信。一个 S7-1200 CPU 中最多可安装三个 CM1241 RS422/RS485 通信模块和一个 CB1241 RS485 通信板。每个 RS485 端口最多操作 16 台驱动器如图 8-27 所示。

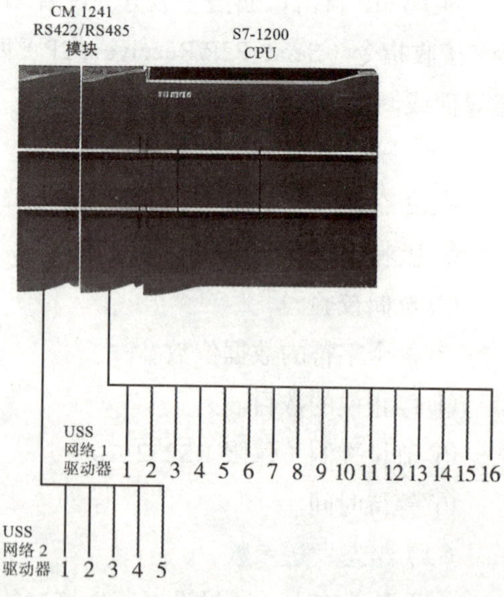

图 8-27 通过 CM1241 RS485 的 USS 通信网络

1. USS 通信指令

S7-1200 支持两组 PtP 指令，如表 8-9 所示。

表 8-9 USS 指令

指令	功能	版本
USS_Port_Scan	通过 USS 网络进行通信	V3.0
USS_Drive_Control	与驱动器进行数据交换	V2.0
USS_Read_Param	从驱动器读取数据	V1.5
USS_Write_Param	更改驱动器中的数据	V1.6

早期 USS 指令。这些 USS 指令存在于 S7-1200 的 V4.0 版本之前，并且仅可通过 CM1241 通信模块或 CB1241 通信板进行串行通信。

USS 指令。这些 USS 指令具备早期指令的所有功能，并且增添了连接 PROFINET 和 PROFIBUS 分布式 I/O 的功能。这些 USS 指令可用于组态分布式 I/O 机架中 PtP 通信模块与 PtP 设备之间的通信。要使用这些 USS 指令，S7-1200 CM1241 模块的固件版本不得低于 V2.1。

四条 USS 指令使用两个 FB 和两个 FC 来支持 USS 协议。一个 USS 网络使用一个 USS_Port_Scan 背景数据块（DB）。USS_Port_Scan 背景数据块包含供该 USS 网络中所有驱动器使用的临时存储区和缓冲区。各 USS 指令共享此数据块中的信息如图 8-28 所示。在调用第一个 USS_Drive_Control 指令时创建 DB 名称，然后引用初次指令使用时创建的 DB。STEP 7 会在插入指令时自动创建该 DB。

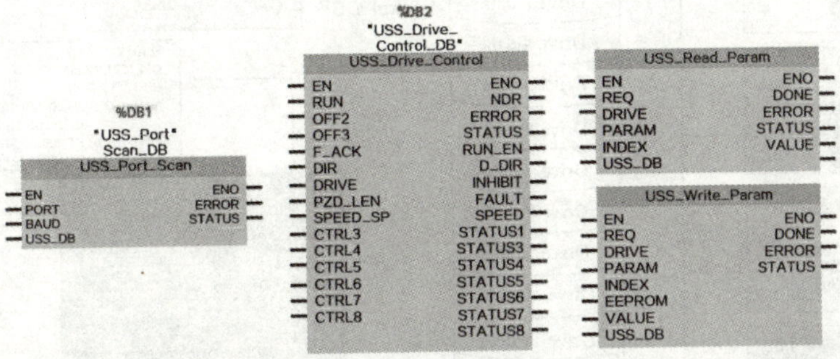

图 8-28　USS 指令块

连接到一个 RS485 端口的所有驱动器（最多 16 台）是同一 USS 网络的一部分。连接到另一 RS485 端口的所有驱动器是另一 USS 网络的一部分。各 USS 网络通过单独的数据块进行管理。与各 USS 网络相关的所有指令必须共享该数据块如图 8-29 所示。这包括用于控制各 USS 网络上的所有控制器的所有 USS_Drive_Control、USS_Port_Scan、USS_Read_Param 和 USS_Write_Param 指令。

通常，应在循环中断 OB 中调用 USS_Port_Scan FB。该循环中断 OB 的循环时间应设置为最小调用间隔的一半左右（例如，1 200 波特的通信应使用 350 ms 或更短的循环时间）。USS 通信指令调用时间设置如表 8-10 所示。

表 8-10　计算时间要求

波特率	USS_Port_Scan 调用最小间隔（ms）	各驱动器消息间隔超时（ms）
1 200	790	2 370
2 400	405	1 215
4 800	212.5	638
9 600	116.3	349
19 200	68.2	205

续表

波特率	USS_Port_Scan 调用最小间隔（ms）	各驱动器消息间隔超时（ms）
38 400	44.1	133
57 600	36.1	109
115 200	28.1	85

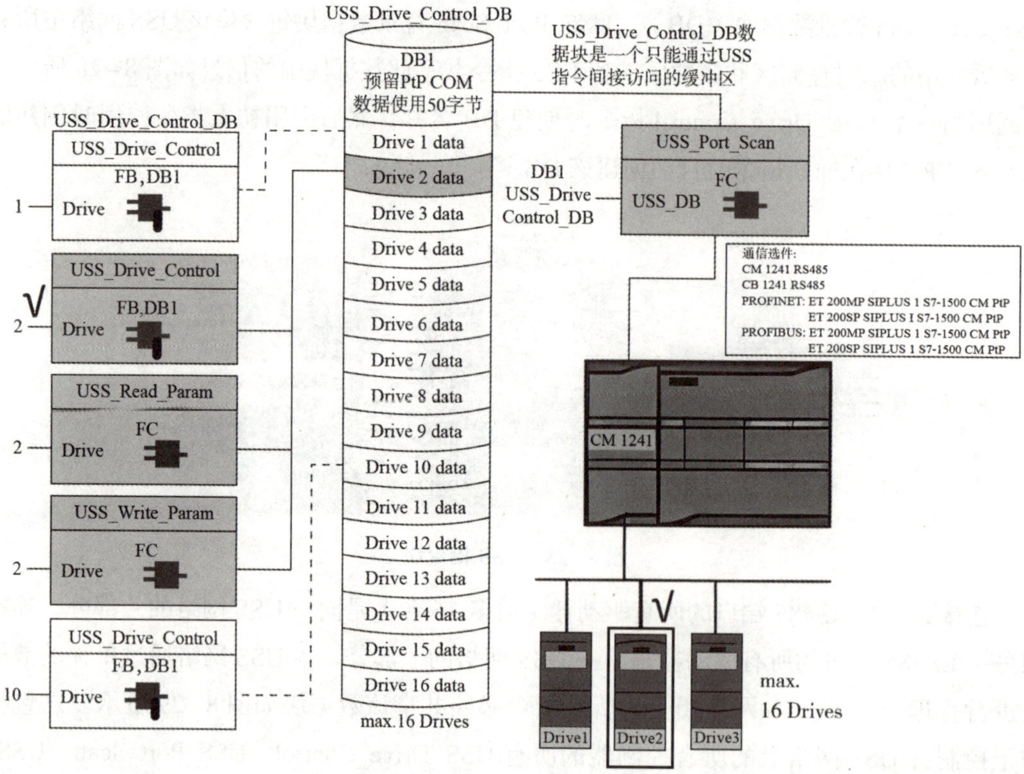

图 8-29　USS 通信示意图

用户程序通过 USS_Drive_Contro FB 可访问 USS 网络上指定的驱动器。其输入和输出是驱动器的状态和控制。如果网络上有 16 个驱动器，则用户程序必须具有至少 16 个 USS_Drive_Control 调用，每个驱动器调用一个。应该以控制驱动器工作所需的速率调用这些块。

只能在主程序循环 OB 中调用 USS_Drive_Control、USS_Read_Param 和 USS_Write_Param。其参数及数据类型如表 8-11 至表 8-13 所示。

表 8-11　USS_Port_Scan 参数及数据类型

参数和类型		数据类型	说明
PORT	IN	Port	RS485“硬件标识符”，在 PLC 变量表的“系统常量”选项卡中分配
BAUD	IN	Dint	USS 通信的波特率
USS_DB	INOUT	USS_BASE	USS_Drive_Control 指令创建并初始化的背景数据块

表 8－12　USS_Drive_Control 参数及数据类型

参数和类型		类型	说明
RUN	IN	Bool	驱动器起始位：1= 电机运行；0= 电机减速直至停止
OFF2	IN	Bool	电气停止位：0= 无制动自然停止
OFF3	IN	Bool	快速停止位：0= 制动快速停止
F_ACK	IN	Bool	故障确认位：设置该位以复位驱动器上的故障位
DIR	IN	Bool	驱动器方向控制：设置该位以指示方向为向前（对于正 SPEED_SP）
DRIVE	IN	USint	驱动器地址：该输入是 USS 驱动器的地址，有效范围是 1 到 16
PZD_LEN	IN	USint	字长度：这是 PZD 数据的字数，有效值为 2、4、6、8，默认值为 2
SPEED_SP	IN	Real	速度设定值：这是以组态频率的百分比表示的驱动器速度，正值表示方向向前（DIR 为真时），有效范围是 200.00 到 –200.00
CTRL3 ~ 8	IN	Word	控制字 3 ~ 8：写入驱动器上用户可组态参数的值
NDR	OUT	Bool	新数据就绪：该位为真时，表示输出包含新通信请求数据
ERROR	OUT	Bool	出现错误：此参数为真时，表示发生错误，STATUS 输出有效
STATUS	OUT	Word	请求的状态值指示扫描的结果，这不是从驱动器返回的状态字
RUN_EN	OUT	Bool	运行已启用：该位指示驱动器是否在运行
D_DIR	OUT	Bool	驱动器方向：该位指示驱动器是否正在向前运行
INHIBIT	OUT	Bool	驱动器已禁止：该位指示驱动器上禁止位的状态
FAULT	OUT	Bool	驱动器故障：该位指示驱动器已注册故障，用户必须解决问题，并且在该位被置位时，设置 F_ACK 位以清除此位
SPEED	OUT	Real	驱动器当前速度（驱动器状态字 2 的标定值）：以组态速度百分数形式表示的驱动器速度值
STATUS1	OUT	Word	驱动器状态字 1：该值包含驱动器的固定状态位
STATUS3 ~ 8	OUT	Word	驱动器状态字 3 ~ 8：该值包含驱动器上用户可组态的状态字

表 8－13　USS_Read_Param、USS_Write_Param 参数及数据类型

参数类型		数据类型	说明
REQ	IN	Bool	发送请求：1= 新的读（写）请求，如果已处于待决状态，将忽略新请求
DRIVE	IN	USint	驱动器地址：DRIVE 是 USS 驱动器的地址，有效范围为 1 到 16
PARAM	IN	UInt	参数编号：PARAM 指示要读取（写）的驱动器参数
INDEX	IN	UInt	参数索引（参数下标），无下标参数设为 0
USS_DB	INOUT	USS_BASE	USS_Drive_Control 指令的背景数据块
VALUE	IN		已读取（写）参数的值，仅当 DONE 位为真时才有效

2. USS 通信要求常规驱动器设置

USS 常规驱动器设置要求包括以下几点。

（1）驱动器必须设置为使用 4 个 PKW 字。

（2）驱动器可组态为使用 2、4、6 或 8 个 PZD 字。

（3）驱动器中 PZD 字的数量必须与该驱动器的 USS_DRV 指令的 USS_Drive_Control 输入相匹配。

（4）所有驱动器的波特率必须与 USS_Port_Scan 指令的 BAUD 输入相匹配。

（5）驱动器必须设置为可进行远程控制。

（6）驱动器必须设置为使用适合通信链路上 USS 的频率设定值。

（7）驱动器地址必须设置为 1～16，并且与 USS_Drive_Control 块上对应该驱动器的 DRIVE 输入相匹配。

（8）驱动器的方向控制必须设置为使用驱动器设定值的极性。

（9）必须正确终止 RS485 网络。

8.4 S7-1200 PLC 与编程设备的通信

S7-1200 CPU 可以与网络上的编程设备进行通信。PROFINET 接口可在编程设备和 S7-1200 CPU 之间建立物理连接。由于 S7-1200 CPU 内置了自动跨接功能，因此对该接口既可以使用标准以太网电缆，又可以使用跨接以太网电缆。将编程设备直接连接到 S7-1200 CPU 时，不需要以太网交换机。

8.4.1 硬件连接

在编程设备和 S7-1200 CPU 之间创建硬件连接时，首先安装 S7-1200 CPU，将以太网电缆插入 PROFINET 接口中，再将以太网电缆连接到编程设备上，如图 8-30 所示。

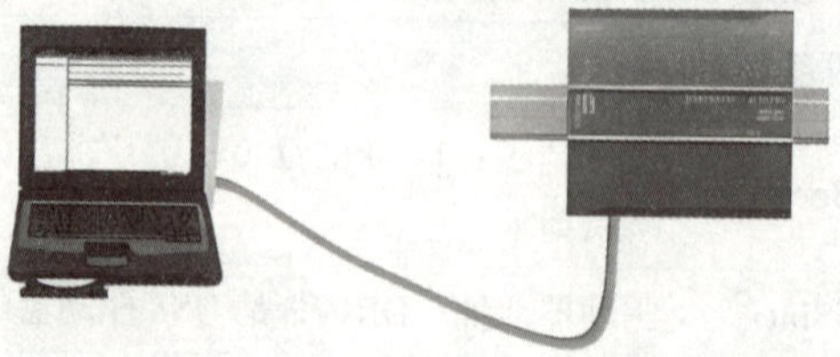

图 8-30　S7-1200 CPU 与编程设备的硬件连接示意图

8.4.2 组态

打开软件 TIAPortal V14，创建一个新项目，命名为“S7-1200 编程示例”，单击

“创建新项目”后，在生成页面中单击“组态设备”，如图 8－31 所示。

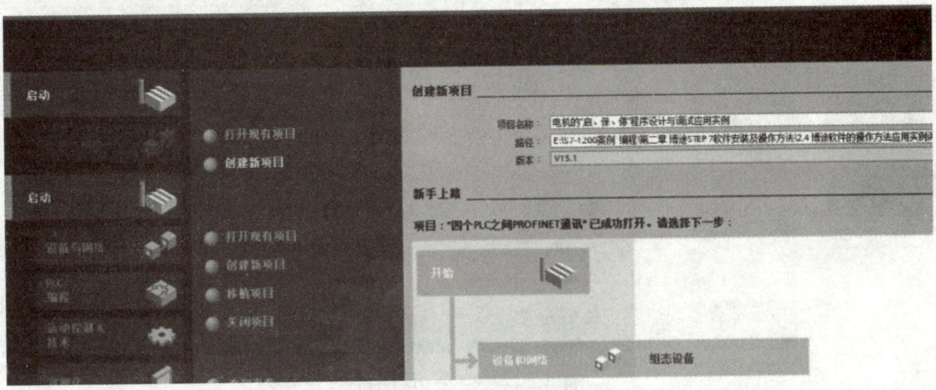

图 8－31　创建新项目

双击“添加新设备”，即可根据实际 PLC 型号选择添加新设备，如图 8－32 所示。

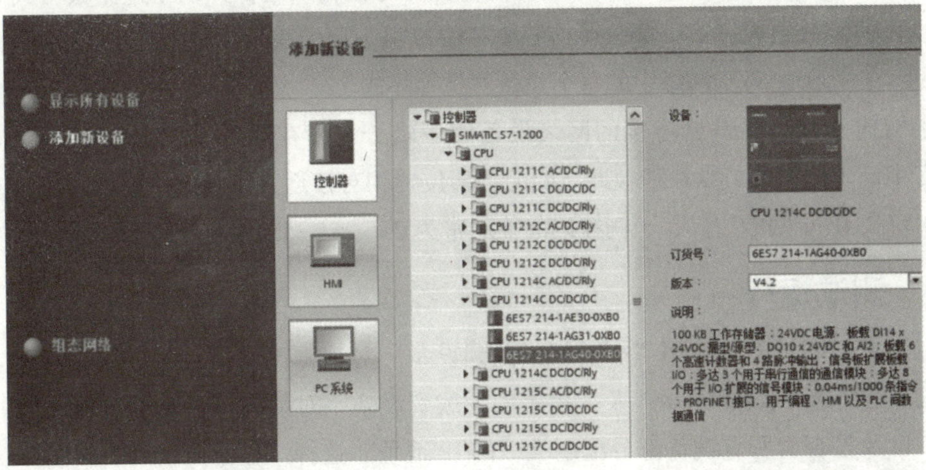

图 8－32　添加新设备

8.4.3　为编程设备和新设备分配 IP 地址

用户可以使用桌面上的“网上邻居”分配或检查编程设备的 IP 地址：右键单击“网上邻居”→“属性”→“本地”→“属性”选项。在“本地连接属性”对话框中，在“此连接使用下列项目：”区域向下滚动到“Internet 协议（TCP/IP）”，单击“Internet 协议（TCP/IP）”，然后单击“属性”按钮，选择“自动获得 IP 地址（DHCP）”或在“使用下面的 IP 地址”下输入静态 IP 地址。

为 S7－1200 CPU 分配 IP 地址时，采用在项目中组态 IP 地址的方法。使用 S7－1200 CPU 配置机架之后，可组态 PROFINET 接口的参数。为此，单击 CPU 上的 PROFINET 框以选择 PROFINET 接口。巡视窗口中的“常规”选项卡会显示 PROFINET 接口，如图 8－33 所示。

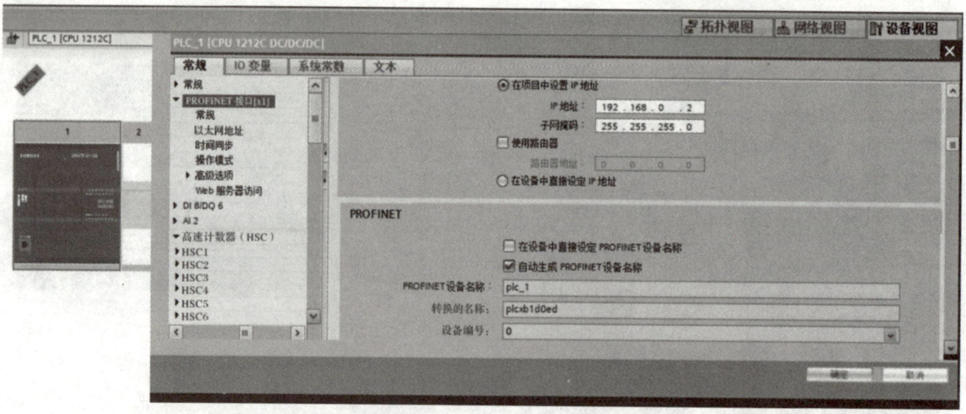

图 8－33　设置 IP 地址

IP 地址：每个设备都必须具有一个 Internet 协议地址，该地址使设备可以在更加复杂的路由网络中传送数据。每个 IP 地址分为 4 段，每段占 8 位，并以十进制数格式表示。IP 地址由两部分组成，第一部分（前三个 8 位位组）用于表示用户所在的 IP 网络，第二部分表示主机 ID（对于网络中的每个设备都是唯一的）。

子网掩码：子网是已连接的网络设备的逻辑分组。在局域网（local area network，LAN）中，子网中的节点往往彼此之间的物理位置相对接近。掩码（称为子网掩码或网络掩码）定义 IP 子网的边界，子网掩码的值通常为 255.255.255.0。

8.4.4　测试运行

在完成组态后，可使用“扩展的下载到设备”对话框测试所连接的网络设备。S7-1200 CPU“下载到设备”功能及“扩展的下载到设备”对话框可显示所有可访问的网络设备，以及是否为所有设备都分配了唯一的 IP 地址。选择“显示可访问的设备”，能够显示全部可访问和可用设备以及为其分配的 MAC 和 IP 地址。如图 8－34 所示。

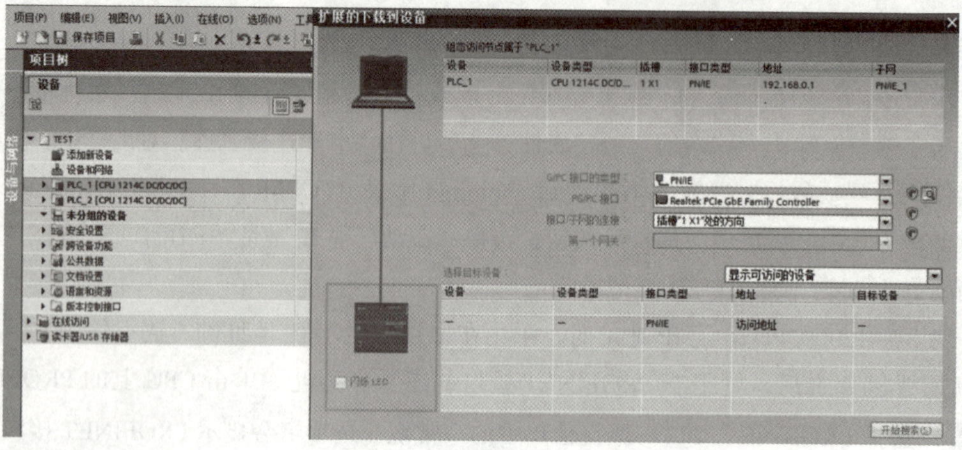

图 8－34　“扩展的下载到设备”对话框

本章小结

本章主要介绍了 S7-1200 PLC 通信及应用的相关内容，涵盖了通信接口、通信模块、通信选项以及典型应用。通过本章的学习，帮助读者掌握 PLC 通信的具体操作技巧，为 PLC 工程师和相关领域的从业者提供了一份系统而实用的参考资料，有助于更好地应用 S7-1200 PLC 进行通信控制。

思考练习

一、填空题

1. TCP 位于 ISO-OSI 参考模型的 ______。

2. 单向连接只需要 ______、______ 和 ______。

3. 实现 PtP 自由口通信一般分为 ______、______、______ 和调用发送指令 / 接收指令四个步骤

4. 每个 IP 地址分为 ______ 段，每段占 ______ 位，并以 ______ 数格式表示。

二、名词解释

1. S7 通信。

2. 自由口协议通信。

3. USS 协议。

4. 子网掩码。

参考文献

[1]熊幸明，刘湘潭，陈艳，等.电气控制与PLC[M].2版.北京：机械工业出版社，2022.
[2]廖常初.S7-1200PLC编程及应用[M].4版.北京：机械工业出版社，2021.
[3]吴延明，刘仲民，郭永吉.电气控制与PLC应用[M].北京：清华大学出版社，2023.
[4]范国伟，刘一帆.电气控制与PLC应用技术[M].北京：清华大学出版社，2023.
[5]侍寿永，夏玉红.电气控制与PLC应用技术（S7-1200）[M].北京：机械工业出版社，2022.
[6]郭艳萍，冯凯.电气控制与PLC应用[M]. 4版.北京：人民邮电出版社，2023.
[7]项万明，苏超，高峰.机床电气控制与PLC[M].北京：机械工业出版社，2022.
[8]王兰军，王炳实.机床电气控制与PLC[M]. 2版.北京：机械工业出版社，2021.
[9]张桂香，张桂林.电气控制与PLC应用[M]. 3版.北京：化学工业出版社，2023.
[10]王浩.机床电气控制与PLC[M]. 2版.北京：化学工业出版社，2021.
[11]张君霞，戴明宏.电气控制与PLC S7-200[M]. 2版.北京：机械工业出版社，2021.
[12]张兵，蔡纪鹤.电气控制与PLC技术[M].北京：机械工业出版社，2022.
[13]张旭芬，张世生.电气控制与PLC[M].北京：高等教育出版社，2024.
[14]张培志，罗敏，仇芝.电气控制与可编程序控制器[M].北京：化学工业出版社，2024.